高等院校艺术学门类『十四五』规划教材

中外园林史

ZHONG…LINSHI

主　编　……黎
副主编　……玉洁　何　洁
参　编　……丽娟　程凯希　何　希　杨娅菲

華中科技大學出版社
http://www.hustp.com
中国·武汉

内 容 提 要

本书按照高等院校园林、风景园林专业教学大纲编写，系统地阐述了中国古典园林史、外国造园史的基本理论，重点介绍中外典型园林的历史发展、文化背景和园林艺术特征。

全书共分上下两篇，上篇内容包括绪论、中国古典园林生成期、中国古典园林转折期、中国古典园林全盛期、中国古典园林成熟期和中国古典园林成熟后期；下篇内容包括西方古代园林、中世纪西欧园林、文艺复兴意大利园林、法国古典主义园林、英国风景式园林和伊斯兰园林。

本书适合于环境艺术设计、园林、风景园林、城乡规划等专业的本、专科及高等职业教育相关专业的学生使用，也可作为园艺、旅游管理及相关行业人员的参考用书。

图书在版编目(CIP)数据

中外园林史/蔡静，刘黎主编. —武汉：华中科技大学出版社，2021.6（2024.1 重印）
ISBN 978-7-5680-7265-6

Ⅰ. ①中… Ⅱ. ①蔡… ②刘… Ⅲ. ①园林建筑-建筑史-世界 Ⅳ. ①TU-098.4

中国版本图书馆 CIP 数据核字(2021)第 122167 号

中外园林史 蔡 静 刘 黎 主编
Zhongwai Yuanlin Shi

策划编辑：袁 冲
责任编辑：曾 婷
封面设计：孢 子
责任校对：刘 竣
责任监印：朱 玢
出版发行：华中科技大学出版社(中国·武汉) 电话：(027)81321913
武汉市东湖新技术开发区华工科技园 邮编：430223
录 排：华中科技大学惠友文印中心
印 刷：武汉科源印刷设计有限公司
开 本：880 mm×1230 mm 1/16
印 张：16.5
字 数：521 千字
版 次：2024 年 1 月第 1 版第 3 次印刷
定 价：49.00 元

前言
Preface

中外园林史是环境艺术设计、园林、风景园林、城乡规划专业的专业课程，也是部分专业考研考试科目之一。

一方园林藏一方天地，中国的园林之美无不处处显露天人合一的观念。“不到园林，怎知春色如许”，不走进幽远朴雅的中国古典园林，如何能读懂春之神韵？不穿越历史与文化的樊篱，也不会有对园林的惊艳。中国古典园林具有诗情画意的特性，它是把作为大自然的概括凝练升华而成的山水画，以三维空间的形式呈现到人们的现实生活。中国古典园林的第一个要素是山，秦汉的上林苑，用太液池所挖之土堆成岛，象征东海神山，开创了人为造山的先例。还有一种山的形式是假山，拟自然石景，受空间的局限性，营造“咫尺山林”的意境。一峰则太华千寻，一勺则江湖万里。除去山之外，中国古典园林的第二个要素是水，正所谓“山无水则不灵，水无山则不稳”，山环水抱是中国古典园林的最高境界。中国古典园林的第三个要素是建筑，中国南北差异很大，建筑南秀北雄，与当地的人文地貌紧密结合，随着历史的更迭，每一个历史时期都有各自的时代特征和历史特色。亭、台、楼、阁、轩、榭、坊……处处是画意，步步是诗情。中国古典园林的最后一个要素是植物，明代陆绍珩在《醉古堂剑扫》中说：“栽花种草全凭诗格取裁。”“梧叶新黄柿叶红”、“云破月来花弄影”、梅花的“暗香浮动”、“芭蕉夜雨”、“天风海涛”等都是通过视觉、听觉、嗅觉、触觉，身临其境地感受艺术对象，从而使人们的感受更真实、更生动，其中诗融于景、景溢出诗意的诗画境界，充分表现出了植物把景象营造得有声有色。

以意大利、法国、英国为代表的西方古典园林有着共同的起源，其原型是古典世界的几何规则式园林。之后由于欧洲社会、经济和文化发展历史进程的不平衡，在西方世界内部先后出现了 16、17 世纪以“第三自然”为特征的意大利文艺复兴和巴洛克园林、17 世纪法国古典主义园林的“伟大风格”和 18 世纪英国的写实主义自然风景园林。前两者均深受西方哲学中理性主义的影响，但意大利园林的人文主义色彩和法国园林的专制主义表现在造园风格上形成了差异；第三者则是英国资本主义革命、农业生产方式、经验主义哲学和浪漫主义思潮综合作用的结果。

伊斯兰的造园艺术受到了西方文化及美学思潮的影响，创造出与中国的自然式不同的园林，是比较规整的园林风格形式。此外，伊斯兰园林的功能和艺术表现形式的方方面面都反映出伊斯兰教教义的要求，折射出伊斯兰教特有的美学思想，从而形成了“纯净、清洁、宁静”的园林风格。

本书是教学研究的产物，感谢湖北省高等学校省级教学研究项目(2018496)(2017505)、武汉设计工程学院校级科研项目(K201905)、武汉设计工程学院校级优质课程(2017YK1116)。本书在编写过程中，收录了莫宇龙、徐赛、缐赟等同学的摄影作品，在此表示感谢。本书在编写过程中参阅了大量书籍文献资料，恕未在书中一一标注，统一列于书后参考文献中，再次表达对原作者的尊重和感谢！

鉴于编者水平有限，书中难免存在错漏和不足之处，恳请广大读者和同仁提出宝贵的意见和建议，再次感谢大家。

编者
2021 年 2 月

目录
Contents

上　篇

1　绪论　/2

1.1　园林史的概念与内涵　/2
1.2　园林发展的四个阶段　/2
1.3　中国古典园林的类型　/3
1.4　中国古典园林史的分期　/6
1.5　中国古典园林的特点　/7

2　中国古典园林生成期　/8

2.1　历史背景与发展状况　/8
2.2　总体特征　/10
2.3　中国古典园林的起源　/10
2.4　殷、周园林　/12
2.5　皇家园林　/15
2.6　私家园林　/22

3　中国古典园林转折期　/26

3.1　历史背景　/26
3.2　总体特征　/27
3.3　皇家园林　/27
3.4　私家园林　/29
3.5　寺观园林　/30
3.6　公共园林　/30

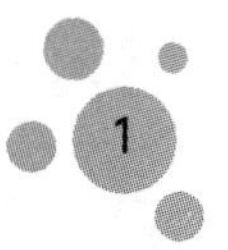

4　中国古典园林全盛期　/ 33

4.1　历史背景　/ 33
4.2　总体特征　/ 33
4.3　皇家园林　/ 33
4.4　私家园林　/ 39
4.5　寺观园林　/ 45
4.6　其他园林　/ 46

5　中国古典园林成熟时期(一)　/ 47

5.1　历史背景　/ 47
5.2　总体特征　/ 47
5.3　皇家园林　/ 48
5.4　私家园林　/ 53
5.5　寺观园林　/ 55
5.6　其他园林　/ 55
5.7　辽、金园林　/ 58

6　中国古典园林成熟时期(二)　/ 60

6.1　历史背景　/ 60
6.2　总体特征　/ 60
6.3　皇家园林　/ 60
6.4　私家园林　/ 63
6.5　寺观园林　/ 70
6.6　其他园林　/ 70

7　中国古典园林成熟后期　/ 72

7.1　历史背景　/ 72
7.2　总体特征　/ 72
7.3　皇家园林　/ 72
7.4　私家园林　/ 93

7.5 寺观园林 / 116
7.6 其他园林 / 120
7.7 少数民族园林 / 124

下 篇

8 西方古代园林 / 128

8.1 古埃及园林 / 128
8.2 古巴比伦园林 / 130
8.3 古希腊园林 / 131
8.4 古罗马园林 / 133

9 中世纪西欧园林 / 136

9.1 中世纪西欧概况 / 136
9.2 中世纪园林类型 / 136
9.3 中世纪欧洲园林特征 / 138

10 意大利园林造园艺术 / 139

10.1 基本概况 / 139
10.2 文艺复兴运动概况 / 140
10.3 园林发展概况 / 144
10.4 意大利兴盛时期的园林实例 / 149
10.5 意大利巴洛克时期的园林实例 / 157
10.6 意大利园林的特征 / 159

11 法国园林 / 162

11.1 法国自然地理条件 / 162
11.2 文艺复兴前的法国园林 / 162
11.3 文艺复兴时期的法国园林 / 163
11.4 古典主义时期的法国园林 / 171

12 英国风景式园林 **/ 194**

12.1 英国概况 / 194
12.2 英国园林概况 / 195
12.3 英式风景园林成因 / 196
12.4 英国风景园的常见要素 / 205
12.5 英国代表性园林 / 206
12.6 英国城市公园 / 225

13 伊斯兰园林 **/ 235**

13.1 伊斯兰园林概况 / 235
13.2 波斯伊斯兰园林 / 236
13.3 西班牙伊斯兰园林 / 240
13.4 印度伊斯兰园林 / 247
13.5 其他地区伊斯兰园林 / 254

参考文献 **/ 255**

ZhongWai Yuanlin Shi

1　绪论

1.1　园林史的概念与内涵

园林史是一门综合科目，既是科学又是文化艺术。内容涉及历史文化背景、园林规划设计、园林建筑、园林植物、园林山石、园林水体等。

园林经历了萌芽、成长而臻于兴旺的漫长过程，在这个发展过程中形成了丰富多彩的时代风格、民族风格、地方风格，最后终于三分天下，形成具有一定的国家地域范围、一定的造园思想与规划方式、一定的园林类型和形式，风格特征彼此各异的世界三大园林体系：中国园林体系、西亚园林体系和欧洲园林体系。

中国园林体系是世界园林体系的主要代表，它有很多不同的分类，其建筑特点非常突出。西亚园林体系建筑封闭，规划齐整，以巴比伦、波斯为代表。欧洲园林体系建筑气势恢宏，严谨对称，以英国、法国、意大利为代表。三大园林体系构成了今天园林的不同景观艺术。

中国园林经历了数千年的发展，从粗放的自然风景苑囿、自然山水园林，发展成为人文美与自然美相结合的写意山水园林；欧洲体系在发展演变中较多地吸收了西亚风格，互相借鉴，互相渗透，最后形成了自己"规整和有序"的园林艺术特色；西亚体系强调水法在平面布置上把园林建成"田"字，用纵横轴线分作四区，十字林荫路交叉处设置中心水池，把水当作园林的灵魂，使水在园林中充分发挥作用。

1.2　园林发展的四个阶段

1. 第一阶段，狩猎社会的园林：自然从属型社会

此阶段的特点是认识水平不高，以宗教信仰园林空间(处于萌芽状态)为主。

2. 第二阶段，农业社会的园林：自然顺应型社会

此阶段的特点是世界各地园林形成了丰富多彩的时代风格、民族风格、地方风格。园林的三个共同特点：①园林为统治者、贵族、宗教者等少数人所有与享用；②园林空间为封闭的内向型；③以追求精神享受为主，大多忽视生态与环境效益。

3. 第三阶段，工业社会的园林：自然征服型(工业)社会

18世纪中叶，英国的产业革命带来了由农业社会向工业社会的转变。20世纪，自然征服型(工业)社会的后果直接导致了地球环境的急剧恶化，主要表现在地球温暖化、酸性雨以及野生生物的灭绝等。对于城市环境来讲，主要带来了三大问题，它们分别是：①城市人口爆发性的增加；②人类生态系统的突出；③人工环境领域的扩大。

可以说人类在创造便利与富裕生活社会的同时，正在破坏着自己赖以生存的环境。为了改变这种状况，园林出现了公园、都市绿地系统、田园都市等。

在这一阶段出现两种改良学说(自然保护的对策和城市园林方面的探索)。

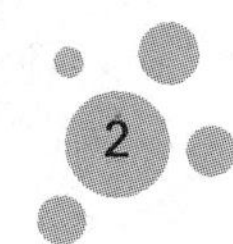

F. L. 奥姆斯台德(城市园林化思想)(见图 1-1)。

E. 霍华德的"田园城市"设想(见图 1-2)。

图 1-1 F. L. 奥姆斯台德

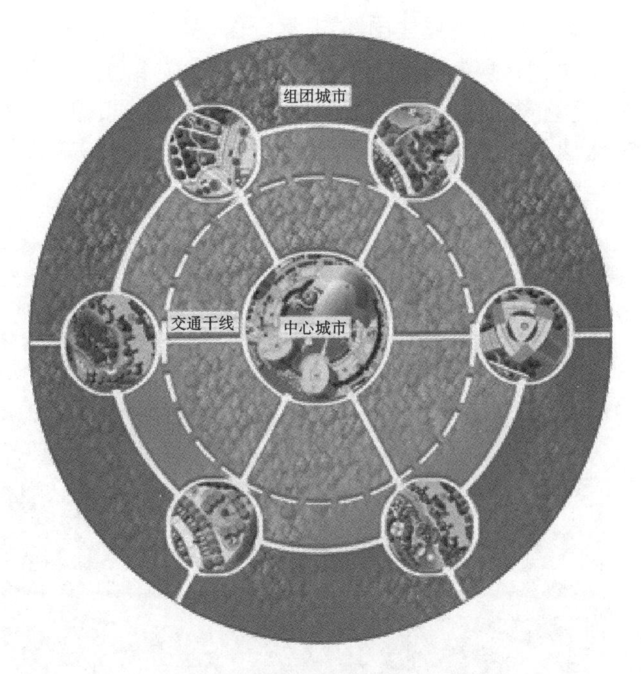

图 1-2 E. 霍华德的"田园城市"设想

4. 第四阶段，现代社会的园林：自然共生型社会

社会将朝着人类与自然处于共生关系的自然共生型社会发展，生物多样性将成为评价园林绿地的标准之一。这一阶段发展私人所有的园林已不占主导地位，城市生态系统概念确立，大量园林城市出现园林绿化以改善城市环境质量、创造合理的城市生态系统为根本目的，在此基础上，园林审美的构思建筑、城市规划、园林三者关系更为密切，园林学成为一门涉及面极广的学科。

1.3 中国古典园林的类型

钟灵毓秀的大地山川和深厚积淀的历史文化孕育出中国古典园林这样一个源远流长、博大精深的园林体系。中国古典园林以其丰富多彩的内容和高超的艺术水平在世界上独树一帜，被公认为风景式园林的渊源。它不仅影响着亚洲汉文化圈内的朝鲜、日本等国家，甚至远播欧洲。社会经济、政治、文化的变化、消长，是导致园林演进过程中的转折、兴衰的契机。

中国古典园林有多种分类方法，主要有以下几个。

1. 按照园林基址的选择和开发方式分类：人工山水园和天然山水园

人工山水园是指在平地上开凿水体、堆筑假山，人为地创设山水地貌，配以花木栽植和建筑营构，把天然山水风景缩移摹拟在一个小范围之内，多建在城镇内，又称"城市山林"，规模从小到大，内容由简到繁，造园所受客观制约少，人的创造性得到充分发挥，因此造园手法多样和园林内涵丰富多彩，是最能代表中国古典园林艺术成就的一个类型。

天然山水园包括山水园、山地园和水景园等，多处在城镇近郊或远郊的山野风景地带。兴造天然山水园的关键在于选择基址，如果选址恰当，则能以少量的花费而获得远胜于人工山水园的天然风景之真趣。故《园冶》论造园相地，以"山林地"为最佳。清初造园家李渔所说的："幽斋磊石，原非得已，不能置身岩下，与木石居，故以一卷代山，一勺代水，所谓无聊之极思也。"天然山水园典型代表有泰山和黄山。

2. 按隶属关系分类：皇家园林、私家园林和寺观园林

皇家园林在古籍里面称为“苑”“囿”“宫苑”“园囿”“御苑”，为中国园林的三种基本类型之一。皇家园林为皇家所有，是供帝王居住、活动和享受的地方。一般多建在京城，与皇宫相连。有些则建在郊外风景优美、环境幽静之地，多与离宫或行宫相结合，表现出明显的皇权象征。其特点是：规模宏大，真山真水较多；建筑体型高大，形式多样，功能齐全，富丽堂皇；集天下能工巧匠，收天下之美景，耗费巨资建成，尽显皇权威严。典型代表有北京故宫、颐和园(见图 1-3、图 1-4)、圆明园、北海公园以及河北承德避暑山庄等。

图 1-3　颐和园(万寿山前景区)

图 1-4　颐和园(佛香阁、排云殿建筑群)

皇家园林按使用情况的不同分为大内御苑、行宫御苑和离宫御苑三种类型。大内御苑，即皇帝的宅园，建在皇城和宫城之内，紧邻皇居或距皇居很近，便于皇帝日常临幸游憩。行宫御苑和离宫御苑，建在都城近郊、远郊的风景优美的地方，或者远离都城的风景地带。二者不同点：行宫御苑供皇帝偶尔游憩或短期驻跸之用；离宫御苑作为皇帝长期居住、处理朝政的地方，相当于一处与大内相联系的政治中心。

私家园林规模较小，一般只有几亩至十几亩，小者仅一亩或半亩而已。造园家的主要构思是“小中见大”，即在有限的范围内运用含蓄、扬抑、曲折、暗示等手法来启动人的主观再创造，曲折有致，造成一种似乎深邃不尽的景境，扩大人们对于实际空间的感受；大多以水面为中心，四周散布建筑，构成一个个或几个景点围合而成景区；以修身养性，闲适自娱为园林主要功能；园主多是文人学士出身，能诗会画，善于品评，园林风格以清高风雅，淡素脱俗为最高追求，充溢着浓郁的书卷气。典型代表有北京恭王府，苏州拙政园(见图 1-5)、留园、网师园、沧浪亭，上海豫园等。

图 1-5　苏州拙政园

寺观园林是指佛寺、道观、历史名人纪念性祠庙的宗教、祭祀园林，是寺观、祠堂等与园林相结合的产物，遍及我国的名山大岳，就现存数量而言，为皇家园林和私家园林的几百倍。寺观园林狭者仅方丈之地，广者则泛指整个宗教圣地，其实际范围包括寺观周围的自然环境，是寺庙建筑、宗教景物、人工山水和天然山水的综合体。其特点是：环境静穆，景色优美，多建于自然山林；布局严谨，多为轴线对称；广植特定品种树木，突出肃穆、庄严、神秘气氛，体现出佛、道、儒、俗文化相融合的特点。典型代表有承德外八庙（又称“小布达拉宫”）（见图 1-6）、少林寺、五台山等。

图 1-6　承德外八庙

皇家园林、私家园林和寺观园林这三大园林类型是中国古典园林的主体、造园活动的主流、园林艺术的精华荟萃。

3. 按园林所处地域分布分类：北方园林、江南园林和岭南园林

北方园林主要见于黄河流域的西安、洛阳、登封、开封、曲阜、北京等古都古城，其中以北京园林为代表，多为皇家园林。这些园林风格粗犷，人工建筑偏于厚重，是我国古代园林的宏丽之作。如北京以山水取胜的“三山”（香山、玉泉山和万寿山）。其特点是宏大壮美、雄伟豪放、富丽堂皇，称为“北方之雄”。

江南园林，“江南”是指长江下游太湖流域一带，以南京、无锡、扬州、苏州、上海、杭州、嘉兴等地为多，苏州为最。江南自东晋、南北朝之后，经济发展迅速，且江南游乐之风盛于中原，故有钱有势者以争建园林或私宅为高雅，不出院门，可陶性于山水之野。另外，江南山清水秀，河道密布，湖塘众多，草木繁茂，为建园林提供了条件。江南园林艺术造诣最高，常被作为中国园林的代表，其影响渗透到各种类型、各种流派的园林当中，成为后人效法的范例。故有“江南园林甲天下，苏州园林甲江南”之说。

岭南园林主要分布在珠江三角洲一带的潮汕、东莞、番禺、广州等地，以宅园为主。终年常绿，又多河川，具有明显的热带、亚热带风光特点，造园条件十分优越。园林多为景观欣赏与避暑纳凉结合，其布局往往以大池为中心，绕以楼阁，高树深池，荫翳生凉。花木种植颇广，它们与建筑小品相映衬，更显得园林色彩浓丽，绚烂精巧。岭南园林发展历史较晚，既吸取了江南园林之“秀”，又结合了北方园林风格，近代又受西欧造园技法的影响，建筑高而宽敞、结构简洁、轻盈秀雅、室内造景、内外呼应，具有综合型园林的特征。现存岭南园林，有著名的“岭南四大名园”，即广东佛山的梁园、顺德的清晖园、东莞的可园和番禺的余荫山房。

4. 按园林的艺术风格分类：规则式园林、自然式园林和混合式园林

规则式园林又称整形式、建筑式、几何式、对称式园林，整个园林及各景区景点皆表现出人为控制下的几何图案美。园林题材的配合在构图上呈几何体形式，在平面规划上多依据一个中轴线，在整体布局中为前后左右对称。园地划分时多采用几何形体，其园线、园路多采用直线形；广场、水池、花坛多采用几何形体；植物配置多采用对称式，株、行距明显均齐，花木整形修剪成一定图案，园内行道树整齐、端直、美观，有

发达的林冠线。

自然式园林又称山水式、风景式或不规则式园林。其特点与规则式园林不同，主要模仿自然景观，景物、景点多以追求自然形态为主。一般无明显的中轴线，主体不一定是建筑，主体两侧也不要求对称。我国古典园林多为自然式园林。自然式园林要求地形、地貌宜起伏多变，水体岸线弯曲逶迤、伸缩宽窄随形就势，道路走向呈曲线状，建筑群、园林小品、山石等布局不对称，植物配置以孤植、丛植或群植为主，尽量显示自然群落状态，不宜做等距配置，不宜做人工整形修剪。

混合式园林主要是指规则式和自然式混合布局的园林，具有开朗、变化丰富的特点。全园没有或难以形成控制全园的主轴线和副轴线，全部景区、建筑以中轴对称布局，或全园没有明显的自然山水骨架，难以形成自然格局。

1.4 中国古典园林史的分期

中国古典园林的历史自公元前 11 世纪的奴隶社会末期至 19 世纪末封建社会解体。发展表现为极缓慢的、持续不断的演进过程；演进过程正好相当于以汉民族为主体的封建大帝国从开始形成转化为全盛、成熟直到消亡的过程；中国古典园林的全部发展历史分为五个时期：生成期、转折期、全盛期、成熟时期和成熟后期。

1. 生成期：商、周、秦、汉（公元前 11 世纪—220 年）

贵族宫苑是中国古典园林的滥觞，也是皇家园林的前身。皇家的宫廷园林规模宏大、气魄宏伟，成为初期造园活动的主流。

2. 转折期：魏、晋、南北朝（220—589 年）

小农经济受到豪族庄园经济的冲击，帝国处于分裂状态，思想形态呈现出“百家争鸣”的局面。豪门士族削弱了以皇权为首的官僚机构的统治，民间的私家园林异军突起。佛教和道教的流行，也使得寺观园林开始兴盛。从生成期到转折期，初步确立了园林的美学思想，奠定了中国风景式园林大发展的基础。

3. 全盛期：隋、唐（589—960 年）

帝国恢复统一，豪族势力和庄园经济受到抑制，在前一时期的基础上形成儒、释、道互补共尊局面，但儒学仍居正统地位。这是一个意气风发、勇于开拓、充满活力的全盛时期，中国传统文化有着闳放的风度和旺盛的生命力。园林发展也进入了全盛期，它所具有的风格特点已经基本形成。

4. 成熟时期：两宋、元、明、清初（960—1736 年）

地主小农经济稳步成长，城市商业经济空前繁荣。市民文化的兴起为传统的封建文化注入了新鲜的血液。封建文化虽已失去汉、唐的风度，但却转化为从总体到细节的自我完善。园林由全盛期而升华为充满创造进取精神的完全成熟的时期。

5. 成熟后期：清中叶到清末（1736—1911 年）

表面的盛世掩盖着危机四伏，封建社会盛极而衰逐渐趋于解体，封建文化也呈现出颓败的迹象。园林的发展，一方面继承前一时期的成熟传统而趋于精致，表现了中国古典园林的辉煌成就；另一方面则暴露出某些衰颓的倾向，已丧失前一时期的积极、创新精神。

1.5 中国古典园林的特点

中国古典园林的特点具体如下。

(1)“本于自然、高于自然”是中国古典园林创作的主旨,突出体现在人工山水园的筑山、理水、植物配置方面。筑山(叠山与置石):“一峰则太华千寻”;理水:“虽由人作,宛自天开”,“一勺则江湖万里”;植物配置:以树木为主调。

(2)建筑美与自然美的融合。中国传统木构建筑本身所具有的特性为此提供了条件,匠师们为了进一步让建筑协调,将其融合于自然环境之中,还发展、创造了许多别致的建筑形象和细节处理(如亭、舫、船厅、廊等)。

(3)诗画的情趣。园林是时(文学)与空(绘画)综合的艺术。诗情是在园林中以具体形象复现前人诗文的某些境界、场景,运用景名、匾额、楹联等方式对园景作直接的点题。借鉴文学艺术的章法、方式使得规划设计许多都类似文学艺术的结构。画意是把作为大自然的概括和升华的山水画以三维空间的形式复现到人们的现实生活中来。表现的方面是叠山艺术、植物配置、建筑外观、线条造型。

(4)意境的蕴含。意境表达方式的三种情况:①借助于人工的叠山理水把广阔的大自然山水风景摹拟于咫尺之间;②预先设定一个意境的主题,然后借助于山水花木建筑所构配成的物境将这个主题表现出来,从而传达给观赏者以意境的信息(在皇家园林中尤为普遍);③意境并非预先设定,而是在园林建成之后再根据现成物境的特征作出文字的“点题”——景题、匾、联、刻石等。

这四大特点乃是中国古典园林在世界上独树一帜的主要原因。园林的全部发展历史反映了这四大特点的形成过程,园林的成熟时期也意味着这四大特点的最终形成。

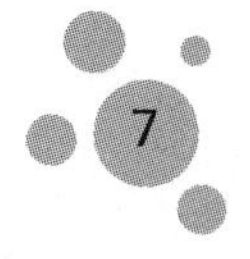

2 中国古典园林生成期

中国古典园林生成期是在奴隶社会末期和封建社会初期的一千多年的漫长岁月（相当于殷、周、秦、汉四个朝代）中萌芽、产生而逐渐成长的时期。这个时期的园林发展尚处在比较幼稚的初级阶段。

2.1 历史背景与发展状况

2.1.1 山水审美观念的确立

中国古典园林在产生的初期便与生产、经济有着密切的关系，这个关系贯穿于整个生成期，在这个漫长的历史过程中，人们积累了种种与自然山水息息相关的精神财富，促成了人们对大自然环境生态美的认识——山水审美观念的确立。

远古原始宗教的自然崇拜，把一切自然物和自然现象视为神灵的化身，大自然生态环境被抹上了浓厚的宗教色彩，覆盖以神秘的外衣。随着社会进步和生产力的发展，人们在改造大自然的过程中所接触到的自然物逐渐成为可亲可爱的东西，它们的审美价值也逐渐为人们所认识、领悟。狩猎时期的动物、原始农耕时期的植物，都作为美的装饰纹样出现在黑陶文化时期和彩陶文化时期的陶器上面。但它们仅仅是大自然的片段和局部，而把大自然环境作为整体的生态美来认识，则到西周时才始见于文字记载。《诗经・小雅》收集的早期诗歌作品中表现出了山水审美观念的萌芽状态，如“秩秩斯干，幽幽南山。如竹苞矣，如松茂矣。”记述了作者在南山（终南山）所见的风景之美，运用比兴的手法，以此喻彼，把优美的自然事物联系人事，从而丰富了审美的内涵。

到东周时，比兴的运用更多地见于《诗经》和楚辞的篇章，且更贴近人的品德和素质。屈原的作品中，就直接以善鸟香草配于忠贞，以恶禽秽物比拟谗佞，以虬龙鸾凤托为君子，以飘风云霓隐喻小人。山水审美观念的萌芽，也在人们开始把自然风景作为品赏、游观的对象这样一个侧面上反映出来。

古代人们把自然作为人生的思考对象，从理论上加以阐述和发展。老子在山川河流中，用自己对自然山水的认识去预测宇宙的种种奥秘，去反观社会人生的纷繁现象，感悟出“人法地，地法天，天法道，道法自然”这一万物本源之理，认为“自然”是无所不在，永恒不灭的，提出了崇尚自然的哲学观。庄子进一步发展这一哲学观，认为人只有顺应自然规律才能达到自己的目的，提出“天地有大美而不言”的观点，即“大巧若愚”“大朴不雕”，不漏人工痕迹的天然美。老庄哲学的影响非常深远，奠定了中国两千多年的自然山水审美观，成为中国人特有的观赏价值观。

2.1.2 三个重要的意识形态因素的影响

除了社会因素之外，影响园林向着风景式方向发展的，就不能不提到三个重要的意识形态方面的因素——天人合一思想、君子比德思想和神仙思想。

1. 天人合一思想

“天人合一”的命题由宋儒提出，但相关哲学思想早在西周时便已出现了。它原本是古代人的政治伦理主张的表述，即《易经・乾卦》所谓“夫大人者，与天地合其德，与日月合其明，与四时合其序，与鬼神合其吉

凶"。儒家的孟子再加以发展,将天道与人性合而为一,寓天德于人心,把封建社会制度的纲常伦纪外化为天的法则。秦、汉时,以《易经》为标志的早期阴阳理论与当时的五行学派相结合,天人合一又衍生为"天人感应"说。认为天象和自然界的变异能够预示社会人事的变异,反之,社会人事变异也可以影响天象和自然界的变异,两者之间存在着互相感应的关系。

天人合一的思想源于上古的原始农业经济,深刻地影响着人们的自然观,即人应该如何对待大自然这个重要问题的思考。它包含着两层意义:第一层意义,人是天地生成的,人的生活服从自然界的普遍规律;第二层意义,自然界的普遍规律和人类道德的最高原则是一而二、二而一的。因此,人生的理想和社会的运作应该做到人与大自然的协调,保持两者之间的亲和关系,天人合一的思想便又有所发展而衍生出"天人谐和"的思想。这就是说,既要利用大自然的各种资源使其造福于人类,又要尊重大自然、保护大自然及其生态,即《易经·大传》所谓:"范围天地之化而不过,曲成万物而不遗"。天人谐和的思想影响于人们对山林川泽的认识,于原始宗教的自然崇拜之中,羼入了人的某些属性,体现着人对大自然的一定程度的精神改造。相应地,大自然的气质也对人性有潜移默化的影响,不仅渗透进人们的心胸,而且在那里积淀下来,形成民族心理、习尚,成为性格赋乃至思想感情。这种思想感情又赋予人们以朴素的环境意识——保护山林川泽的生态环境。据《周礼》记载,周代对生态环境的管理已形成制度化,并设专职保护山林川泽。先秦儒家学说中已有维护大自然生态平衡、保护植被和动物的简单的片段主张,并且提出了相应的行为规范。

正是由于天人谐和的哲理的主导和环境意识的影响,园林作为人所创造的"第二自然",更加明确了发展方向。两晋、南北朝以后,通过人的创造性劳动更多地将人文的审美融入到大自然的山水景观之中,形成中国风景式园林"本于自然、高于自然""建筑与自然相融糅"等基本特点,贯穿于此后园林发展的始终。

2. 君子比德思想

它源于先秦儒家,是从功利、伦理的角度来认识大自然。在儒家看来,大自然山林川泽之所以会引起人们的美感,在于它们的形象能够表现出与人的高尚品德相类似的特征,从而将大自然的某些外在形态、属性与人的内在品德联系起来。孔子云:"知者乐水,仁者乐山。知者动,仁者静。"以水的清澈象征人的明智,水的流动表现智者的探索,而山的稳重与仁者的敦厚相似,山中蕴藏万物可施惠于人,体现出仁者的品质。

把泽及万民的理想的君子德行赋予大自然而形成山水的风格,这种"人化自然"的哲理必然会导致人们对山水的尊重。中国自古以来就把"高山流水"作为品德高洁的象征,"山水"成了自然风景的代称。园林从一开始便重视筑山和理水,这就决定了中国园林发展之必然遵循风景式的方向。

3. 神仙思想

它产生于周末,盛行于秦、汉。战国时期,燕、齐一带出现方士鼓吹的神仙方术,虚构出种种神仙境界,神仙飘忽于太空,栖息在高山上。神仙思想的产生,一是由于时代的苦闷感,战国时期正处在奴隶社会转化为封建社会的大变动时期,人们对现实不满,于是祈求成为神仙而得到解脱。二是由于思想解放,旧制度、旧信仰解体,形成百家争鸣的局面,也最能激发人们幻想的能力,人们借助于神仙这种浪漫主义的幻想方式来表达破旧立新的愿望。神仙思想乃是原始的神灵、山岳崇拜与道家的老、庄学说融糅混杂的产物。到秦、汉时,民间已广泛流传着许多有关神仙和神仙境界的传说,其中以东海仙山和昆仑山最为神奇,流传也最广,成为我国两大神话系统的渊源。

东海仙山相传在山东蓬莱市沿海一带,有岱屿、员峤、方丈(方壶)、瀛洲、蓬莱五座仙山,山上居住着许多神仙并有长生不死之药,后来,岱屿、员峤两座仙山飘去不知踪迹,只剩下方丈(方壶)、瀛洲、蓬莱三座仙山了。

昆仑山在今新疆境内,西接帕米尔高原,东面延伸到青海。据《山海经》《淮南子》《水经注》等描述,昆仑山可以通达天庭,人如果登临山顶便能长寿不死。山上居住着神仙,山顶为太帝之居,半山有黄帝在下界的行宫——悬圃。成书于汉代的《穆天子传》记述周穆王巡游天下,曾登昆仑山顶的瑶池,会见神仙的首领西王母的情形。

东海仙山的神话内容比较丰富，因而对园林发展的影响也比较大。园林里面，由于神仙思想的主导而摹拟的神仙境界实际上就是山岳风景和海岛风景的再现，这种情况盛行于秦、汉时的皇家园林，对于园林向着风景式方向上的发展，也起到了一定的促进作用。

2.2 总体特征

中国古典园林的生成期从萌芽、产生而逐渐成长，持续了将近1200年。就园林本身的发展情况而言，大致可以分为三个阶段：第一，殷、周；第二，秦、西汉；第三，东汉。

殷、周是园林生成期的初始阶段，天子、诸侯、卿士大夫等大小贵族奴隶主所拥有的“贵族园林”相当于皇家园林的前身，但尚不是真正意义上的皇家园林。

秦、西汉为生成期，是园林发展的重要阶段，顺应中央集权的政治体制的确立，出现了皇家园林这个园林类型。它的“宫”“苑”两个类别，对后世的宫廷造园影响极为深远。

东汉则是园林由生成期发展到魏晋南北朝时期的过渡阶段。

总的来说，生成期的持续时间很长，但园林的演进变化极其缓慢，始终处在发展的初级状态。原因主要表现在以下三个方面。

（1）这一时期造园活动的主流是皇家园林，尚不具备中国古典园林的全部类型。园林的内容驳杂，园林的概念也比较模糊。私家园林虽已见诸文献记载，但为数甚少而且大多数是摹仿皇家园林的规模和内容，两者之间尚未出现明显的类型上的区别。

（2）园林的功能由早先的以狩猎、通神、求仙、生产为主，逐渐转化为后期的以游憩、观赏为主。但无论天然山水园或者人工山水园，建筑物只是简单地散布、铺陈、罗列在自然环境中。建筑作为一个造园要素，与其他自然三要素之间似乎并无密切的关系。园林的总体规划尚比较粗放，谈不上有多少设计理念。

（3）由于对原始山川的崇拜、帝王的封禅活动，以及神仙思想的影响，大自然在人们的心目中尚保持着一种浓重的神秘感。儒家的“君子比德”之说，导致人们从伦理、功利的角度来认识自然美，例如《诗经》和《楚辞》充满了以德喻美的比兴。早期的囿、台、圃相结合已有了风景园林的因子，后受到天人合一、君子比德以及神仙思想的影响朝着风景式的方向发展，但仅仅是对大自然的客观写照，本于自然而未高于自然。秦汉帝王经营的苑囿规模之宏大令人瞠目结舌，筑台登高，极目远眺所看到的也都是大幅度、远视距的开阔景观，通神的仪典和仙境的摹拟使得园内充满神异气氛，狩猎活动赋予园林以粗犷的情调，各种生产基地的建设更多地展现了作为经济实体的“庄园”特色。但在园林里面所进行的审美的经营尚处在低级的水平上，造园活动并未完全达到艺术创作的境地。

2.3 中国古典园林的起源

2.3.1 囿

“囿”是最早见于文字记载的园林形式，园林里面的主要建筑物是“台”。中国古典园林的型产生于囿与台的结合，时间在公元前11世纪，也就是奴隶社会后期的殷末周初。

从甲骨卜辞研究，以殷王为代表的统治阶级很喜欢大规模的狩猎，古籍里面多有“田猎”的记载。田猎即在田野里行猎，又称游猎、游田，这是经常性的活动。田猎多在旷野荒地上进行，有时也在抛荒、休耕的农田上进行，可兼为农田除害兽，但往往也会波及附近的在耕农田，难免会践踏庄稼因而激起民愤。殷末周初的帝王为了避免因田猎而损及在耕的农田，便下令把这种活动限制在王畿内的指定范围，形成“田猎区”。田猎除了获得大量被射杀的猎物之外，也还会捕捉到一定数量的活着的野兽、禽鸟。后者需要集中豢养，“囿”便是王室专门集中豢养这些禽兽的场所。

殷、周时畜牧业已相当发达，周王室拥有专用的“牧地”，设置官员主管家畜的放牧事宜。相应地，驯养野兽的技术也必然达到了一定的水准。据文献记载，周代囿的范围很大，里面域养的野兽、禽鸟由“囿人”专司管理。在囿的广大范围之内，为便于禽兽生息和活动，需要广植树木、开凿沟渠水池，有的还划出一定地段经营果蔬。可以设想，群兽奔突于林间，众鸟飞翔于树梢、嬉戏于水面，那是一派宛若大自然生态之景观。所以说，囿的建设与帝王的狩猎活动有着直接的关系，也可以说，囿起源于狩猎。

囿除了为王室提供祭祀、丧纪所用的野味之外，据《周礼 · 地官 · 囿人》郑玄注：“囿游，囿之离宫，小苑观处也。”则囿还兼有“游”的功能，即在囿里面进行游观活动。就此意义而言，囿无异于一座多功能的大型天然动物园了。《诗经 · 大雅》的“灵台”篇有一段文字描写周文王在灵囿时，“麀鹿攸伏”“麀鹿濯濯，白鸟翯翯”的状貌。据此可知，文王巡游之际，也是把走兽飞禽作为一种景象来观赏，囿的游观功能虽然不是主要的，但已具备园林的雏形了。

2.3.2 台

“台”是用土堆筑而成的方形高台，《吕氏春秋》高诱注：“积土四方而高曰台。”台的原初功能是登高以观天象、通神明，即《白虎通 · 释台》所谓“考天人之际，查阴阳之会，揆星度之验”，因而具有浓厚的神秘色彩。

在生产力水平低下的上古时代，人们不可能科学地去理解大自然。因而视之为神秘莫测，对许多自然物和自然现象都怀着畏敬的心情并加以崇拜，这种情况一直到文明社会的初期还保留着。山是人们所见到的体量最大的自然物，巍峨高耸仿佛有一种拔地通天、不可抗拒的力量。它高入云霄，则又被人们设想为天神在人间居住的地方。所以世界上的许多民族在上古时代都特别崇拜高山，甚至到现在仍保留为习俗。

先民们之所以崇奉山岳，一是山高势险犹如通往天庭的道路；二是高山能兴云作雨犹如神灵。风调雨顺是原始农业生产的首要条件，是攸关国计民生的第一要务。因此，周代统治阶级的代表人物——天子和诸侯都要奉领土内的高山为神祇，用隆重的礼仪来祭祀它们。在全国范围内还选择位于东、南、西、北的四座高山定为“四岳”，受到特别崇奉，祭祀之礼也最隆重。后又演变为“五岳”，历代皇帝对五岳的祭祀活动，便成了封建王朝的旷世大典。

这些遍布各地的被崇奉的大大小小的山岳，在人们的心目中就成了“圣山”。然而，圣山毕竟路遥山险，难以登临。统治阶级想出一个变通的办法，就近修筑高台，摹拟圣山。台是山的象征，有的台即削平山头加工而成，高台既摹拟圣山，人间的帝王筑台登高，也就可以顺理成章地通达于天上的神明。因此帝王筑台之风盛行，传说中的帝尧、帝舜均曾修筑高台以通神。夏代的启“享神于大陵之上，即钧台也”。这些台都十分高大，需要大量奴隶劳动力经年累月才能修造完成，如殷纣王建鹿台“七年而成，其大三里，高千尺，临望云雨”。周代的天子、诸侯也纷纷筑台，孔子所谓“为山九仞，功亏一篑”，可能就是描写用土筑台的情形。台上建设房屋谓之“榭”，往往台、榭并称。

台还可以登高远眺，观赏风景，“国之有台，所以望气祲、察灾祥、时游观”周代的天子、诸侯“美宫室”“高台佛”遂成为一时的风尚，台的“游观”功能亦逐渐上升，成为一种主要的宫苑建筑群，并结合绿化种植而形成以它为中心的空间环境，又逐渐向着园林雏形的方向上转化了。

囿和台是中国古典园林的两个源头，前者关涉栽培、圈养，后者关涉通神、望天，也可以说，栽培、圈养、通神、望天乃是园林雏形的原初功能，游观则尚在其次。之后，尽管游观的功能上升了，但其他的原初功能一直沿袭到秦汉时期的大型皇家园林中。

2.3.3 园圃

上古时代，已有园圃的经营。园(園)，是种植树木(多为果树)的场地，殷墟出土的甲骨卜辞中有▣的字样，即“圃”字的前身；从字的象形来看，上半部是出土的幼苗，下半部是场地的整齐分畦，显然为人工栽植蔬菜的场地，并有界定的范围。足见殷末时期的植物栽培技术，已经达到一定的水准了。西周时期，往往园、圃并称，其意亦互通，还设置“场人”专门管理官家的这类园圃，“场”即应是供应宫廷的瓜果园或蔬圃。

春秋战国时期，由于城市商品经济发展，果蔬纳入市场交易，民间经营的园圃亦相应地普遍起来，更带动了植物栽培技术的提高和栽培品种的多样化，同时也从单纯的经济活动逐渐渗入人们的审美领域。相应地，许多食用和药用的植物被培育成为以供观赏为主的花卉。老百姓在住宅的房前屋后开辟园圃，既是经济活动，又兼有观赏的目的。而人们也越来越侧重树木和花卉的观赏价值。

观赏树木和花卉在殷、周时期的各种文字记载中已经很多了，人们不仅取其外貌形象之美姿，而且还注意到其象征性的寓意，《论语》中就有“岁寒然后知松柏之后凋”的比喻。《论语》又载：“哀公问社于宰我，宰我对曰：夏后氏以松，殷人以柏，周人以栗。”社即社木，也就是神木，以松、柏、栗分别为代表三个朝代的神木，则更赋予这三种观赏树木以浓郁的宗教色彩和不同寻常的神圣寓意。园圃内所栽培的植物，一旦兼作观赏的目的，便会向着植物配置的有序化的方向发展，从而赋予前者以园林雏形的性质。东周时，甚至有用“圃”来直接指称园林的，如赵国的“赵圃”等。

所以说，“园圃”也应该是中国古典园林除囿、台之外的第三个源头。这三个源头之中，囿和园圃属于生产基地的范畴，它们的运作具有经济方面的意义。因此，中国古典园林在其产生的初始便与生产、经济有着密切的关系，这个关系甚至贯穿于整个生成期的始终。

2.4 殷、周园林

殷代和西周是典型的奴隶制国家，大小奴隶主（王、诸侯、卿士大夫）均为贵族。他们占有土地、财富和奴隶，追求生活之享乐，他们所经营的园林，可统称为“贵族园林”。虽尚未完全具备皇家园林的性质，但却是后者的前身。它们之中，文献记载最早的两处见于殷纣王修建的“沙丘苑台”和周文王修建的“灵囿，灵台、灵沼”，时间在公元前 11 世纪的殷末周初。

殷王的都邑宫室遗址——殷墟，规模宏大，其建筑基址的平面有方形、长方形、条状、凹形、凸形等，最大的基址达 14.5 米×80 米。基址全部用夯土筑成，很多基址上面尚残存着一定间距和直线行列的石柱础。所有础石都为直径 15 厘米至 30 厘米的天然卵石，个别的还留着若干盘状的铜盘——锧，其中隐约能看出盘面上具有云雷纹饰。这些铜锧垫在柱脚下，起着取平、隔潮和装饰三重作用，并且在础石附近还发现木柱的烬余，足以证明商朝后期已经有了相当大的木构架建筑了。从殷墟的布局和宫室建筑的情况来推测，当时建有园林的可能性。

商自盘庚迁殷，传至末代为帝辛，即纣王。纣王大兴土木，修建规模庞大的宫室。“南距朝歌，北据邯郸及沙丘，皆为离宫别馆”。朝歌在河南安阳以南的淇县境内，沙丘在安阳以北的河北广宗县境内。《史记·殷本纪》：“（纣）厚赋税以实鹿台之钱，而盈巨桥之粟。益收狗马奇物，充仞宫室。益广沙丘苑台，多取野兽蜚鸟置其中。”说的就是南至朝歌、北至沙丘的广大地域内的离宫别馆的情况。殷纣王宫苑分布示意图（见图 2-1）。

鹿台在朝歌城内，“其大三里，高千尺”。这个形容不免夸张，但台的体量确是十分庞大，北魏时尚能见到它的遗址。鹿台存储政府的税收钱财，除了通神、游赏的功能之外，还相当于“国库”的性质，因而附近的宫室建筑亦多为收藏奇物、声色犬马的场所。

“沙丘苑台”中的“苑”也就是“囿”，“囿”“台”并提意味着两者相毗连为整体。其中“置野兽蜚鸟”，则说明其不仅是圈养、栽培、通神、望天的地方，也是略具园林雏形格局的游观、娱乐的场所。纣王是中国历史上出名的荒淫之君，殷末奴隶社会的生产力已发展到一定程度。修造如此规模的宫苑，并非不可能。

周族原来生活在陕西、甘肃的黄土高原，后迁于岐，即今陕西省岐山县。周文王时国势逐渐强盛，公元前 11 世纪，又迁都沣河西岸的丰京，经营城池宫室，另在城郊建成著名的灵台、灵沼、灵囿。它们的大概方位见于《三辅黄图》的记载：“周文王灵台在长安西北四十里”，“（灵囿）在长安县西四十二里”，“灵沼在长安西三十里”。今陕西户县东面，秦渡镇北约 1 千米处的大土台，相传即为灵台的遗址。秦渡镇北面的董村附近的一大片洼地，相传是灵沼遗址。至于灵囿的具体位置，也应在秦渡镇附近。此三者鼎足毗邻，总体上构成规模甚大的略具雏形的贵族园林。

《诗经·大雅》叙说了周文王兴建灵台，老百姓踊跃参加，因此施工进度很快。《三辅黄图》言灵台的体量仅“高二丈，周围百二十步”，比起殷纣王的鹿台要小得多，亦足见吊民伐罪的周文王还是比较爱惜民力

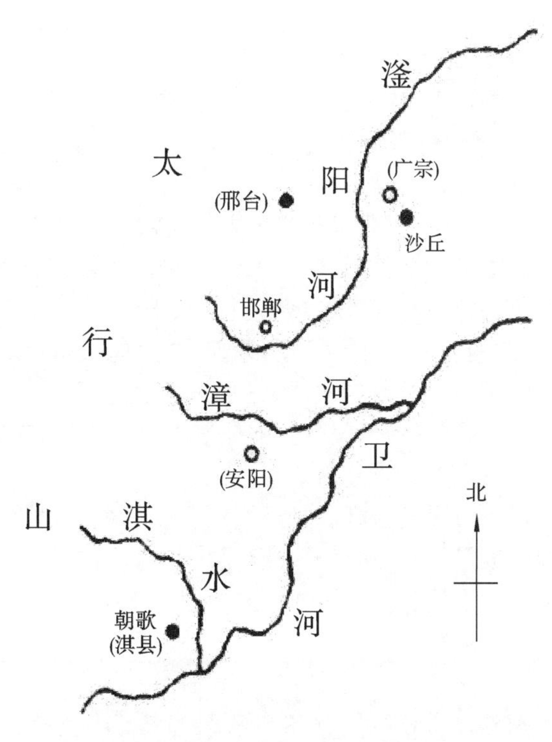

图 2-1 殷纣王宫苑分布示意图

的。筑台所需的土方即从池沼中得来，据刘向《新序》:“周文王作灵台，及于池沼……泽及枯骨。”灵沼也是人工开凿的水体，并在水中养鱼。

周文王在灵囿看到母鹿体态之肥美、白鸟羽毛之洁白光泽，在灵沼看到鱼儿跳跃在水池中。显然，其赏观的主要对象是动物，植物则偏重实用价值，观赏的功能尚在其次。且定期允许老百姓入内割草、猎兔，但要交纳一定数量的收获物。周文王以后，囿成为奴隶主统治者的政治地位的象征，周王的地位最高，囿的规模最大，诸侯也建有囿，但规模要小一些。《诗经》毛注:“囿……天子百里，诸侯七十里。”

中国早期的农业文明成熟于周代。农业文明是和人民的定居生活相联系的，而人民的定居生活又直接影响到国家的都城建设。因此，周代的都城，其位置比夏、商更为稳定，建都与迁都的决策也更为慎重。武王灭殷后，周王朝面临的一个重大的问题是如何控制天下、巩固统治，而解决这个问题的关键在很大程度上取决于作为政治中心的都城的位置。可是，镐京偏居国土西隅，难以控制北至燕山、东至大海、南至江淮的广大地域。必须选择一处适中的理想的地方另建新都，这就是武王所选定的“占天下之中、据伊洛之胜”的东都洛邑。

西周后期，国势日衰，周平王时放弃西都镐京，正式迁都洛邑，是为东周，即春秋战国时期。东周的王城比西周的成周城晚四百多年建成，而城市建设则达到更为成熟的地步，形成了以王宫为中心的“前朝后市，左祖右社”的格局。

春秋战国时期，诸侯国商业经济发达，全国各地大小城市林立。城市工商业发展，大量农村人口流入。城市繁华了，城乡的差别扩大了，与大自然的隔绝状况也日益突出。居住在大城市里的帝王、国君等贵族们为避喧嚣，纷纷占用郊野山林川泽风景优美的地段修筑离宫别馆，从而出现宫苑建设的高潮。台与囿结合、以台为中心而构成贵族园林的情况已经比较普遍，台、宫、苑、囿等的称谓也互相混用，均为贵族园林。其中的观赏对象，从早先的动物扩展到植物，甚至宫室和周围的天然山水都已收摄作为成景的要素了。

树木花草以其美姿而成为造园的要素，建筑物则结合天然山水地貌而发挥其观赏作用，园林里面开始有了以游赏为目的而经营的水体。春秋战国时期见诸文献记载的众多贵族园林之中，规模较大、特点较突出因而也是后世知名度最高的，当推楚国的章华台、吴国的姑苏台。

1. 章华台

章华台又名章华宫，在湖北省潜江市境内，始建于楚灵王六年(公元前 535 年)，6 年后才全部完工。《水经注 · 水》中记载“水东入离湖……湖侧有章华台，台高十丈，基广十五丈……穷土木之技，单府库之实，举国之数年乃成。”经考古发掘的遗址范围东西长约 2000 米，南北宽约 1000 米，总面积达 220 万平方米，位于古云梦泽内。云梦泽是武汉以西、沙市以东、长江以北的一大片水网、湖沼密布的丘陵地带，自然风景绮丽，流传着许多上古神话，益增其浪漫色彩。遗址范围内共有大小、形状不同的台若干座，还有大量的宫、室、门、阙遗址。可以设想，当年楚灵王临幸章华台，率领众多的官员、陪臣、军士、奴婢，游观赏玩以及田猎活动的盛大场面。其主体建筑章华台更是钜丽非凡，据考古发掘，方形台基长 300 米，宽 100 米，其上为四台相连。最大的一号台，长 45 米，宽 30 米，高 30 米，分为三层，每层的夯土上均有建筑物残存的柱础。昔日登临此台，需要休息三次，故俗称“三休台”。章华台不仅“台”的体量庞大，“榭”亦美轮美奂，乃是当时宫苑中“高台榭”的典型。

据文献记载可知，章华台的具体位置在云梦泽北沿的荆江三角洲上，西距楚国国都郢约 55 千米。台的三面环抱人工开凿的水池，临水而成景，水池的水源引自汉水，同时也提供了水运交通之方便。这是摹仿舜在九嶷山的墓葬的山环水抱的做法，也是在园林里面开凿大型水体工程见于史书记载的首例。

2. 姑苏台

姑苏台在吴国国都吴(亦名阖闾，今苏州)西南 12.5 千米的姑苏山上，始建于吴王阖闾十年(公元前 505 年)，后经夫差续建历时 5 年乃成。姑苏山又名姑胥山、七子山，横亘于太湖之滨。山上怪石嶙峋，峰峦奇秀，至今尚保留有古台址十余处。

这座宫苑全部建筑在山上，因山成台，联台为宫，规模宏大，主台“广八十四丈”“高三百丈”。宫苑的建筑极华丽。除了这一系列的台之外，还有许多宫、馆及小品建筑物，并开凿山间水池。其总体布局因山就势，曲折高下，人工开凿的水池，既是水上游乐的地方，又具有为宫廷供水的功能，相当于山上的蓄水库。宫苑横亘五里，可容纳宫妓数千人，足见其规模宏大。为便于吴王随时临幸而“造曲路以登临”，从山上修筑专用的盘曲道路直达都邑吴城的胥门。

今灵岩山上的灵岩寺即馆娃宫遗址之所在，附近还有玩花池、琴台、响廊裥、砚池、采香径等古迹。响廊裥即“响屧廊”，相传是吴王特为宠姬西施修建的一处廊道。廊的地板用厚梓木铺成，西施着木底鞋行走其上，发出清幽的响声，宛若琴音。唐代诗人皮日休《馆娃宫怀古五绝》云“响屟廊中金玉步，采苹山上绮罗身”，即此。采香径，顾名思义，则是栽植各种花卉以供观赏的“花径”。吴王夫差兴建馆娃宫，所需大量木材均为越王勾践所献，由水路源源运抵山下堆积数年，以至于木塞于渎。此地后来发展成为小镇，即今之木渎镇。

始苏台是一座山地园林，居高临下，观览太湖之景，最为赏心悦目。并且其建筑地段的选址十分优越。包括馆娃宫在内的姑苏台，与洞庭西山消夏湾的吴王避暑宫、太湖北岸的长洲苑，构成了吴国沿太湖岸的庞大的环状宫苑集群。

章华台和姑苏台是春秋战国时期贵族园林的两个重要实例。它们的选址和建筑经营都能够利用大自然山水环境的优势，并发挥其成景的作用。园林里面的建筑物比较多，包括台、宫、馆、阁等多种类型，以满足游赏、娱乐、居住乃至朝会等多方面的功能需要。园林里面除了栽培树木之外，姑苏台还有专门栽植花卉的地段，章华台所在的云梦泽也是楚王的田猎区，因而园内很可能圈养了动物。园林里面人工开凿水体，既满足了交通和供水的需要，又提供了水上游乐的场所，创设了因水成景的条件——理水。所以说，这两座著名的贵族园林代表着上代囿与台相结合的进一步发展，是过渡到生成期后期的秦汉宫苑的先型。

“上有所好，下必效之”。诸侯国君不惜殚费民力经营宫苑，卿士大夫亦竞相效仿，这类园林在史籍中偶有记载，但语焉不详，而具体的形象表现则见于某些战国铜器的装饰纹样中。例如，河南辉县出土的赵固中一个战国铜鉴纹样图案(见图 2-2)所描绘的贵族游园情况：“正中是一幢两层楼房，上层的人鼓瑟投壶，下层为众姬妾环侍。楼房的左边悬编磬，二女乐鼓击且舞。磬后有习射之圃，磬前为洗马之池。楼房的右边悬编钟，二女乐歌舞如左，其侧有鼎豆罗列，炊饪酒肉。围墙之外松鹤满园，三人弯弓而射，迎面张网罗以捕捉逃兽。池沼中有荡舟者，亦搭弓矢作驱策浴马之姿势。"看来它的内容与前述的宫苑颇相类似，只是规模较小而已。

图 2-2 战国铜鉴纹样图案

2.5 皇家园林

2.5.1 秦朝皇家园林

秦国原本是周代的一个诸侯国，春秋时期称霸西陲，成为当时的"五霸"之一。秦孝公任用商鞅为相，实行了历史上著名的"商鞅变法"，秦国遂一跃而成为战国时期的七个强国之一，为此后的秦始皇实施其向东进军、歼灭六国的野心奠定了基础。

自从秦孝公十二年(公元前 350 年)自栎阳迁都渭河北岸的咸阳以后，城市日益繁荣，一些宫苑如上林苑等已发展到渭河的南岸。孝公之子秦惠王即位，励精图治，不断向外扩张势力范围，开始了以咸阳为中心的大规模的城市、宫苑建设，所经营的离宫别馆，达三百处之多。

秦始皇二十六年(公元前 221 年)灭六国、统一天下，建立中央集权的封建大帝国，由过去的贵族分封政体转化为皇帝独裁政体。园林的发展亦与此新兴大帝国的政治体制相适应，开始出现真正意义上的"皇家园林"。秦始皇在征伐六国的过程中，每灭一国便仿建该国的王宫于咸阳北阪。于是，咸阳的雍门以东、泾水以西的渭河北岸一带，遂成为荟萃六国地方建筑风格的特殊宫苑群。此后，秦始皇便逐步实现其"大咸阳规划"，以及近畿、关中地区的史无前例的大规模宫苑建设——皇家园林建设。

大咸阳规划的范围为渭水的北面和南面两部分的广大地域。渭北包括咸阳城、咸阳宫以及秦始皇增建的六国宫，渭南即扩建的上林苑及其他宫殿、园林。咸阳主要宫苑分布图(见图 2-3)。

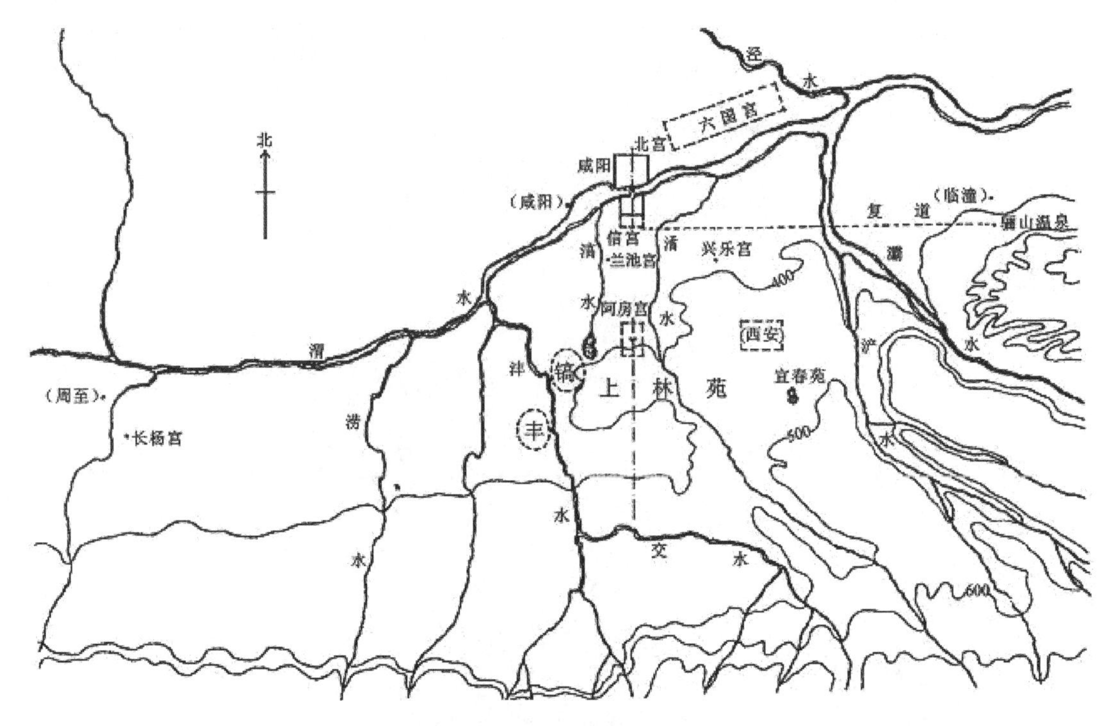

图 2-3　咸阳主要宫苑分布图

秦始皇二十七年(公元前 220 年)开始经营渭南，新建的信宫与渭北的咸阳宫构成南北呼应的格局。宫苑的主体沿着这条南北轴线向渭南转移，原上林苑遂得以扩大、充实。“天极”即北极，又名北辰，是天帝(泰乙)所居的星座。紫宫、天汉、牵牛也都是天上星座的名称。按天上星座的布列来安排地上皇家宫苑的布局，这就是“天人合一”的思想在帝都规划上的具体表现。这时候，咸阳城市已横跨渭河南北两岸，但由于渭北地势高亢，咸阳宫仍起着统摄全局的作用，因而把它作为“紫宫”星座的象征，也是实际上的“天极”。再利用“甬道”等交通道路的联系手段，参照天空星象，组成一个以咸阳宫为中心、具有南北中轴线的庞大的宫苑集群。

这个庞大的宫苑集群突出了咸阳宫的总缩全局的主导地位，其他宫苑则作为后者的烘托，犹如众星拱北极。它体现了人间的皇帝的至高至尊，以皇帝所居的朝宫连通于天帝所居的天极，又把天体的星象复现于人间的宫苑，从而显示“天人合一”的哲理。如此恢宏、浪漫的气度，在中国城市规划的历史上实属罕见。

秦始皇晚年，还在渭南的原周代丰、镐古都附近经营更大的朝宫，即著名的阿房(pang)宫，代替信宫作为天极的象征，也是上林苑的中心。阿房宫早在秦惠王时即已草创，秦始皇三十五年(公元前 212 年)在原基址上做了扩大，建成一组以“前殿”为主体的宫殿建筑群，周围筑以城墙，又称为“阿城”，相当于一座宫城。前殿是在一个阶级状的大夯土台上分层作外包式的建筑，体量虽巨大但形象简单，并不像杜牧《阿房宫赋》所描写的那样。夯土台若按《史记》所记尺寸换算，其长、宽、高约合 750 米、116.5 米、11.65 米，可谓大矣、高矣，遗址在今西安西郊的赵家堡。

壮丽的阿房宫是皇帝日常起居、视事、朝会、庆典的场所，其性质相当于渭南的政治中心。而其形象则为渭南的构图中心，往南一直延展到终南山，往北与都城咸阳浑然一体。它通过“复道”连接于北面的咸阳宫和东面的骊山宫，复道为两层的廊道，上层封闭、下层敞开。新建的复道又结合原先建成的甬道系统，形成以阿房宫为核心的辐射状的交通网络，也是天体星象的摹拟：从“天极”星座经“阁道”星座，再横过“天河”而抵达“营室”星座。渭南众多的宫殿之间，复道、甬道相连犹如蛛网，几乎全可以由室内通达而无须经过露天，气魄之大无与伦比。秦始皇迷信神仙，这种做法固然为秦始皇提供了人身安全的保证，也是让人摸不清他的行踪，仿佛来无踪、去无迹，以此而自比来去飘忽的神仙。

以阿房宫为核心的渭南宫苑集群作为“大咸阳规划”的一部分，实际上相当于咸阳的外廓城的延伸。重要的宫殿以及闾里、工商业区都向渭南发展，“表南山之巅以为阙”意味着以终南山为外廓城南缘之象征。

可惜，“大咸阳规划”的这个更为宏伟的第二期工程，由于秦始皇的暴卒而未能全部完成，即便如此，其规模也是相当大的。待到项羽入关，火焚咸阳三月不熄，这些宫苑也就全部灰飞烟灭了。

根据各种文献的记载，秦代短短的 12 年中所营建的离宫别苑有数百处之多。仅在都城咸阳附近以及关中地区的就有百余处。

秦汉时的关中地区，自然条件非常优越。南有秦岭山脉蜿蜒，北界九嵕山、甘泉山。八条大河流贯境内，即所谓“荡荡乎八川分流”：东有灞河、浐河，西有沣河、涝河，南有潏水、滈水，北有渭河、泾水。再加上温和湿润的气候和充沛的雨量，最适宜植物的生长和动物的繁衍。因而关中地区植被丰富，树木花草品种繁多，甚至南方的一些植物也可以移栽在此生长。境内山高、谷深，既可登山远眺，又能深谷探幽，自然景观山水兼具、旷奥咸宜。尤为可贵的是那许多高而平坦广阔的台地——“原”，著名的如白鹿原、乐游原、细柳原、少陵原、鸿固原、铜人原、尤首原、高阳原等。原与原之间截割成道道川谷，有的还萦绕着流水，则又形成特殊的绮丽景观。

关中地区不仅风景优美，也是当时的粮食丰产区，膏腴良田多半集中于此。在这里散布着秦代众多的离宫、御苑，其中比较重要且能确定其具体位置的有上林苑、宜春苑、梁山宫、骊山宫、林光宫、兰池宫等几处。

1. 上林苑

上林苑原为秦国的旧苑，最晚建成于秦惠王时，秦始皇再加以扩大、充实，成为当时最大的一座皇家园林。它的范围，南至终南山北坡，北至渭河，东至宜春苑，西至周至，规模可谓大矣。苑内最主要的一组宫殿建筑群即上文提到的阿房宫，是大朝所在的政治中心，也是上林苑的核心。此外，还有许许多多的宫、殿、台、馆散布各处，它们都依托于各种自然环境、利用不同的地形条件而构筑，有的还具备特殊的功能和用途。

上林苑内有专为圈养野兽而修筑的兽圈，在其旁修建馆、观之类的建筑物，以供皇帝观赏动物和射猎之用。上林苑内森林覆盖，树木繁茂，郁郁葱葱，除了八条大河之外，还开凿了许多人工湖泊，如牛首池、镐池等，既丰富了水景之点缀，又起到了蓄水的作用。

2. 宜春苑

宜春苑位于隑州(即今西安东南之曲江)，这里林木蓊郁、风景优美。一条弯曲的河流“曲江”萦回其间，水景绮丽。秦时建“宜春宫”，作为皇帝游赏、游猎时歇憩之所。

3. 梁山宫

梁山宫始建于秦始皇时，在渭水北面的好畤县境内。这一带山水形胜，环境优美，气候凉爽，为避暑之胜地。当年秦始皇游幸梁山宫时，曾由大臣陪同登上梁山。

4. 骊山宫

骊山宫位于陕西省临潼县南面之骊山北麓，其苑林的范围包括骊山北坡的一部分。这里不仅林木茂盛、风景优美，山麓还有温泉多处，秦始皇时建成离宫，经常临幸沐浴、狩猎、游赏。骊山宫离咸阳不远，当时曾修筑了一条专用的复道直达上林苑内的阿房宫，以备皇帝来往交通之方便并保证其人身安全。

5. 林光宫

林光宫遗址在今陕西省淳化县甘泉山之东坡。甘泉山风景优美，是避暑休闲胜地；地势险要，秦“直道”南下东西穿过，是兵家必争之地。

6. 兰池宫

兰池宫“在咸阳县东二十五里”(《元和郡县图志》),秦始皇十分迷信神仙方术,曾多次派遣方士到东海三仙山求取长生不老之药,当然毫无结果。于是乃退而求其次,在园林里面挖池筑岛,摹拟海上仙山的形象以满足他接近神仙的愿望。

兰池宫在园林发展史的初期占据着重要的地位。首先,引渭水为池,池中堆筑岛山,乃是首次见于史册记载的园林筑山、理水之举。其次,堆筑岛山名为蓬莱山以摹拟神仙境界,比起战国时燕昭王筑台以求仙的做法更赋予一层意象的联想,开启了西汉宫苑中的求仙活动之先河。从此以后,皇家园林又多了一个求仙的功能。

2.5.2 西汉皇家园林

西汉王朝建立之初,秦的旧都咸阳已被项羽焚毁,乃于咸阳东南、渭水之南岸另营新都长安。先在秦的离宫“兴乐宫”的旧址上建“长乐宫”,后又在其东侧建“未央宫”,此两宫均位于龙首原上。到汉惠帝时才修筑城墙,继而又建成“桂宫”“北宫”“明光宫”。汉长安城内宫苑分布图(见图 2-4)。

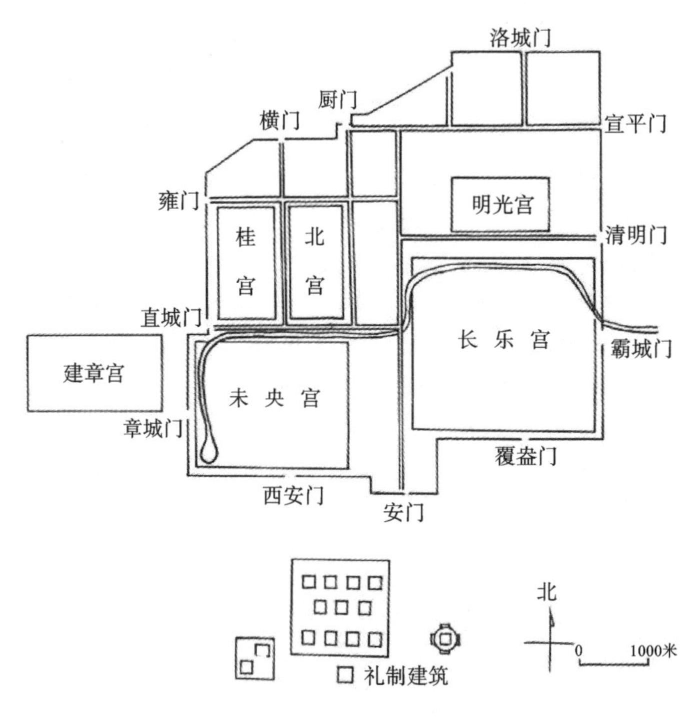

图 2-4 汉长安城内宫苑分布图

西汉初年,战乱甫定,朝廷遵循与民休养生息的政策,汉高祖即位的次年便下诏苑内的一部分土地分给农民耕种,其余的仍保留为御苑禁地。汉文帝经常到苑内射猎,汉景帝曾与梁孝王“出则同车,游猎上林中”。

汉武帝在位的时候(公元前 141 年—前 87 年),削平同姓诸王,地主小农经济空前发展,中央集权的大一统局面空前巩固。“成人伦、助教化”的先秦儒学与五行、谶纬之说相融合而成的汉代儒学,居于思想界的正统地位,但崇尚自然无为的道家思想仍然流行,从而形成儒、道互补的情况。经济、政治、意识形态的相对平衡维系着封建大帝国的强盛和稳定。泱泱大国的气派、儒道互补的意识形态影响了文化艺术的诸多方面,产生了瑰丽的汉赋、羽化登仙的神话、现实与幻想交织的绘画、神与人结合的雕刻等。园林方面当然也会受到这种影响,再加上当时的繁荣经济、强大国力以及汉武帝本人的好大喜功,皇家造园活动达到空前兴盛的局面。

西汉的皇家园林除了少数在长安城内,其余的大量遍布近郊、远郊、关中以及关陇各地,其中的大多数建成于汉武帝在位的时期。这些众多宫苑之中比较有代表性的是上林苑、甘泉宫、未央宫、建章宫、兔园(梁园)五处。它们都具备一定的规模和格局,代表着西汉皇家园林的几种不同的形式。

1. 上林苑

汉武帝建元三年(公元前138年)就秦之上林苑加以扩建。上林苑的占地面积,文献记载不一:方三百里、三百四十里,周墙四百余里,周袤三百里。按汉代一里相当于0.414千米计,则苑墙的长度为130千米至160千米,共设苑门十二座。它的范围,按现在的地理区划,南达终南山、北沿九峻山和渭河北岸,地跨西安市和咸宁、周至、户县、蓝田四县的县境,占地之广可谓空前绝后,乃是中国历史上最大的一座皇家园林。

上林苑的外围是终南山北坡和九嵕山南坡,关中的八条大河"灞、浐、泾、渭、沣、滈、涝、潏"即所谓"长安八水",贯穿苑内辽阔的平原、丘陵之上,自然景观极其恢宏、壮丽。此外还有天然湖泊十处,人工开凿的湖泊也不少,一般都利用挖湖的土方在其旁或其中堆筑高台。这些人工湖泊除了供游赏之外还兼作其他的用途,比较大的有昆明池、影娥池、琳池和太液池四处。

昆明池位于长安城的西南面,从现存的遗址来看,面积一百余公顷。据文献记载,昆明池具有多种的功能:训练水军、水上游览、渔业生产基地、模拟天象。此外,还有"蓄水库"的作用。在水上安置巨塑的动物石雕,则是仿效秦兰池宫的做法。池的东、西岸边立有牛郎、织女石像,乃是天上的银河天汉的象征。这两件西汉石雕作品至今尚完整保存着,当地人称为"石爷、石婆"。由于开凿了昆明池和有关河道的整治,附近的自然风景亦相应地得以开发。当年环池一带绿树成荫,建置许多观、台建筑,即所谓"列观环之",如今,在池旁及附近的南丰镐村、孟家寨、石里口村、客省庄等地,均发现不少西汉建筑遗存,即当年的观、台遗址。

上林苑地域辽阔、地形复杂,"林麓泽薮连亘",天然植被极为丰富。此外,另有人工栽植大量的树木,见于文献记载的有松、柏、桐、梓、杨、柳、榆、槐、檀、楸、柞、竹等用材林,桃、李、杏、枣、栗、梨、柑橘等果木林,以及桑、漆等经济林,这些林木同时也发挥其观赏的作用而成为观赏树木。上林苑除了有大量郁郁苍苍的天然植被,又有人工培植的树木、花草以及水生植物。其中不少是由南方移栽的品种,如菖蒲、山姜、甘蔗、留求子、龙眼、荔枝等,足见当年关中气候比现在温和湿润。为了保证个别南方植物在苑内成活,还配备温室栽培的设施。有些品种,如槐、守宫槐、柳等一直繁衍至今,仍为关中著名的乡土树种。汉武帝时与西域各国交往频繁,许多西域的植物品种亦得以引进苑内栽植,如葡萄、安石榴等。

上林苑内豢养百兽放逐各处,"天子秋冬射猎取之",苑内的某些区域也相当于皇家狩猎区。一般的野兽放养在各处山林之中供射猎之用,但猛兽必须圈养起来以防伤人,故苑中建有许多兽圈,如虎圈、狼圈、狮圈、象圈等。一些珍稀动物或家畜,为了饲养方便也建有专用兽圈的。这类兽圈一般都在宫、观的附近,以便于就近观赏。大型的兽圈还作为人与困兽搏斗的"斗兽场"。另外苑内的飞禽也非常多,汉武帝通西域,开拓了通往西方的"丝绸之路"。随着与西方各国交往、贸易之频繁,西域和东南亚的各种珍禽奇兽都作为贡品而云集上林苑内,被人们视为祥瑞之物。因此,上林苑既有大量的一般动物,又有不少珍禽奇兽,上林苑相当于一座大型动物园。

上林苑内有许多台,仍然沿袭先秦以来在宫苑内筑高台的传统。有的是利用挖池的土方堆筑而成,如眺瞻台、望鹄台、桂台、商台、避风台等,一般作为登高观景之用。有的专门为了通神明、察符瑞、候灾变而建造的,如神明台,"高五十丈,上有九室,横置九天道士百人"。有的则是用木材堆垒而成,如建章宫北之凉风台,灵台又名清台,东汉时尚存,乃是一座名副其实的天文观测台。

汉代观、馆二名往往互相通用,是对体量比较高大的非宫殿建筑物的通称。《三辅黄图》记载了上林苑内二十一观的名字:昆明观、蚕观、平乐观、远望观、燕升观、观象观、便门观、白鹿观、三爵观、阳禄观、阴德观、鼎郊观、樛木观、椒唐观、鱼鸟观、元华观、走马观、柘观、上兰观、郎池观、当路观。观是一种具有特定功能和用途的建筑物,从它们的命名也可以看得出来。例如,平乐观为角抵表演场,走马观为表演马术的场所,观象观相当于天文台,蚕观是养蚕、观蚕的地方,等等。

上林苑内自然资源丰富,为了利用这些资源,发挥其经济效益、增加皇室收入,上林苑内设作坊多处,调集工匠制造各种工艺品和日用器物,如铜器、草席等,设果园、蔬圃、养鱼场、牲畜圈、马厩,供应宫廷和皇室的需要。汉代人席地而坐，房屋的地面上都要铺席子，宫廷的房屋成千上万，所需草席均由上林苑供应。上林苑的矿藏，如鼎湖宫附近的铜矿，供铸造钱币之用。此外还可能制造金属器皿以及建筑物的金属部件等供应宫廷。设在苑内的大型马厩共有六处，谓之“六厩”，分布在上林苑的西、北部，养马以供应宫廷之需要。上林苑内的大量膏腴之地以及圈占的农民庄田，后来又陆续租赁给贫民、官佃奴耕种，从事粮食作物的生产。从以上列举的工、农、林、牧、渔业的生产情况来看，它们占用的土地不少，“生产基地”的比重很大，则上林苑又类似一座庞大的“皇家庄园”。

综上所述，仅就这些有限的文字材料的分析，我们也能够从中得到三点认识：第一，上林苑是一个范围极其辽阔的天然山水环境。在这个环境里面，除了大量的宫苑建筑之外，还有皇帝的狩猎区、放牧大量御马的牧场、庞大的工、农、林、渔业生产基地等。第二，上林苑内的建筑（宫、苑、台、观等）就其已知的数量而言，它们在这个辽阔的天然山水环境内的分布显然是极其疏朗的，间距也很大，一般需乘马车和骑马方能当日往返。这种疏朗的、随意的“集锦式”总体布局，与秦代上林苑之建筑比较密集，复道、甬道相连成网络的情况截然不同。第三，上林苑是一座多功能的皇家园林，具备古典园林生成期的全部功能——游憩、居住、朝会、娱乐、狩猎、通神、求仙、生产、军训等。此外，苑内还有帝王的陵墓，如白鹿原上的汉文帝灞陵、汉宣帝杜陵等。

西汉后期，由于园林的范围太大，难以严格管理，逐渐有百姓不顾禁令入苑任意垦田开荒。到西汉末年，苑内大部分可耕土地已恢复膏腴良田，上林苑作为皇家园林，除了保留部分古迹之外，已经名存实亡了。

2. 甘泉宫

甘泉宫在长安西北约 150 千米的云阳甘泉山（今陕西省淳化县境内），始建于秦代，与林光宫相邻。汉武帝扩建后的甘泉宫建筑群位于甘泉山南麓的云阳县城内，即今之凉武帝村一带。甘泉宫之北，利用甘泉山南坡及主峰的天然山岳风景开辟为苑林区，即甘泉苑。甘泉山层峦叠翠，溪河贯穿山间，四季景色各异。汉武帝先后来过数十次，一般每年五月到此避暑，八月乃归。在这段时间内，甘泉宫便成了皇帝处理政务、接见臣僚和外国使节的地方，为此而建设百官邸舍和接待外宾的馆驿。甘泉宫兼有求仙通神、避暑游憩、朝会仪典、政治活动、外事活动等多种的功能，类似后世的离宫御苑。

3. 未央宫

未央宫位于长安城的西南角上，始建于汉高祖七年（公元前 200 年），后陆续有所增建。它是长安最早建成的宫殿之一，也是皇帝、后妃居住的地方，其性质相当于后来的“宫城”。其规模据现存遗址的实测，周长共 8560 米，未央宫的总体布局，由外宫、后宫两部分组成。

外宫也就是外朝，它的主要建筑物为居中的、就龙首原高地而建成的前殿。前殿遗址的夯土台至今尚存，台南北长约 200 米，东西宽约 100 米，北部高 10 米。站在台顶，可北望渭水，足见上代“高台榭”之风习在西汉时依然盛行。前殿为未央宫之大朝，其前有端门，东有宣明、广明二殿，西有昆德、玉堂二殿，均为政府衙署，再西的白虎殿为外番朝觐之所。外宫的前部偏西，开凿大水池“沧池”，在池中用挖土的土方堆筑渐台，由城外引来昆明池之水，穿西城墙而注入沧池，再经石渠导引，分别穿过后宫和外宫，汇入长安城内之王渠，构成一个完整的水系。石渠是宫内的主要水道，沿渠建置“石渠阁”和“清凉殿”，前者为庋藏政府图籍的档案馆，后者供皇帝避暑之用。

沧池及其附近是未央宫内的园林区，凿池筑台的做法显然受到秦始皇在兰池宫开凿兰池、筑蓬莱山的影响。而它本身无疑又影响着后来的建章宫内园林区的“一池三山”的规划经营。

4. 建章宫

建章宫建于汉武帝太初元年（公元前 104 年），是上林苑内主要的十二宫之一，文献多为片段记载，能够大致推断出有关它的内容和布局的情况。建章宫的外围宫墙周长三十里，宫墙之内，又有内垣一重。南垣设正门“圆阙”，高二十五丈，上有铜铸凤凰。正门的西侧为“别风阙”，高五十丈；东侧为“井干楼”，高五十丈。井干楼以木料叠积为墙，形似井上的木栏杆，故此得名。圆阙南面正对阊阖门，北面二百步为二门“嶕峣阙”，此三者与宫内的主要建筑物“前殿”正好形成一条南北中轴线。前殿为建章宫之大朝正殿，建在高台之上，与东面的未央宫前殿遥遥相望。

此外，宫的西部还有圈养猛兽的“虎圈”，其西南为上林苑天然水池之一的“唐中池”。由此可见，宫内既有花木山池之景以供观赏，又有陈列珍奇器玩的珍宝馆、展示各种珍奇兽类的动物园以及音乐演奏厅，还有通神祭祀的神明台等。

建章宫（见图 2-5）的西北部开凿大池，辟为以园林为主的一区。大池称为太液池，“太液者，言其津润所及广也”。刻石为鲸鱼，长三丈。汉武帝也像秦始皇一样迷信神仙方术，因而仿效秦始皇的做法，在太液池中堆筑三个岛屿，象征东海的方丈、瀛洲、蓬莱三座仙山。

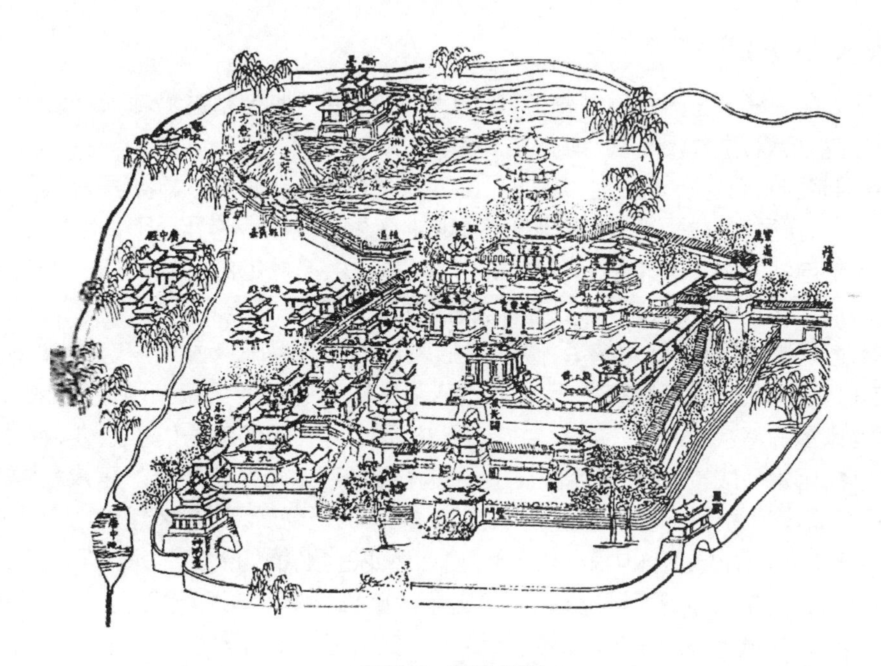

图 2-5 建章宫图

建章宫的总体布局，北部以园林为主，南部以宫殿为主，成为后世“大内御苑”规划的滥觞，它的园林一区是历史上第一座具有完整的三仙山的仙苑式皇家园林。从此以后“一池三山”遂成为历来皇家园林的主要模式，一直沿袭到清代。

5. 兔园（梁园）

汉初，曾一度分封宗室诸王就藩国、营都邑，其地位相当于周代的诸侯国。这些藩王都要在封土内经营宫室园苑，其中以梁国的梁孝王刘武所经营的最为宏大富丽，与皇帝的宫苑几无二致。

据文献记载，兔园位于睢阳城东郊的平台。就宫苑的总体而言，其占地之广，类似长安的上林苑，其规模宏大，而且已具备人工山水园的全部要素：山、水、植物、建筑。园内有人工开凿的水池——雁池和清泠池，有人工堆筑的山和岛屿。园内有“奇果异树”等观赏植物，放养了许多野兽。兔园以其山池、花木、建筑之盛以及人文之荟萃而名重于当时。直到唐代，仍不时有文人为之作诗文咏赞、发思古之幽情。

皇家园林是西汉造园活动的主流，它继承秦代皇家园林的传统，保持其基本特点而又有所发展、充实。因此，秦、西汉皇家园林可以相提并论。“宫苑”是当时皇家园林的普遍称谓，一般情况下，宫、苑分别代表着两种不同的类别。

宫是以宫殿建筑群为主体，山池花木穿插其间，“宫”与“苑”浑然一体。也有的把部分山池花木扩大为相对独立的园林区，呈“宫”中有“苑”的格局，建章宫便是一例。这类皇家园林一般建在都城或其近郊，山池、花木均由人工经营。

苑是建在郊野山林地带的离宫别苑，地广，规模大。许多宫殿建筑群散布在辽阔的具有天然山、水、植被的大自然生态环境之中，呈“苑”中有“宫”的格局。这类皇家园林往往内涵广博、功能复杂，乃是名副其实的多功能的活动中心。

西汉皇帝对离宫别苑的经营似乎把自己的力量显示到了狂热的程度，其规模之大，建筑之美轮美奂足令后人为之瞠目。表现出涵盖宇宙的魄力，显示了中央集权的泱泱大国的气概。这与汉代艺术所追求的镂金错彩、夸张扬励之美颇相似，反映了西汉国力之强盛和统治者的好大喜功，也同样受到儒家的美学观念的影响。儒家反对过分奢靡的风气，却很讲究通过人为的创造来表现外貌的富丽堂皇，这种雍容华贵之美，遂成为西汉宫廷造园的审美核心——皇家气派。它作为一个传统，在以后的历代宫廷造园的实践中都有不同程度的体现。

2.5.3　东汉皇家园林

西汉末年，天下大乱。经过王莽短暂的篡位，起自宛、洛一带的地方割据势力、豪族大地主刘秀建立东汉王朝，公元 25 年定都洛阳，是为汉光武帝。

汉光武帝在洛阳城的北面建方坛，祀山川神祇，南面建灵台、州堂、辟雍、太学，灵台仿周文王之灵台，以观天人之际、阴阳之会，揆星度之验，征六气之瑞，应神明之变化。近郊一带伊、洛河水滔滔，平原坦荡如砥，邙山逶迤绵延，优美的自然风光和丰沛的水资源为经营园林提供了优越的条件。这一带散布着许多宫苑，见于文献记载的有九处：荜圭灵昆苑、平乐苑、上林苑、广成苑、光风园、鸿池、西苑、显阳苑和鸿德苑。

东汉建国初期，朝廷崇尚俭约，反对奢华，故宫苑的兴造不多。洛阳作为东汉之都城，在建都之初便着手解决漕运和城市供水的问题，乃开凿漕渠，引洛水进入洛阳以通漕和补给城市用水，形成一个比较完整的水系，鸿池便是调节水量的蓄水库。这个水系为城内外的园林提供了优越的供水条件，因而绝大多数御苑均能够开辟各种水体，因水而成景，也在一定程度上促进了园林理水技艺的发展。东汉科学发达，曾有造纸术、候风地动仪等发明。城市供水方面也引进科学技术，多有机巧创新，对园林理水也有一定的影响，更增益后者的机巧性和多样化。例如，西园中就有“激上河水，铜龙吐水，铜仙人卸杯，受水下注”的做法。

东汉称皇家园林为“宫苑”，亦如西汉之有宫、苑之别。此外，也有称为“园”的。总的来看，东汉的皇家园林数量不如西汉之多，规模远较西汉的小。但园林的游赏功能已上升为主要功能，因而比较注重造景的效果。

2.6　私家园林

西汉初年，朝廷崇尚节俭，私人营园的并不多见。汉武帝以后，贵族、官僚、地主、商人广置田产，拥有大量奴婢，过着奢侈的生活。关于私家园林的情况就屡见于文献记载，所谓“宅”“第”，即包含园林在内，也有直接称为“园”“园池”的。其中尤以建在城市及近郊的居多，《汉书田蚡列传》记述了汉武帝时的宰相田蚡“治宅甲诸第，田园极膏腴，市买郡县器物相属于道，前堂罗钟鼓，立曲旃；后房妇女以百数，诸侯奉金玉狗马玩好，不可胜数”。此外，大官僚灌夫、霍光、董贤以及贵戚王氏五侯的宅第园池，都是规模宏大、楼观壮丽的。

到西汉后期，更趋奢华，汉成帝在一份诏书中曾提到这种情况。西汉地主小农经济发达，政府虽然采取重农抑商的政策，对商人规定了种种限制，但由于商品经济在沟通城乡物资交流，供应皇室、贵族、官僚的生活享受方面起着重要作用，由经商而致富的人不少。大地主、大商人成了地方上的豪富，民间营园已不限于贵族、官僚。豪富也有造园的，而且规模也很大。

《西京杂记》记述了汉武帝时茂陵富人袁广汉所筑私园的情况：“茂陵富人袁广汉，藏镪巨万，家僮八九百人。於北邙山下筑园，东西四里，南北五里，激流水注其内。构石为山，高十余丈，连延数里。养白鹦鹉、紫鸳鸯、牦牛、青兕，奇兽怪禽，委积其间。积沙为洲屿，激水为波涛。其中致江鸥海鸥，孕雏产彀，延漫林池。奇树异草，靡不具植。屋皆徘徊连属，重阁修廊，行之，移晷不能遍也。广汉后有罪诛，没入为官园，鸟兽草木，皆移植上林苑中。”

从上文的描写来看，这座园林的规模是相当大的。人工开凿的水体"激流水注其内"，池中"激水为波涛"，"积沙为洲屿"，足见水池面积辽阔。人工堆筑的土石假山延绵数里、高十余丈，其体量可谓巨矣。园内豢养着众多的奇禽怪兽，种植大量的树木花草，还有"徘徊连属，重图修廊，行之，移晷不能遍"的建筑物。可以设想，其相当于皇家园林的规模。

到东汉时，私家园林见于文献记载的已经比较多了，除了建在城市及其近郊的宅、第、园池之外，随着庄园经济的发展，郊野的一些庄园也掺入了一定分量的园林化的经营，表现出一定程度的朴素的园林特征。在一些传世和出土的东汉画像石、画像砖和明器上面，就有园林形象的具体再现。东汉初期，经济有待复苏，社会尚能保持节俭的风尚。中期以后，吏治腐败，外戚、宦官操纵政权，贵族、官僚敛聚财富，追求奢侈的生活。他们都竞相营建宅第、园池，往往"连里竞街，雕修缮饰，穷极巧技"。到后期的桓、灵两朝，此风更盛。

梁冀为东汉开国元勋梁统的后人，汉顺帝时官拜大将军，历事顺、冲、质、桓四朝，汉桓帝又赐以定陶、咸阳、襄县、乘氏四县为其食邑。梁冀高官厚禄，家世显赫，他当政的二十余年间先后在洛阳城内外及附近的千里的范围内，大量修建园、宅供其享用。一人拥有园林数量之多，分布范围之广，均为前所未见。《梁统列传》所记述的梁冀的两处私园——园圃和菟园，在一定程度上反映当时的贵戚、官僚的营园情况。

园圃"深林绝涧、有若自然"，具备浓郁的自然风景的意味。园林中构筑假山的方式，尤其值得注意，它摹仿崤山形象，是为真山的缩移摹写。崤山位于河南省与陕西省交界处，东、西二崤相距约 15 千米，山势险峻，自古便是兵家必争的隘口，园内假山即以"十里九坂"的延绵气势来表现二崤之险峻恢宏，假山上的深林绝涧亦为了突出其险势，足见园内的山水造景是以具体的某处大自然风景作为蓝本，已不同于皇家园林的虚幻的神仙境界了。梁冀园林假山的这种构筑方式，可能是中国古典园林中见于文献记载的最早的例子。

建在洛阳西郊的菟园"经亘数十里"，园内建筑物不少，尤以高楼居多而且营造规模相当大。东汉私家园林内建高楼的情况比较普遍，当时的画像石、画像砖都有具体的形象表现。这与秦汉盛行的"仙人好楼居"的神仙思想有着直接关系，另外也是出于造景、成景方面的考虑。楼阁的高耸形象可以丰富园林总体的轮廓线，成为同景的重要点缀，楼阁所特有的"借景"的功能，人们似乎已经认识到了。

传世和出土的东汉画像石、画像砖，其中有许多是刻画住宅、宅园、庭院形象的，都很细致、具体，可以和文字记载互相印证，表现了一座完整的住宅建筑群，呈两路跨院，左边的跨院有两进院落，前院为大门和过厅，其后为正厅所在的正院，庭院中畜养着供观赏的禽鸟。右边的跨院亦有两进院落，前院为厨房，其后的一个较大的院落即是宅园，园的东南隅建有类似"阙"的高楼一幢。四川出土的东汉庭园画像砖(见图 2-6)。

东汉园林理水技艺发达，私家园林中的水景较多，往往把建筑与理水相结合而因水成景。山东省微山县两城针出土的东汉画像石(见图 2-7)表现的便是一幢临水的水榭，整幢建筑物用悬臂梁承托悬挑，使之由岸边突出于水面，以便于观赏水中游鱼嬉戏之景。山东诸城出土的一方画像石描绘一座华丽邸宅，其第二进院落中有长条状的水池，池岸曲折自然，类似于梁冀邸宅庭院内的"飞梁石蹬，陵跨水道"的开凿水体的点缀。

东汉初年，豪强群起，奴役贫苦，农民充当徒附，强迫精壮充当部曲，形成各地的大小割据势力。他们逐渐瓦解了西汉以来的地主小农经济，促成了农民依附于庄园主的庄园经济的长足发展。庄园远离城市，进行着封闭性的农业经营和手工业生产，相当于一个个在庄园主统治下的相对独立的政治、经济实体。庄园主除豪强之外，还有一些出身世家大族。例如光武帝的舅父樊宏，有大量庄田和奴仆，经营农工商业，而又出身高贵、位居要津，在地方上有很高的威望。像这样的世家大族庄园主，也就是魏晋南北朝时期的"士族"的前身。

政府的各级官僚也通过种种方式兼并土地而拥有自己的庄园。东汉中期以后，帝王荒淫，吏治腐败，外戚宦官专政，许多文人出身的官僚由于不满现状、逃避政治斗争所带来的灾祸和迫害，纷纷辞官回到自己的庄园隐居起来，一些世家大族的文人也有终生不愿为官而甘心于庄园内过隐居生活。因此，在社会上便出现了一大批"隐士"。

隐士自古有之，即避世隐逸的士人，亦称高士、逸士。他们的抱负不见重于统治者，或者不愿意取媚于流俗，更不愿同流合污，为了维护自己独立的社会理想和人格价值，乃避开现实社会，跑到山林里长期隐居起来，传说中的许由、巢父、伯夷、叔齐就是这样的人物。

图 2-6　四川出土的东汉庭园画像砖

图 2-7　山东省微山县两城针出土的东汉画像石

到了西汉时期，大一统的皇帝集权政治空前巩固，“普天之下莫非王土，率土之滨莫非王臣”，士人若欲建功立业，必须依附于皇帝这唯一的最高统治者并接受其行为规范和思想意识的控制，否则就只能选择做隐士一族，方可以保持一些自己的独立的社会理想和人格价值。因此，隐士除了极少数通过各种机敏方式得以隐于朝廷即所谓“朝隐”者外，其余的大抵都遁迹山林，逃避到荒无人烟的深山野林中去。蓬门荜户，岩居野处，过着十分清苦而危险的生活，并非平常人所能忍受，所以隐士的人数虽较之春秋战国时期有所增加，但毕竟还是不多的。

到了东汉时期，情况有了很大的变化。庄园经济的发展形成了许多相对独立的政治、经济实体，它们在一定程度上能避开皇帝的集权政治，得以成为比较理想的隐避之所。这时的隐士，不论是致仕退隐者，或终生不仕之隐者，绝大多数已不必要遁迹山林了，取而代之的是“归田园居”，即到各自的庄园中去做那悠哉游哉的安逸的庄园主——隐士庄园主。他们的物质生活虽不如在朝居官的锦衣玉食，却也能保证一定的水准。精神生活则能远离政坛是非和复杂的人际关系，回归田园的大自然怀抱，充分享受诗书酒琴和园林之乐趣。所以，隐士的人数逐渐增多。他们的言行影响及于意识形态，“隐逸思想”便在文人士大夫的圈子里逐渐滋长起来了。

隐士庄园主多半为文人出身，他们熟习儒家经典而思想上更倾向于老庄，又深受传统的天人谐和哲理的浸润，因而很重视居住生活与自然环境的关系，尤为关注后者的审美价值。他们经营的庄园，往往有意识地去开发内部的自然生态之美，延纳、收摄外部的山水风景之美。开发、延纳又往往因势利导地借助于简单的园林手段，这便在经营上羼入了一定分量的园林因素，赋予了一定程度的朴素的园林特征，从而形成园林化的庄园。

这样的园林化庄园既是生产、生活的组织形式，又可以视为私家园林的一个新兴类别，“别墅园”的雏形——坞。它们远离城市的喧嚣，为庄园主创设了淡泊宁静的精神生活条件，同时又不失其有奴仆供养的一定水准的物质生活。更难能可贵的是，它们有意识地把人工建设与大自然风景相融糅而创为“天人谐和”的人居环境。这种极富自然清纯格调之美的环境，正是士人们所向往的隐逸生活的载体，当然，也可以视为流行于东汉文人士大夫圈子里面的隐逸思想的物化形态。

庄园既是物质财富，又是精神家园。隐逸不仅与山林结缘，而且也开始与园林发生了直接关系。园林化的庄园在东汉时期尚处于萌芽状态，到了下一个时期的魏晋南北朝才得以长足发展。相应地，隐逸思想亦随之而丰富其内涵，更深刻地渗透后世的私家园林创作活动之中。

3　中国古典园林转折期

魏晋南北朝时期是中国古典园林的转折期，与生成期相比，这时期的园林规模从大到小，园林造景从过多的神秘色彩转化为浓郁的自然气息。私家园林的兴起是这一时期园林发展的一个转折点。动荡的社会政治环境是私家园林兴起的触发因素，而庄园经济的发展壮大为其提供了物质上的基础，思想文化的多元化和士人山水园林意识的增强才是这一时期园林发展的关键因素。

3.1　历史背景

汉帝国的崩溃与门阀世族庄园经济的迅速发展及其政治地位的提升，是魏晋南北朝时期的思想、文艺在频繁的战乱中仍然得以辉煌发展的根基。除此之外，汉帝国的瓦解而引发的儒学信仰危机以及社会思想的巨大变化，也跟玄学的产生有着密切的关系。汉末的动乱使许多人在战乱疾疫中死去，儒家王道同腐朽的政治和残酷的现实形成强烈的对比，对儒学的信仰开始动摇。到魏晋，统治阶级的相互杀戮、西晋的灭亡以及北方统治阶级的逃亡南渡，都进一步加深了儒学的信仰危机。由道家思想发展而来的玄学对人世黑暗与人生痛苦的愤激批判，以及对超越这种黑暗与痛苦的个体自由的追求，刚好符合亲身经历过儒学幻想破灭的门阀世族的心理。儒学信仰危机的加深，对人生意义的探求，使得魏晋思想走向了玄学。

老庄、佛学与儒学结合形成玄学（重清淡，逃避现实），士人们思想解放，产生消极情绪与及时行乐思想，导致行动上的两个极端倾向：一方面表现为饮酒、服食、狂狷；另一方面表现为寄情山水、崇尚隐逸的思想作风（如“竹林七贤”阮籍、嵇康、刘伶、向秀、阮咸、山涛、王戎七位名士）。竹林七贤图（见图 3-1）。寄情山水让知识分子阶层从审美角度对自然山水的再认识，形成士人们游山玩水的浪漫风气（如谢灵运、王羲之、陶渊明、顾恺之）。同时人们对自然风景的审美观念成熟，标志是山水风景的大开发和山水艺术的大兴盛，二者相互促进，共同发展。文学方面，为山水诗的兴起提供了条件；绘画方面，开始出现独立的山水画；建筑技术方面，木结构的架梁、斗拱已趋于完备，歇山屋顶较多；观赏植物方面，树木、竹、各种花卉栽种普遍。

图 3-1　竹林七贤图

玄学是形而上学的另一译名。凡涉及超物理的或超经验的东西的某些事物，如深奥难懂的哲学科学。魏晋玄学可分为四个阶段或学派：①以何晏、王弼为代表的正始玄学（240—249年），代表作有《无名论》《周易注》与《老子注》；②以嵇康、阮籍为代表的竹林玄学（255—262年），代表作有《嵇康集》《阮籍集》；③以裴頠、郭象为代表的元康玄学（291年前后），代表作有《崇有论》和《庄子注》；④以张湛、韩康伯为代表的江左玄学（317年前后），代表作有《系辞注》和《列子注》。此外，东晋时期佛教兴盛，玄学与佛教相互吸收发展，僧肇等便是这一时期的玄学代表。

在魏晋南北朝时期，由于战火的蔓延，农业生产遭到了前所未有的重创。这期间虽有曹魏的屯田制、西晋的占田课田制的颁布，意图再兴农事，但由于战争的破坏性和政府的苛捐杂税，农民颠沛流离，根本无心生产。到东晋偏安江南时期，由于江淮一带土地肥沃，水利条件较好，农业才在南方重新发达起来。然而农民依然生活在残酷的封建剥削之中，许多人不堪重负成为门阀世族的部曲或佃客，加上东晋南朝时弃农从商的人颇多，使得庄园经济的农业生产蓬勃发展起来。

刘宋时期，谢灵运在《山居赋》中述其"谷稼之事"为耕田地以充饥，种桑麻以制衣，营菜圃以作肴，采药材以疗病。庄园中水田、旱田、果园、菜圃、药园一应俱全，栽培香杭、麻、麦、粟、寂等各种农作物，出产荷、菱、芡、鲤等各种水产品，呈现出一派自给自足，饶沃肥美的农业景观。这种繁荣的农业经济是庄园经济的基础，也是之后园林发展的先决物质条件。

3.2 总体特征

与生成期相比，转折期园林规模由大入小。园林造景由过多的神异色彩转化为浓郁的自然气氛，创作方法由写实趋向于写实与写意相结合；由再现自然进而发展为表现自然，由单纯的摹仿进而发展为适当地概括、提炼；建筑与其他三个造园要素关系较为密切；园林规划设计由以前的粗放转为较细致的、更自觉的经营，造园活动完全升华到艺术创作的境界；开始形成皇家、私家、寺观三类并行发展的局面和略具雏形的园林体系；"园林"一词已出现于当时诗文中。

游赏功能成为绝对主导功能。两个类别之一的"宫"具有大内御苑的性质，大内御苑居于都城中轴线的结束部位，这个中轴线的空间序列构成了都城中心区的基本模式。

异军突起，集中反映这个时期造园活动的成就。城市私园多为官僚、贵族所经营，代表一种华靡风格和争奇斗富的倾向。

随着庄园经济的成熟得到很大发展，既是生产组织、经济实体，又是文人名流和隐士们"归园田居"的精神庇托。作为后世别墅园的先型，代表天然清纯的风格，所蕴含的隐逸情调、表现的山居和田园风光，深刻影响着后世的私家园林特别是文人园林的创作。

一开始便向着世俗化方向发展，郊野寺观尤其注重外围的园林化环境，对于各地风景名胜区的开发起到了主导性的作用。

3.3 皇家园林

三国、两晋、南北朝相继建立的大小政权都在各自的首都进行宫苑建置。典型实例有北方——邺城、洛阳；南方——建康。

邺城的华林园、仙都苑（在皇家园林历史上具有一定开创性意义），规模宏大，总体布局象征五岳、四海、四渎，是继秦汉仙苑式皇家园林之后的象征手法的发展，苑内建筑物的名称形象丰富。

洛阳在魏明帝时开始大规模的宫苑建设，其中包括著名的芳林园（相当于大内御苑，是当时最重要的一座皇家园林，后改名为"华林园"）。

北魏内城即汉晋时期的洛阳大城，据文献记载古人俗称其为"九六城"。如《续汉书·郡国志》引《帝王世纪》曰:“城东西六里十一步,南北九里一百步。”又引晋《元康地道记》曰:“城内南北九里七十步,东西六里十步,为地三百顷一十二亩有三十六步。”

北魏洛阳(见图 3-2)在中国城市建设史上具有划时代的意义:功能分区更为明确,规划格局更趋完备;完全成熟了的中轴线规划体制,奠定了中国封建时代都城规划的基础,确立了此后的皇都格局的模式。大内御苑华林园位于中轴线北端,它经历了多个朝代二百余年的不断建设,踵事增华,不仅成为当时北方的一座著名的皇家园林,其造园艺术的成就在中国古典园林史上也占有一定的地位。北魏洛阳内城复原示意图(见图 3-3)。

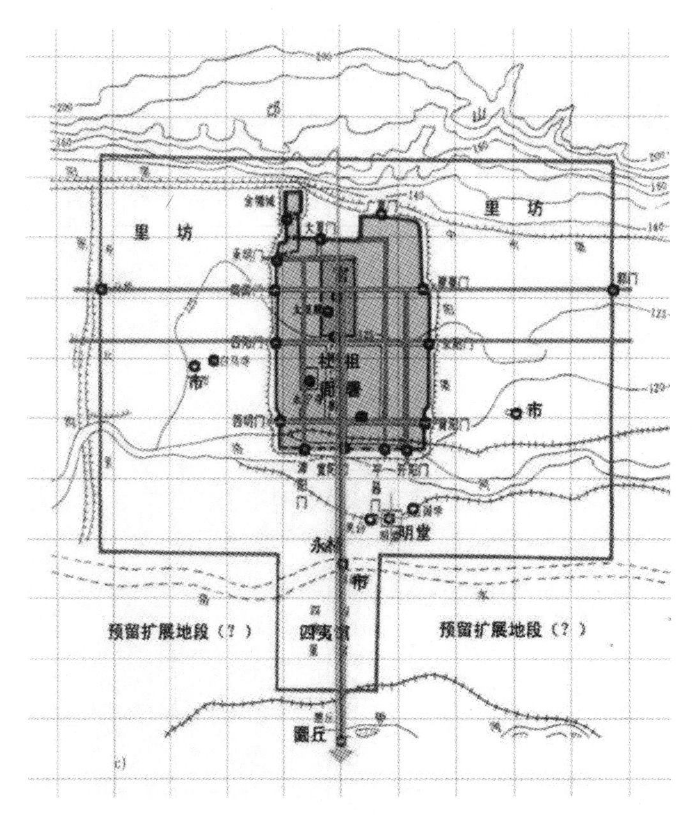

图 3-2 北魏洛阳平面图

建康(今南京)是魏晋南北朝时期的吴、东晋、宋、齐、梁、陈六个朝代的建都之地,大内御苑华林园,与宫城及其前的御街共同形成城市中轴线的规划序列,是南方的一座重要的、与南朝历史相始终的皇家园林,除大内御苑外,还有二十余处行宫御苑。

建康都城的建设因形随势,透视弯曲,与当地的山形水势等自然环境密切结合,整个城市平面呈不规则形。其总体规划主次分明,对宫城区、宫苑区、官署区、市场区和居民区等进行了一定程度上的功能分区,其主要特点是秦淮河以北是宫殿、宫署和苑囿区,秦淮河两岸及以南是居民区和市场。其中宫城部分按照一定的规划建制,比较方正规则,坊市地区则比较凌乱,有明显的自发发展倾向。这种规划布局突破了《周礼》规定的前朝后市的基本格局,形成了“后朝面市”的新格局。

此时期的皇家园林与前一时期不同的特点:园林的规模比较小,但规划设计趋于精致;筑山理水的技艺达到一定水准;植物配置多为珍贵的品种,动物的放逐和圈养仍占有一定的比重;建筑形象丰富,内容多样;宗教建筑偶有建置;亭开始引进宫苑,性质由驿站建筑物改变为园林建筑;由四个造园要素综合而成的景观,其重点已从摹拟神仙境界转化为世俗题材的创作;园林造景的主流仍然是皇家气派,但也流露出天然清纯之美;皇家园林开始受到民间私家园林的影响,南朝的个别御苑甚至由当时的著名文人经营;一些民间游憩活动也被引进宫廷(如“曲水流觞”)。

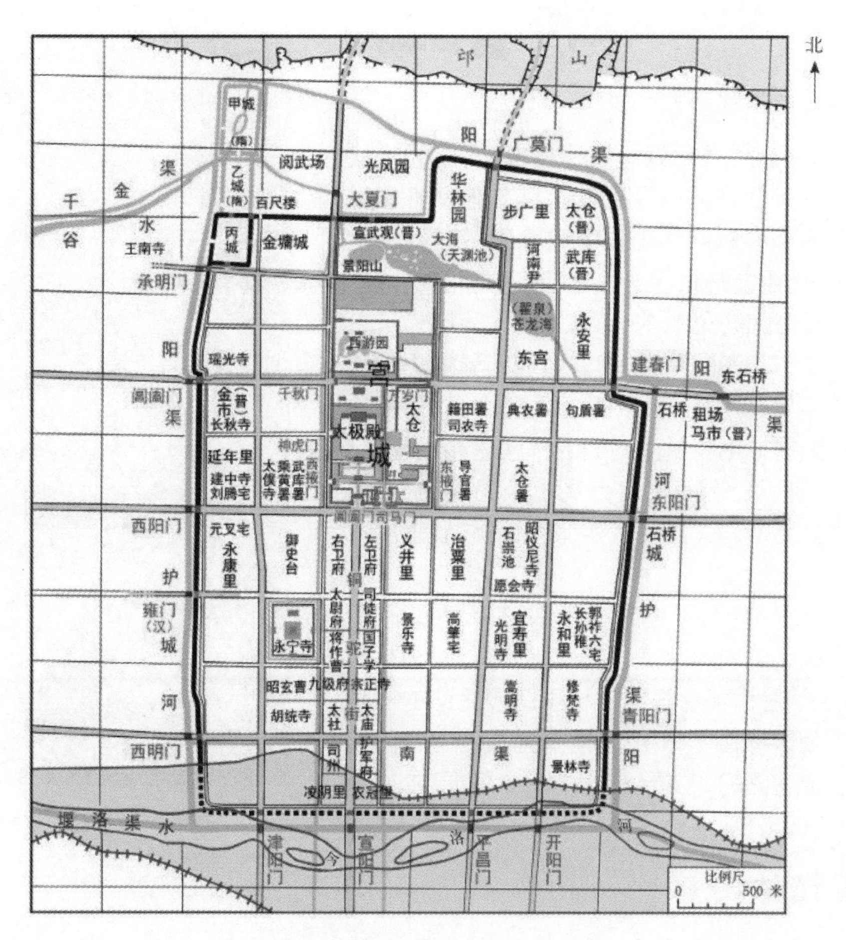

图 3-3 北魏洛阳内城复原示意图

（图片来源：《华夏考古》）

3.4 私家园林

东汉末，民间造园活动比较频繁，魏晋南北朝时期，经营园林成了社会上的时髦活动，民间造园成风，名士爱园成癖（南朝尤为突出）。南朝的文人士大夫善于鉴赏园林，逐渐培养了一种园林审美心态。此时期的私家园林，有建在城市里面或近郊的城市型私园——宅园、游憩园，也有建在郊外的庄园、别墅。

魏晋南北朝时期的私家园林流派，成为士大夫们理想的栖居地，园林可以说是他们个性特色的直接表达。如张讥“性恬静，不求荣利，常慕闲逸，所居宅营山池，植花果，讲《周易》《老》《庄》而教授焉。”庚信的小园“落叶半床，狂花满屋。名为野人之家，是谓愚公之谷。”任凭园林中满是“落叶狂花”的园主人，其实是通过园林经营的自然无为来表达自己自然无为的心态。可见，园林不仅是士人谈玄辩理之地，更是表达他们对玄学之理解的载体。

3.4.1 城市私园

北方的城市型私家园林（以北魏首都洛阳为代表），园林不仅是游赏的场所，还成了斗富的手段；人工山水园的筑山理水也从写实过渡到写意与写实相结合（造园艺术创作方法的一个飞跃）；张伦宅园的大假山能比较精炼集中地表现天然山岳形象。

南方的城市型私家园林，与北方相同，多为贵戚、官僚所经营；讲究山池楼阁的华丽格调，追求近乎绮靡的园林景观；“玄圃”（南方著名私家园林）；湘东苑（建筑形象多样，有一定主题性；园林景观总体规划经过精心构思)。

3.4.2　庄园、别墅

东汉发展起来的庄园经济到魏晋时完全成熟,庄园规模有大有小,士族子弟对自己庄园的经营体现其文化素养和审美情趣,把以自然美为核心的时代美学思潮融于庄园经济的生产、生活功能规划中,用园林化手法创造"天人谐和"的人居环境。如《金谷园》(知恩院)(见图3-4)。

扬州三吴地区,发达的庄园经济,加之当地山清水秀的自然风光,再结合士族的崇尚老庄、玄学的高度文化修养,便催生出很多园林化庄园、园林化别墅。南朝的一些庄园别墅,它们居住的聚落部分往往从田园等部分分离出来后单独建置,到后期尤为普遍,而且逐渐消失其经济实体的性质,到唐代已演变成村落了。

庄园、别墅既是生产组织,又是经济实体,其天人谐和的人居环境,以及具有的天然清纯之美,则又赋予它们以园林的性格;园林化的庄园、别墅代表着南朝的私家造园活动的一股潮流,开启了后世别墅园林之先河;庄园别墅呈现的山居田园风光促进了田园、山居诗画的大发展,又反过来影响园林。

图3-4　《金谷园》(知恩院)

3.5　寺观园林

寺观园林的历史背景是东汉时期,佛教传入,道教开始形成。到魏晋南北朝时期,佛教、道教兴盛,作为宗教建筑的佛寺、道观大量出现,由城市及其近郊而遍及远离城市的山野地带。随着佛教的儒学化,佛寺建筑的古印度原型也逐渐被汉化,随着寺观的大量兴建,相应地出现了寺观园林这个新的园林类型。由于当时汉民族兼容并包的文化特点及中国传统木建筑的灵活性,还有儒家、老庄思想的影响,寺观建筑处于世俗化,而寺观园林也更多追求人间的赏心悦目,畅情抒怀,不直接表现宗教和显示宗教特点。

寺观园林包括三种情况:①毗邻于寺观而单独建置园林,犹如宅园的邸宅;②寺观内部各殿堂庭院的绿化或园林化;③郊野地带的寺观周围的园林化环境。城市的寺观园林多属第一、二种情况,而郊野的寺观,一部分类似世俗的庄园,另一部分类似后期的世俗别墅。

城市的寺观,不仅是宗教活动的场所,也是居民公共游园活动的中心。郊野的寺观,在选择建筑基址的时候,对自然风景条件要求非常严格,不仅经营寺观本身的园林,还尤其注意外围的园林化环境。寺观与山水风景的亲和交融,既显示出佛国仙界的氛围,又像世俗的庄园、别墅一样,呈现出天然谐和的人居环境,以寺观为中心的风景名胜区(如茅山、庐山),名山寺观的园林经营与世俗的园林化别墅相似。

3.6　公共园林

文人名流经常聚会的新亭、兰亭等一些近郊的具有公共园林性质的风景游览地。亭在汉代是驿站建筑,后演变为点景手段,又逐渐转化为公共园林的代称。兰亭是首次见于文献记载的公共园林。《兰亭集序》展示了文人名流的雅集盛会和诗文唱和所流露的审美趣味,给予当时和后世的园林艺术以深远的影响。

晋代兰亭碑亭(见图3-5)位于绍兴市西南14千米的兰渚山下的兰亭园内,是中国书法史上的一块圣地。现存兰亭(见图3-6)于清代重建,景色宜人。布局以曲水流觞为中心,四周环绕着鹅池、鹅池亭、流觞亭、御碑亭、墨华亭、右军祠等建筑,精巧古朴,是不可多得的园林杰作。晋代永和九年(353年)三月初三,王羲之邀友在此聚会，书写《兰亭集序》，序中描写："此地有崇山峻岭，茂林修竹，又有清流激湍，映带左右，引以为曲水流觞"(见图 3-7)。

图 3-5　兰亭碑亭

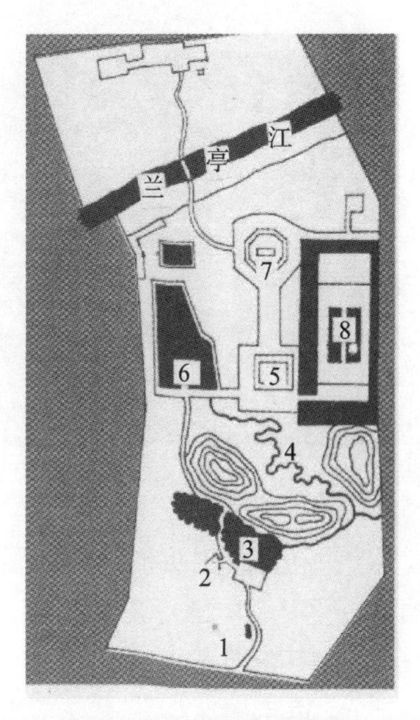

图 3-6　兰亭平面图

1. 大门；2. 鹅池亭；3. 鹅池；4. 曲水流觞；5. 流觞亭；6. 墨华亭；7. 御碑亭；8. 右军祠

图 3-7　曲水流觞画

夏历的三月上巳日人们举行祓禊仪式之后，大家坐在河渠两旁，在上流放置酒杯，酒杯顺流而下，停在谁的面前，谁就取杯饮酒，意为除去灾祸不吉。兰亭休禊图(北京故宫博物院藏)(见图 3-8)。这种传统历史非常古老，最早可以追溯到西周初年，据南朝梁吴均《续齐谐记》："昔周公卜城洛邑，因流水以泛酒，故逸《诗》云'羽觞随流波'。""曲水流觞"主要有两大作用，一是欢庆和娱乐，二是祈福免灾。"曲水流觞"的手法，自此相传下来，如故宫乾隆花园、恭王府花园、檀柘寺园林等。

由于历史的变迁，现存的兰亭是明朝中叶以后移建的，虽然亭址已非原地，但仍然依山傍水，有茂林秀竹、清流映带。园林大致可分成四个部分：戏鹅池及鹅池亭区、曲水流觞区、右军祠和御碑亭区。御碑亭为八角重檐，造型稳健，兼具江南园林建筑和北方皇家苑囿建筑的特点。八根檐柱外，置有青石砌筑的台座和护栏，栏杆望柱及栏板雕刻精细，是园内级别最高的建筑，亭中置立的碑石高 6.8 米，宽 2.6 米，厚 0.4 米，重达 2 万多千克。其正面镌刻清康熙皇帝临摹的《兰亭序》全文，反面刻着乾隆皇帝书写的《兰亭即事》七律诗

图 3-8　兰亭休禊图

一首。盛清两位皇帝均留下了御笔墨宝，更显出这块碑石的历史价值。这里地势较开阔，林木繁茂，背后又有青翠的兰渚山为屏障，非常幽静，是园内主要的山水观赏区。而西侧不远处的王羲之纪念祠堂——右军祠，则是观赏传统书法艺术的一座小水院，正殿前有一清池名墨华池，池中建有墨华亭，两侧廊墙上嵌有古代碑刻帖石，其中唐宋以来书法家临摹的《兰亭序》就有十余种，是兰亭人文艺术精粹的汇集之地。

兰亭园的特点有以下三个：①自然造景；②建筑布局较为规整；③历史文化景观。

4 中国古典园林全盛期

隋唐时期是中国古典园林的全盛期。隋唐园林在魏晋南北朝所奠定的风景式园林艺术的基础上，随着封建经济、政治和文化的进一步发展而臻于全盛。隋唐园林不仅发扬了秦汉的大气磅礴的闳放态度，又在精致的艺术经营上取得了辉煌的成就。

4.1 历史背景

园林全盛期时期地主小农经济得到恢复，国家出现大一统局面。意识形态表现为儒、道、释共尊，以儒家为主，儒学重新获得正统地位。知识分子改变消极无为态度，诗人、画家直接参与造园活动，园林艺术开始有意识地融糅诗情、画意(在私家园林中尤为明显)。文化方面兼容并蓄，对外来文化襟怀宽容，文学艺术群星璀璨、盛极一时。山水画趋于成熟，山水画家总结创作经验，著为"画论"；山水诗与山水游记成为两种重要的文学体裁。传统的木构建筑，在技术和艺术方面均已趋于成熟。观赏植物栽培的园林艺术有了很大进步，唐代无论宫廷还是民间都盛行赏花、品花的风习。

4.2 总体特征

隋唐园林作为一个完整的园林体系已经成型，山水画、山水诗文、山水园林互相渗透，诗画的情趣开始形成。意境的蕴含尚处在朦胧状态，影响亚洲汉文化圈内的广大地域。

风景式园林的创作技巧和手法的运用跨入新境界。肯定石的美学价值，置石比较普遍；"假山"开始作为筑山称谓，既有土山又有石山(土石山)，以土山居多，但都能表现"有若自然"的气氛；理水方面皇家园林水体广大，并与城市供水结合；植物题材更为丰富；建筑种类繁多，大到华丽的殿堂楼阁，小到朴素的茅舍草堂，个体形象和群体布局丰富多样。

皇家气派完全形成，这不仅表现为园林规模宏大，而且反映在园林总体布局和局部的设计处理上。皇家园林在隋唐三大园林类型中的地位比魏晋南北朝时期更为重要，出现了像西苑、华清宫、九成宫等具有划时代意义的建筑作品。就园林性质来看，已形成大内御苑、行宫御苑和离宫御苑三个类别及其类别特征。

艺术性有所升华，着意于刻画园林景物的典型性格和局部的细致处理。园林山水景物赋予诗画的情趣。通过山水景物诱发联想活动、意境的塑造初见端倪。"中隐"思想与士流园林的发展表现为文人参与造园活动，把士流园林推向文人化境地，促进文人园林兴起，形成文人的园林观。造园艺术方面写实与写意相结合的方法进一步深化。

寺观园林的普及是宗教世俗化的结果。城市寺观园林，发挥城市公共园林职能。郊野寺观园林，寺观成为点缀风景的手段，促进原始旅游发展，保护了郊野生态环境，促进了风景名胜区尤其是山岳风景名胜区的普遍开发。

公共园林更多的见于文献记载，长安、洛阳尤其重视城市绿化。

4.3 皇家园林

隋唐时期的皇家园林集中建置在两京(长安、洛阳)，两京以外的地方也有建置。数量之多，规模之大，

远远超过魏晋南北朝时期。隋唐的皇室园居生活多样化，相应地大内御苑、行宫御苑和离宫御苑这三种类别的区分就比较明显，它们各自的规划布局特点也比较突出。皇家造园活动以隋代、初唐、盛唐最为频繁。天宝以后，皇家园林的全盛局面消失，终于一蹶不振。

隋朝的大兴城（长安在隋朝称“大兴”）由宇文恺主持兴建。总体规划形制保持北魏洛阳的特点，宫城偏处大城之北，宫城和皇城构成城市中心区，中轴线自北向南通过皇城和朱雀门大街，直达大城正南门，形成大兴城规划结构的主轴线。纵横相交成方格网状的道路系统，形成居住区“坊”和“市”，市坊严格分开，开凿四条水渠解决城市供水，为城市的风景园林建设提供用水的优越条件，促进皇家园林发展。

唐朝的长安城（见图 4-1）为当时规模最大、规划布局最严谨的一座城市。宫城位于皇城之北的城市中轴线北端，逐步突破市坊界限，保留汉代的昆明池，修整为城郊公共游览胜地。

隋唐的洛阳城（见图 4-2）是隋炀帝在洛阳另建的新都，唐朝则以洛阳为东都，以长安为西京，正式建立“两京制”。规划与长安大体相同，但形状不如长安规矩，中轴线一改过去居中的惯例，城内水道密布如网，供水和水运交通十分方便（促成洛阳兴盛的一个重要条件）。

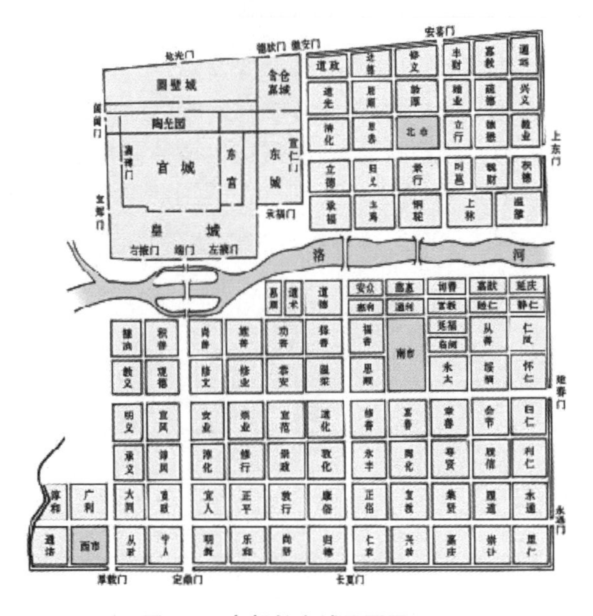

图 4-1　唐朝长安城平面图

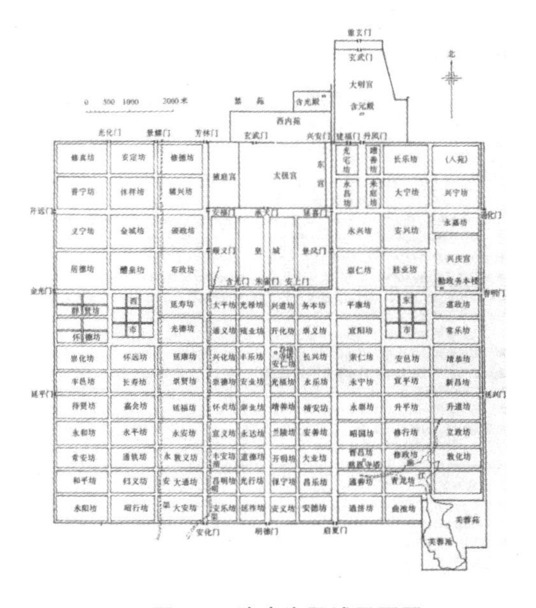

图 4-2　隋唐洛阳城平面图

4.3.1　大内御苑

大内御苑的特征是紧邻宫廷区的后面或一侧，呈宫、苑分布的格局。宫与苑彼此穿插、延伸（宫廷区中有园林成分，苑林区内建有宫殿）。宫城和皇城内广种松、柏、桃、柳、梧桐等树木，宫廷区的绿化种植很受重视，树种也是有选择的。

大明宫位于长安禁苑东南的龙首原上，是一座相对独立的宫城，格局呈典型的宫苑分布。南半部为宫廷区（正殿含元殿），北半部为苑林区（即大内御苑，是多功能园林），中央为太液池。

洛阳宫隋名为紫微城，即洛阳东都宫城。宫的南垣有三座城门，中门为应天门，应天门北部为朝区正门乾元门。其后为朝区的正殿乾元殿，贞观殿为朝区的后殿，徽猷殿为寝区的正殿。应天门、乾元殿、贞观殿、徽猷殿构成宫廷区的中轴线，其东、西两侧散布着一系列的殿宇建筑群。

禁苑在长安宫城西南，即隋朝的大兴苑。包括禁苑、西内苑、东内苑三部分，故又名三苑。宫廷区共中、西、东三路跨院。中路正殿为南薰殿；西路正殿为兴庆殿，后殿为大同殿；东路有偏殿新射殿和金花落，正宫门设在西路的西墙，名为兴庆门。

兴庆宫呈北宫南苑格局，苑林区的面积稍大于宫廷区。苑内以龙池为中心，池西南的花萼相辉楼和勤政务本楼是苑区的主要殿宇。池的北部筑有土山，上面建有沉香亭。池的东南面有另一组建筑群，包括翰林院、长庆殿及后殿长庆楼。以牡丹花之盛而名重京华，也是当年唐玄宗和杨贵妃观赏牡丹的地方。

4.3.2 行宫御苑、离宫御苑

郊外的行宫、离宫，绝大多数都建在山岳风景优美的地带（如骊山、天台山、终南山）。这些宫苑都很重视建筑基址的选择，不仅保证了帝王避暑、消闲的生活享受，为他们创设了天人谐和的人居环境，同时反映出唐人在宫苑建设与风景建设相结合方面的高素质和高水准。

1. 西苑

1）历史变化

隋朝的西苑是历史上仅次于西汉上林苑的一座特大型皇家园林。唐朝改名为东都苑，武则天时称神都苑，面积已收缩大半，但也比洛阳城大两倍。

2）重要意义

西苑是一座人工山水园，园内的理水、筑山、植物配置和建筑营造的工程都极为浩大。西苑不仅是复杂的艺术创作，也是庞大的土木工程和绿化工程。设计规划方面的成就具有里程碑意义，它的建成标志着中国古典园林全盛期的到来。

3）总体布局及艺术成就

西苑大体上仍沿袭秦汉以来“一池三山”的宫苑模式，总体布局以人工开凿的最大水域“北海”为中心，海中筑方丈、瀛洲、蓬莱三座岛山，山上有道观建筑，但仅具有求仙的象征意义，实为游赏景点；海北有十六组建筑群和数十处供游赏的景点，海南有五个小湖；苑内不少景点均以建筑为中心，用十六组建筑群结合水道的穿插而构成园中有园的小园林集群，是一种创新的规划方式；苑内植物配置范围广泛，移栽品种极多。

2. 仙游寺

仙游寺（见图 4-3）始建于隋文帝开皇十八年（598 年），又称“仙游宫”。隋朝仁寿元年（601 年），隋文帝杨坚为了安置佛舍利，于十月十五日命大兴善寺的高僧童真送佛舍利至仙游宫建塔安置，改称仙游寺。唐大中年间（847—859 年），宣宗李忱将仙游寺拆建为三寺：黑河南岸的名仙游寺（亦称南寺），河北名中兴寺（亦称北寺），另一寺已于宋以后的战乱中损毁。明代英宗正统六年（1441 年），仙游寺由西域喇嘛桑加巴主持，修复扩建，易名普缘禅寺，明末毁于兵燹。清代康熙二年（1663 年）募捐重修寺院，恢复仙游寺的原名，乾隆、道光年间以及民国初年，再次修葺。仙游宫因建塔而改名为仙游寺，唐宋两代是仙游寺的鼎盛时期。白居易根据唐玄宗和杨贵妃的爱情故事（见图 4-4）在这里写下了著名的《长恨歌》。“在天愿作比翼鸟，在地愿为连理枝”表达了唐玄宗和杨贵妃两人共同许下的爱情誓言。

3. 华清宫

华清宫（见图 4-5）在今西安以东，规划布局基本上以长安城为蓝本，北宫南苑，是规模宏大的离宫御苑。宫廷区平面略呈梯形，中央为宫城，东部和西部为行政、宫廷辅助用房以及贵族、官员府邸所在地，北部为中、东、西三路。今华清宫全景（见图 4-6）。

苑林区以建筑物结合骊山山麓、山腰、山顶的不同地貌而规划为各具特色的许多景区和景点，朝元阁是苑林区的主体建筑物，在天然植被的基础上进行了大量的人工绿化种植，华清宫总平面复原示意图（见图 4-7），诗人杜牧有《过华清宫绝句》：“长安回望绣成堆，山顶千门次第开。一骑红尘妃子笑，无人知是荔枝来。”

骊山、温泉之山水形胜造就了它长达 2000 年的皇家园林史。自西周起修建骊山宫，于骊山第一峰筑烽火台。秦汉时期修骊山汤，“初始皇砌石起宇，至汉武又加修饰焉”。北周造堂皇石井，到隋修屋建宇，种植松柏千株。骊山温泉的早期开发利用为唐代华清宫的繁盛奠定了基础。贞观十八年（644 年）唐太宗“面山

图 4-3 重修前后的仙游寺法王塔

图 4-4 唐玄宗和杨贵妃

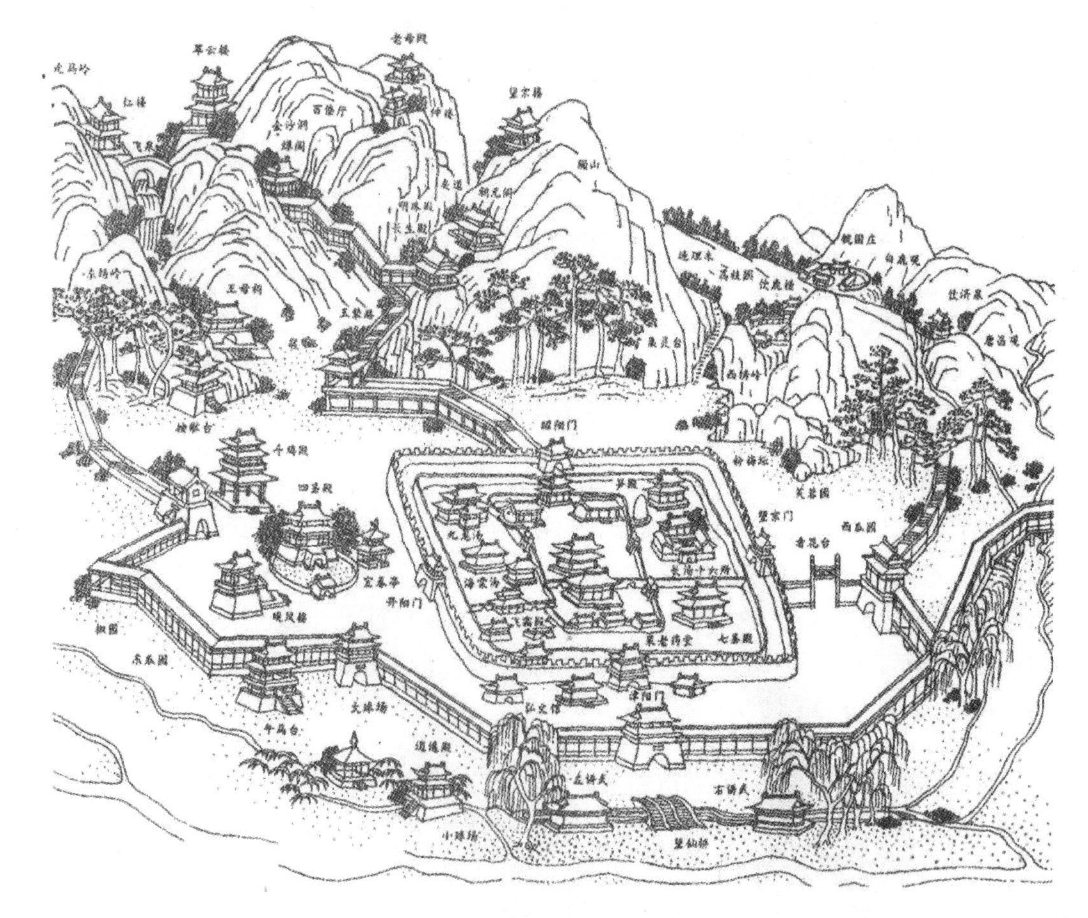

图 4-5 华清宫图

开宇，从旧裁基”在前朝的基础上营建宫殿、御汤，名“汤泉宫”。骊山“汤泉宫”落成，太宗临幸，见宫室与山水交融，妙不可言，按捺不住激情，揽纸挥毫，撰书《温泉铭》(见图 4-8)。遂令人将《温泉铭》镌写成碑，《温泉铭》是我国书法史上第一部行书刻碑。后唐高宗将汤泉宫改名温泉宫。

至唐玄宗时再次扩建，天宝六年(747 年)取“温泉毖涌而自浪，华清荡邪而难老”的诗意，把骊山宫殿正式定名为华清宫。于宫外筑会昌罗城，于宫所立百司廨舍和公卿邸第。华清宫的营建虽在唐初，但它的鼎

图 4-6　今华清宫全景

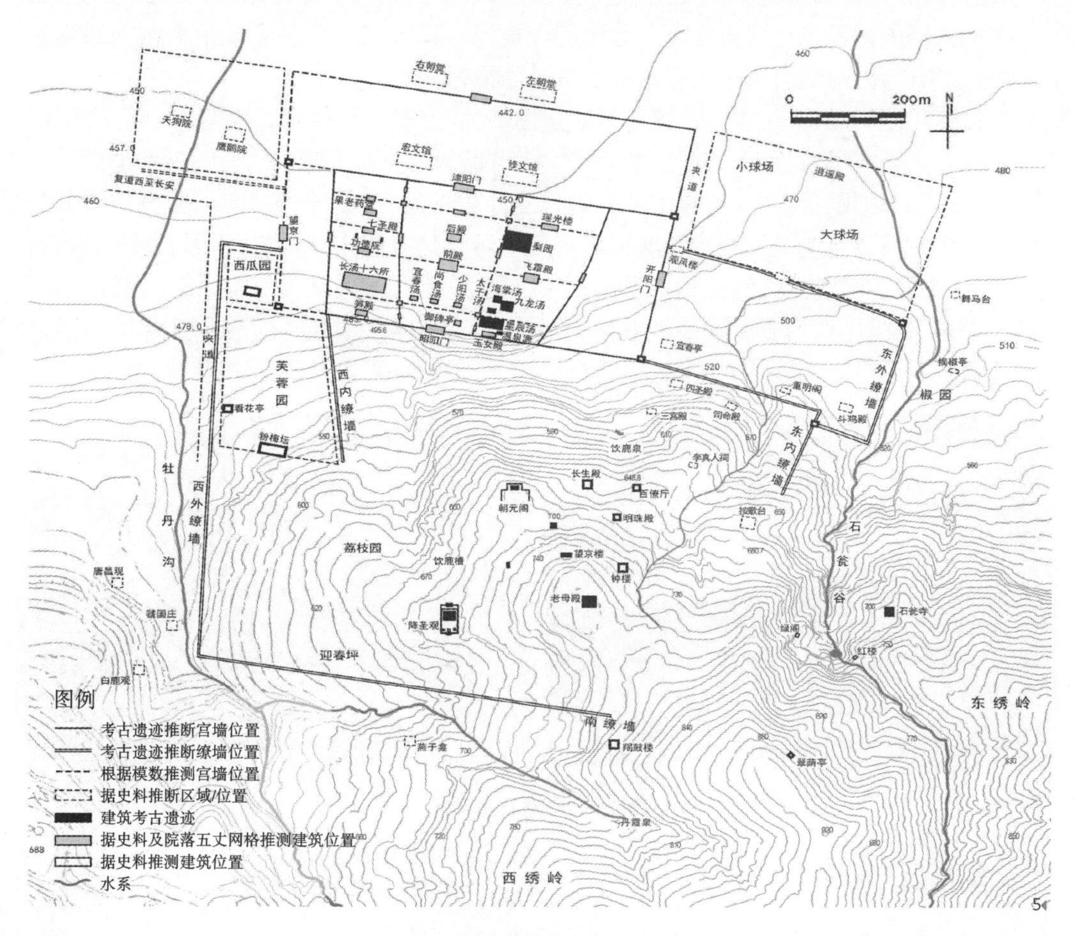

图 4-7　华清宫总平面复原示意图

（图片来源：张蕊绘制）

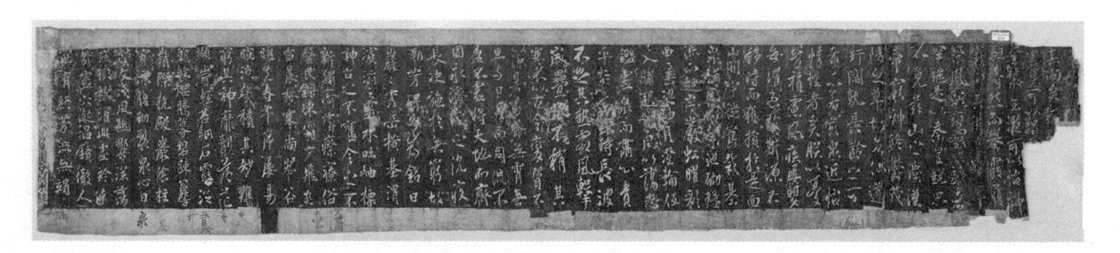

图 4-8　唐太宗《温泉铭》

盛时期却在玄宗执政以后。“于骊山上益治汤井为池，台殿环列山谷。开元间明皇每岁十月幸，岁尽乃归”。不同于历代帝王洗沐温汤仅停留十余日即返的传统，玄宗每年十月至次年春都留在华清宫，使华清宫除沐浴外还承担着祭祀朝贺、讲武狩猎、农垦耕种等功能和活动。白居易诗《长恨歌》“春寒赐浴华清池，温泉水滑洗凝脂”“骊宫高处入青云，仙乐风飘处处闻”“七月七日长生殿，夜半无人私语时”描写着唐华清宫所承载的园居生活及其繁盛景象。好景不长，“渔阳鼙鼓动地来，惊破霓裳羽衣曲”天宝十四年(755 年)安史之乱爆发。

安史之乱后，帝王对华清宫的游幸日稀。加之百年风雨侵蚀和人为破坏，宫垣颓废，汤池淤塞，一时辉煌的华清宫变得衰落。自唐代以后，随着中国政治中心的东移南迁，再无帝王在此修建离宫别苑，其皇家园林的性质也由此终结。

骊山温泉形成于 200 万～300 万年以前，有天下第一御泉的美誉，也是中国唯一的皇家沐浴圣地。在华清宫的唐御汤遗址博物馆，可以看到 5 座唐朝的汤池遗址，分别是杨贵妃的海棠汤、唐玄宗的莲花汤、唐太宗的星辰汤、太子们入浴的太子汤和膳食内臣们专用的尚食汤。其中贵妃入浴了 8 个春秋的海棠汤，又称“贵妃池”，池壁由墨玉拼砌，因俯瞰时像一朵盛开的海棠花而得名。

华清宫海棠汤(见图 4-9)建于 747 年，这座汤池是由 24 块上等青石拼砌而成的一个二层台结构，东西长 5 米，南北宽 2.9 米，符合数字黄金分割的比例，两个对称的踏步，表达了古人对美的一种理解。汤池底部中央池有一直径约 10 厘米的圆形进水口，骊山南高北低的地势落差，使温泉通过自然压力如喷泉般涌出。杨贵妃每次沐浴时，还会将汤池洒满鲜花的花瓣和具有美容养颜功效的中草药材，以及昂贵的香料，享受香汤沐浴。白居易在长恨歌中有过这样的描写：“春寒赐浴华清池，温泉水滑洗凝脂”。这个已经流淌了 6000 年的温泉水，自古以来，都被历代帝王所享用。其中，在唐代玄宗时期达到鼎盛，玄宗扩建华清宫，环列宫殿，宫周筑罗城，修建莲花汤等汤池，还为杨贵妃修建海棠汤，每年来华清宫避寒避暑达 190 余天。

图 4-9　华清宫海棠汤

4. 九成宫(隋仁寿宫)

隋朝时原名仁寿宫，唐太宗改其名为九成宫(见图 4-10)，是与华清宫齐名的离宫御苑。建筑顺应自然地形，因山就势，规划设计能够谐和于自然风景而又不失共同的皇家气派。唐代以九成宫为主题的诗文绘画对后世影响很大，九成宫几乎成了从宋代到清代怀古抒情之作的永恒题材。

图 4-10 九成宫

九成宫醴泉铭(见图 4-11)是唐代碑刻,632 年镌立于麟游县碑亭(今陕西省宝鸡市麟游县)。“九成宫醴泉铭”碑高 2.7 米,厚 0.27 米,上宽 0.87 米,下宽 0.93 米,碑料为石灰石。碑首、碑身连成一体,碑首有六龙盘绕,碑身阳面碑额刻“九成宫醴泉铭”六个大字,阳文篆书。现藏北京故宫博物院。记述唐太宗在九成宫避暑时发现醴泉之事。全碑碑文为楷书共 24 行,满行 50 字(由于原碑碑座在宋已破损,最后一行字已完全不可见,故有满行 49 字的误传)。碑身的侧面、背面刻满了文字,字迹已无从辨认。碑文由魏徵撰写,欧阳询正书,刻工无从考证。碑文笔法刚劲婉润,兼有隶意,是欧阳询晚年经意之作,历来为学书者推崇。

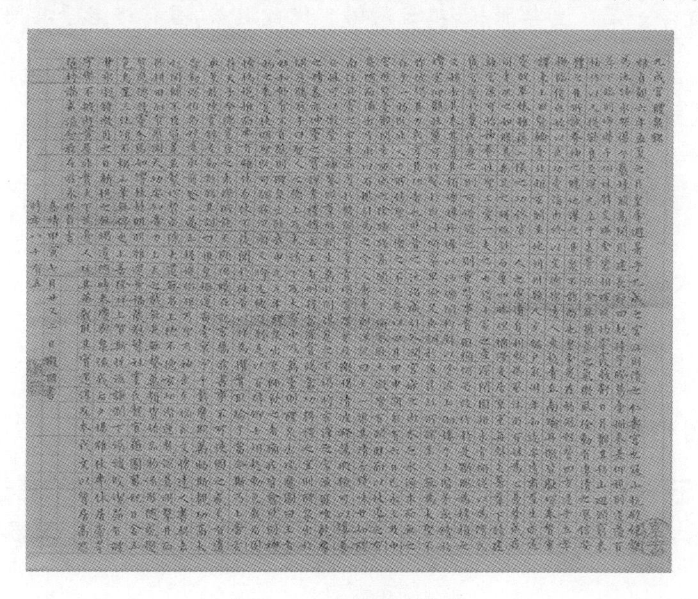

图 4-11 九成宫醴泉铭

4.4 私家园林

隋唐时期安定的社会环境,使得中原、巴蜀有关私家造园活动的记载很多,长安、洛阳民间之风更胜。长安私家园林集中荟萃;洛阳私园之多不亚于长安;江南扬州私园兴建不在少数,多以主人姓氏作为园名;唐代风景名胜区遍布全国各地,成都的杜甫草堂(浣花溪草堂)、白居易的庐山草堂便是典型代表。隋炀帝登基后,开凿了世界最长的大运河,并开辟了通往全国各地的道路系统。这些工程客观上却对后来的私家园林建设起到了积极作用。

1. 长安

“山池院”“山亭院”即是唐代人对城市私园的称谓；不仅有皇亲贵戚、大官僚的绮丽豪华格调，还有士人们清幽雅致的格调；筑山理水，追求缩移摹拟天然山水、以小观大的意境。

2. 洛阳

私家园林以水景取胜，出现颇多摹拟江南水乡的景观，叠石技艺也达到较高水平，与长安一样，纤丽与清雅两种格调并存。

4.4.1 履道坊宅园

履道坊宅园是白居易在洛阳的宅园，白居易专为此园写下了《池上篇》，介绍了此园内容，造园目的在于寄托精神和陶冶性情。清纯优雅的格调和“城市山林”的气氛，体现了当时文人的园林观：以泉石竹树养心，借诗酒琴书陶冶性情。

《池上篇》

十亩之宅，五亩之园。有水一池，有竹千竿。勿谓土狭，
勿谓地偏。足以容膝，足以息肩。有堂有庭，有桥有船。
有书有酒，有歌有弦。有叟在中，白须飘然。识分知足，
外无求焉。如鸟择木，姑务巢安。如龟居坎，不知海宽。
灵鹤怪石，紫菱白莲。皆吾所好，尽在吾前。时饮一杯，
或吟一篇。妻孥熙熙，鸡犬闲闲。优哉游哉，吾将终老乎其间。

白居易的宅园位于洛阳东南，处于“东都风土水木之胜”的地方。这种风水之说，长期影响着中国古典园林的选址，直到明清时期，造园者才意识到“园基不拘方向，地势自有高低”。

履道里宅园的中心是池岛区，其中凿池掇岛，岛间架桥，岛上开路立亭，全园以建筑、山水、花木、鸟兽为要素，取诗的意境作为造园依据，取山水画作为造园的蓝图，经过艺术修剪，达到“虽由人作，宛自天开”的效果。

造园时将天竺石和太湖石置于园中，开后世园林中太湖石造景之先河。此外，园中所置的竹、莲、菱、鹤等动植物都代表了文士所仰慕的清高有节形象，与皇家园林中的松、柏、牡丹、鹿、虎等吉祥之物形成鲜明反差，也被后来的明清江南园林所绍继。

4.4.2 郊野别墅园

郊野别墅园是指建在郊野地带的私家园林，渊源于魏晋南北朝时期的别墅、庄园，但性质已从原先的生产、经济实体转化为游憩、休闲，属于园林的范畴。在唐朝称为别业、山庄、庄，规模较小者称为山亭、水亭、田居、草堂等。

唐代别墅园大致可以分为以下三种情况。

1. 单独建在离城不远，交通往返方便且风景比较优美的地带

长安作为首都，近郊的别墅园林极多，其拥有对象为两京的贵戚、官僚和一般的文人官僚。贵戚、官僚的别墅格调华丽，多集中在东郊一带，如太平公主、长乐公主、安乐公主等；一般文人官僚别墅朴素无华、富于村野意味的情调，别墅多集中在南郊。

洛阳的南郊一带风景优美，引水方便，别墅园林比较密集，同长安园林一样，多由达官显宦修造（如李德裕的平泉庄）。

1）平泉庄

平泉庄位于洛阳城南三十里，其园林用石的品类中怪石名品甚多；树木花卉数量多，品种丰富、名贵；亭台楼榭等建筑类型多，有书楼、瀑泉亭、流杯亭、西园、双碧潭，钓台等；珍禽异兽。

平泉庄无异于一个专门用来收藏名木怪石的大仓库，再配以“台榭百余所”和各种驯养的鸟兽，营造了“若造仙府”的富丽气派，也充分反映出园主位极人臣的崇高地位。

一些经济、文化繁荣的城市（如扬州、苏州、杭州、成都等）的近郊和远郊也建有别墅园林，如成都的杜甫草堂（浣花溪草堂），历经历代改建一直延续至今。

2）杜甫草堂

杜甫（见图 4-12）是中国唐代大诗人，杜甫草堂（见图 4-13）为其流寓成都时的故居，位于四川省成都市青羊区青华路 38 号，是成都市的著名景点之一。杜甫是一位经历唐代由盛至衰，把自己命运和国家民族紧紧相连的现实主义诗人。杜甫一生十分坎坷，辗转不定，极其渴望回归自然。杜甫先后在此居住近四年，创作诗歌 240 余首。杜甫的“两个黄鹂鸣翠柳，一行白鹭上青天。窗含西岭千秋雪，门泊东吴万里船。”就是在这里著作，描写了草堂周围明媚秀丽的春天景色。

其园林特征是建筑布局随地势之高下，充分利用天然的水景。园内的主要建筑是茅草葺顶的草堂，园内大量栽植花木，浣花溪草堂巧借自然，以自然为园，以求自然之趣。

图 4-12　杜甫

图 4-13　杜甫草堂

2. 单独建在风景名胜区内

唐代,全国各地的风景名胜区陆续开发建设,其中尤以名山风景区居多。如白居易的庐山草堂。

图 4-14　白居易

元和十年(815 年),白居易(见图 4-14)被贬谪到江州,元和十四年冬(819 年)转到忠州,在江州任期四年,而在这仅有的四年里,白居易营造出了唐朝郊野别业中最具代表的庐山草堂(见图 4-15)。元和十二年(817 年)二月,白居易游览北香炉峰时,萌生在此地营造草堂的想法,想效仿陶渊明归隐田园,“他时画出庐山障,便是香炉峰上人”。白居易祭拜庐山山神,允许他在遗爱寺旁营造宅园,“而开构池宇,在神域中,往来道途,由神门外”。当草堂上梁并盖上了茅草后,白居易再次祭拜山神:“以香火酒脯,告于庐山遗爱寺四旁上下大小诸神。”他向庐山诸位神明祈求,他只想在庐山上得到大自然的平安和宁静。到第二年春,香炉峰下终于落成了一座草堂。在隐居草堂期间,白居易并未空闲,写下大量的诗篇文章,描述了庐山秀丽的风景和庐山草堂生活的情景。如《祭庐山诸神文》《祭匡山文》《题遗爱寺溪松》《遗爱寺》《庐山草堂记》《香炉峰下新置草堂即事咏怀题于石上》《香炉峰下新卜山居草堂初成偶题东壁五首》《草堂前新开一池养鱼种荷日有幽趣》《庐山草堂夜雨独宿寄牛二、李七、庚三十二员外》《别草堂三绝句》及白居易写给好友元稹书信描叙在隐居庐山草堂生活状态,“游山玩水、参禅学道、饮酒赋诗”。元和十四年(819 年)白居易不得已离开庐山草堂,委托东西二寺的禅师们代为照看好庐山草堂。并留下“山色泉声莫惆怅,三年官满却归来”的《别草堂三绝句》《郡斋暇日忆庐山草堂兼寄二林僧社三十韵多叙贬官以来出处之意》《寄题庐山旧草堂兼呈二林寺道侣》等诗来表达对庐山草堂的怀念。唐穆宗长庆二年(822 年)七月份,白居易在任职杭州刺史的途中经过江州,时隔 3 年,白居易又回到心中所念的庐山草堂,在《白居易传》中记载:“他上岸重访三年前所建的草堂,在草堂重温了一夜旧梦,便又匆匆地启程了”。至此之后,白居易再也没有回到过草堂,心中不免留有一些遗憾。在退仕后,白居易回到洛阳,还写了一些思念庐山草堂的文章,《钱侍郎使君以题庐山草堂诗见寄因酬之》《题别遗爱草堂兼呈李十使君》《忆庐山旧隐及洛下新居》。可见,庐山草堂在白居易心中的地位多么重要。

图 4-15　庐山草堂

庐山草堂的总体布局是草堂建园基址选择在香炉峰的北面，遗爱寺的南面一块地段上，草堂处在山谷中，四周是自然景观。草堂的建筑和陈设极为简朴。堂前有一块平地，平地当中建一个平台，台的南面有方形水池。整个草堂素雅的陈设刚好符合白居易贬官的身份和隐士的心态（见图 4-16、图 4-17）。

图 4-16　九江县（古称德化县）

（图片来源：清同治《德化县志》）

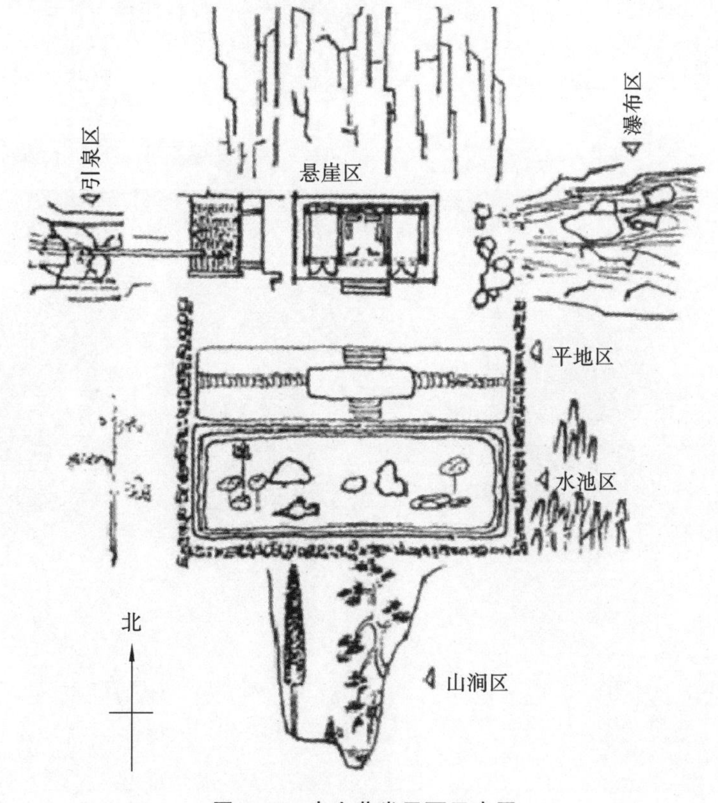

图 4-17　庐山草堂平面示意图

（图片来源：《草堂记》与庐山草堂）

白居易在修建庐山草堂时所做的一切，不仅是建造一个住宅，更为重要的是追求园林的意境。白居易的庐山草堂在一定程度上反映了白居易的建筑观和园林观，尤其是他对于园林周边环境的选择，成为后世文人在营造园林时非常注重的一个方面，从而形成了中国古典园林非常重要的一个理念，即“相地合宜，构园得体”。

3. 依附于庄园而建的园林

此种庄园别墅多为文人官僚所经营，往往具有很高的文化品位。对唐代“田园诗”的长足发展起到了促进作用。王维（见图 4-18）的辋川别业（见图 4-19）（诗集《辋川集》与画卷《辋川图》）总体以天然风景取胜。

图 4-18　王维

辋川别业，建于今陕西，园主人是王维。王维是一位以山、水为最基本要素，以传统园林的发展为文化背景的田园派诗人。他因下署犯禁并受到牵连，被贬为济洲司仓参军，从此心中萌生出回归山林过上隐居生活的想法。宋张戒云：“摩诘心淡泊，本学佛而善画，出则陪岐、薛诸王及贵主游，归则餍饫辋川山水，故其诗于富贵山林，两得其趣。”

图 4-19　辋川别业

王维将自己的理想追求寄托在山水之间，厌倦朝廷之争，释怀于自然之中。王维用自己的人生哲学，调节好自然与仕途的矛盾，选择了一条“大隐”的道路。辞官后的王维将自己情感融入山水间，治理营建宋之问的辋川山庄，把它改建为辋川别业。辋川别业和王维的山水画同样有着耐人寻味的味道，对诗画情趣与园林美执着辋川别业不仅是王维园居生活的乐园，也是他晚年生活的精神家园。它表达出王维对审美理想和人居环境的追求，创建成居住、休憩、娱乐、观赏的景观，形成了独特的自然审美情趣，并影响了时代的审美标准。

辋川别业内的主体建筑是文杏宫，其南面有环抱的山岭，北面临大湖，别业的中心是欹湖。别业中有山岭、冈、坞、湖、溪、泉、濑、滩及大量的植被。总体上是以天然风景取胜，局部的园林化偏重于树木花卉的大片成林或丛植成景。建筑物不多，形象朴素，布局疏朗。园林造景重诗情画意。王维的辋川别业（诗集《辋川集》）与画卷《辋川图》的同时问世，从一个侧面显示山水园林、山水诗、山水画之间的密切关系。

4.4.3　文人园林的兴起

文人出身的官僚，不仅参与风景的开发、环境的绿化和美化，而且还参与营造自己的私园，并把对人生哲理的体验、宦海浮沉的感慨注入造园艺术中。唐代文人对山水风景的鉴赏具备一定水平，代表人物有中唐的白居易、柳宗元、韩愈、元稹、李德裕、牛僧儒等。因此，文人官僚的士流园林所具有的清沁雅致格调被附上了文人色彩，出现了“文人园林”。

文人园林在士流园林中更侧重于为了赏心悦目而寄托思想、陶冶性情表现的隐逸者。广义上不仅指文人经营或拥有的园林，也泛指受到文人趣味浸润而“文人化”的园林。

文人园林的特征表现在造园技巧、手法上是园林与诗、画的沟通；在造园思想上融入了文人士大夫的独立人格、价值观念和审美观念；文人官僚逐渐形成较全面、深刻的“园林观”。

文人参与造园，意味着文人的造园思想（“道”）与工匠的造园技艺（“器”）开始有了初步结合。历史上第一个文人造园家白居易是造诣颇深的园林理论家。他的“园林观”是经过长期对自然美的领悟和造园实践而形成的，不仅融入儒、道的哲理，还注入了佛家的禅理，是最早肯定“置石”之美学意义的人，著有《太湖石记》。以白居易为代表的文人承担了造园家的部分职能，“文人造园家”的雏形在唐代就出现了。

4.5　寺观园林

唐代采取儒、道、释三教共尊的政策，佛教、道教达到了兴盛局面。寺、观的建筑制度已趋于完善，大的寺观往往是连宇成片的庞大建筑群，包括殿堂、寝膳、客房、园林四部分功能区。寺观往往在进行宗教活动的同时也开展社交和公共活动，寺观园林具有城市公共园林的职能。寺观的环境处理是把宗教的肃穆与人间的愉悦相结合，更重视庭院的绿化和园林的经营。

长安城内佛寺大多数都建有园林或者庭院园林化，城内水渠纵横，许多寺观引来活水在园林或庭院里建山池水景。以寺观为主体的山岳风景名胜区，到唐代差不多陆续形成。寺观作为香客和游客的接待场所，对风景名胜区之区域格局的形成和原始型旅游的发展，起着决定性的作用。寺观的建筑力求谐和于自然的山水环境，起着“风景建筑”的作用。植树造林作为僧、道的公益劳动，有利于风景区的环境保护。

唐代寺观园林的表现形式是以塔为中心的古印度痕迹——水庭。以塔为中心的古印度痕迹——长安青龙寺西面有较大的“主院”，佛殿前庭回廊环抱，庭院中央为塔。隋唐时期的佛寺建筑均为“分院制”，以主院为中心，在周围建置别院，组成大的建筑群。

水庭（见图 4-20）的代表有圆通寺和文昌宫。敦煌莫高窟唐代壁画的“西方净土变”中，另见一种“水庭”的形制，在殿堂建筑群前面开凿方整的大水池，池中有平台。

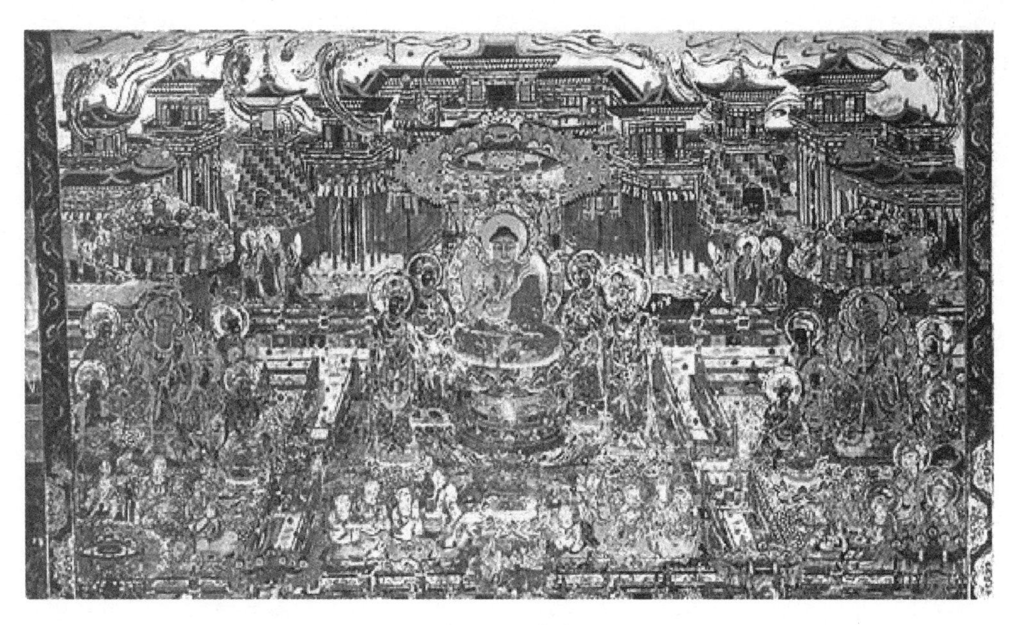

图 4-20 水庭

4.6 其他园林

4.6.1 衙署园林

唐代两京中央政府的衙署内，多有山池花木点缀，个别还建有独立的小园林，唐代衙署园林的建设已很普遍了。

4.6.2 公共园林

以亭为中心，因亭而成景的邑郊公共园林有很多见于文献记载。

在经济文化发达的大城市一般都有公共园林，作为文人名流聚会饮宴、市民游憩交往的场所。

长安的公共园林，绝大多数在城内，少数在近郊。

长安城内开辟公共园林比较有成效的，包括三种情况：①利用河滨一些坊里内的岗阜——“原”，如乐游原。②利用水渠转折部位的两岸而创为水景的游览地，如曲江。③街道的绿化。长安近郊往往利用河滨水畔风景秀丽的地段，略施园林化的点染，而赋予公共园林的性质。另外，也有将上代遗留下来的古迹开辟为公共游览地的情况，如昆明池。

5　中国古典园林成熟时期（一）

两宋时期是中国古典园林进入成熟时期的第一个阶段，在中国古典园林史上是一个极其重要的承前启后的阶段。以皇家、私家、寺观园林为主体的两宋园林，显示了蓬勃进取的艺术生命力，达到了中国古典园林史上登峰造极的境地。元、明和清初虽能秉承其余绪，但在发展道路上就再也没出现过这样的势头了。

作为一个园林体系，它的内容和形式均趋于定型，造园的技术和艺术达到历来的最高水平，形成中国古典园林史上的一个高潮阶段。宋代的政治、经济、文化发展把园林推向了成熟的境地。

5.1　历史背景

宋代的政治与经济表现为城乡经济高度繁荣与国破家亡、国势羸弱的矛盾。文化方面在内向封闭的境界中实现从总体到细节的不断自我完善。思想方面儒、道、释三大思潮都发生蜕变。儒学转化为新儒学——理学，佛教衍生出完全汉化的禅宗，道教分化出向老庄、佛禅靠拢的士大夫道教。社会风气显得浮华、奢靡，讲究饮食服舆和游赏玩乐，上至帝王，下至庶民，无不大兴土木、广建园林。科学技术长足进步，世界领先，为园林的广泛兴造提供了技术上的保证，也是当时造园艺术成熟的标志，四大发明均完成于宋代。

《营造法式》和《木经》是官方和民间对发达的建筑工程技术实践经验的理论总结。园林观赏树木和花卉栽培技术提高，出现嫁接和引种驯化方式。园林叠石技艺大为提高，出现专以叠石为业的技工（吴兴称“山匠”，苏州称“花园子”）。重视石的鉴赏品玩，出版多种《石谱》。

文人地位提高，以琴棋书画、品茶、文玩鉴赏、花鱼鉴赏为主要内容的文人精神生活与园林关系紧密，园林为其提供理想的活动场所。诗画与园林山水诗、山水画、山水园林互相渗透的密切关系完全确立了文人园林的长足发展。

5.2　总体特征

皇家园林较多地受到文人园林影响，出现了比任何时期都更接近私家园林的倾向，皇家气派被削弱了，规模变小，但规划设计趋于清新精致。其中私家造园活动最为突出，士流园林全面“文人化”，文人士大夫造园活动大为开展，文人园林大为兴盛，成为中国古典园林达到成熟境地的一个重要标志，文人园林几乎涵盖了私家造园活动。寺观园林由世俗化而更进一步文人化，大多寺观园林被文人园林的风格涵盖，公共园林更加活跃、普遍。一些皇家、私家园林亦发挥公共园林职能，定期向社会开放。

造园四要素中叠石、置石显示高超技艺；理水已能够缩移摹拟大自然界全部的水体形象；观赏植物由于园艺技术发达而具有丰富的品种；园林建筑已经具备后世所见的几乎全部形象；建筑小品、建筑细部、家具陈设更加精美；园林艺术受到文人、画家的青睐。

唐代写实与写意相结合的传统在南宋时大体完成了向写意的转化，文人画的画理介入造园艺术与景题、匾联的运用，体现了园林的诗画情趣，也深化了园林蕴含的意境，“写意山水园”的塑造，到宋代才得以最终完成。

5.3 皇家园林

5.3.1 宋代的皇家园林

宋代的皇家园林规模远不如唐代的大，也没有远离都城的离宫御苑。规划设计上更精密细致，设计上少有皇家气派，更多地接近私家园林。皇家和私家园林具有较多共性。表现有北宋某些行宫御苑较长时间开放，任由百姓入内游览；南宋皇帝常把行宫御苑赏赐臣下作为别墅园。

5.3.2 东京的皇家园林

东京总体布局保持着北魏、隋唐以来的以宫城为中心的分区规划结构形式，但城市功能由单纯的政治中心演变为商业兼政治中心，即商业的街巷制。宋画《清明上河图》中东京汴梁的街市（见图 5-1）。规模不如隋唐宏大，但建设时参照洛阳的宫城，因此殿宇群组的规划既保持严整布局，又显示其灵活精巧。北宋东京城（见图 5-2）共有三重城垣——宫城、内城、外城，每重城垣外围都有护城河环绕，宫城南北中轴线的延伸即作为全城规划的主轴线。城市中轴线上的主要干道"天街"——宫城正南门（宣德门）、内城正南门（朱雀门）、外城正南门（南薰门）一线。四条河流组成水网，解决了城市供水和宫廷、园林用水问题。

图 5-1 宋画《清明上河图》中东京汴梁的街市

东京的皇家园林只有大内御苑和行宫御苑。

1. 延福宫

在宫城之北，构成城市中轴线上前宫后苑格局。宫内花树繁荣，植物造景的比重很大，且多半是按不同种属的植物造景来分景区的。

2. 艮岳

在宫城东北面，按八卦方位，以"艮"名之，园门匾额题名"华阳"，因此又称"华阳宫"。艮岳这座名苑拥有"凤凰山""艮岳""寿岳""寿山艮岳""华阳宫""阳华宫""万岁山""万岁山艮岳""万寿山"9 种称谓，其中，以

“艮岳”“寿岳”和“华阳宫”为其正式用名。建园工作由宋徽宗亲自主持，具有浓郁的文人园林意趣。宋徽宗不惜花费大量财力、人力、物力，激起民愤，北宋覆亡与此有关，金兵攻陷东京城后为百姓所毁。

“丁酉政和七年……作万岁山，上之初即位也，皇嗣未广。道士刘混康以法箓符水出入禁中，建言京城西北隅地协堪舆，倘形势加以少高，当有多男之祥。始命为数仞冈阜，已而后宫占熊不绝，上甚喜。于是崇信道教，土木之工兴矣，一时因而逢迎，遂竭国力而经营之。至是命户部侍郎孟揆筑土增高，以象馀杭之凤凰山。”

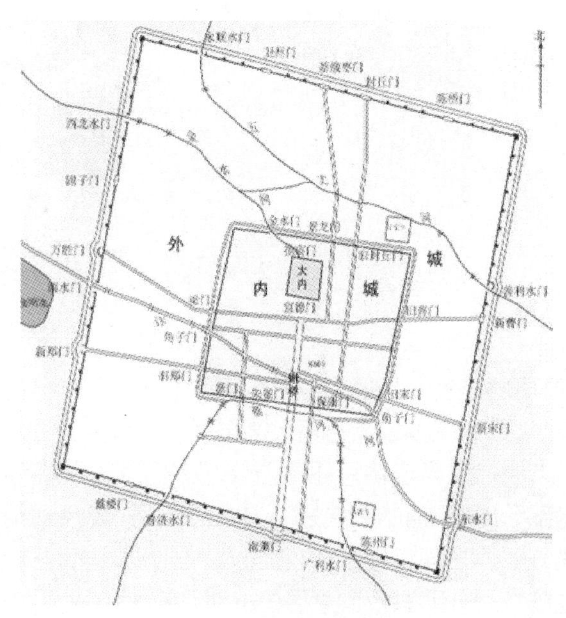

图 5-2　北宋东京城平面图

艮岳在宋徽宗(见图 5-3)政和七年开始建造，于宣和四年建立完成，总共用时六年。修建艮岳前，宋徽宗多次派人考察全国有名的园林以及自然景点，之后就开始动工修建。艮岳是模拟余杭的凤凰山而设计的，园内叠山理水、建筑植物的布置达到了很高的水平，因宋徽宗对艺术的爱好(如《听琴图》(见图 5-4)和《柳鸦图》(见图 5-5))，艮岳具有浓厚的文人园林色彩，同时也讲究对诗情画意的追求，代表了北宋园林艺术的最高水平。

图 5-3　宋徽宗

图 5-4　《听琴图》

靖康元年，艮岳修建完成不久，金人就围攻汴梁，为了抵御金人的攻击，宋钦宗命人将艮岳里的十几万只鸟禽投入了河中，把房屋拆下来当作柴火使用，将鹿杀了给士兵们吃，把艮岳在内的一系列宫殿的山石当作炮石，这时可以看出北宋的气数将尽，只是在垂死挣扎罢了。汴梁被围攻时，宋朝的军民拥挤在艮岳中避难，他们疯狂地在艮岳中豪夺，场面混乱不堪，此时艮岳已变得满目疮痍，林木凋零，园内建筑、奇石所剩无几了。

艮岳被攻陷后，宋徽宗、宋钦宗被金掳走，赵构继位，迁都临安，临走时将园内剩下的少量奇石运到临

图 5-5 《柳鸦图》

安，再后来金人将艮岳中奇石拆卸下来，用于修建园林。此后艮岳便逐渐消失在历史长河里，慢慢地被人淡忘了，只剩下少量遗石还保存至今。

宋徽宗亲自撰写《艮岳记》，介绍了艮岳的全貌与布局的大致状况。艮岳属于大内御苑的一个相对独立的部分，建园目的主要是以山水之景而“放怀适情，游心赏玩”，东半部以山为主，西半部以水为主，山体从北、东、西三面包围水体，北面为主山万岁山，是先筑土、后加石料堆叠而成的大型土石山。建筑物均为游赏性的，没有朝会、仪典或居住的建筑。

艮岳位于开封景龙门内以东，安远门内以西，东华门内以北，临景龙江之南，面积约为 750 亩。艮岳突破了秦汉以来“一池三山”的造园格局，园内山岭呈南北双峰呼应之势，河湖沼溪遍布其中，飞瀑深潭相映成趣。艮岳北面的万岁山，完全用土石人工堆砌而成，周长 6000 米，主峰高九十步，是园内的最高峰，按一步等于 1.3 米算，万岁山高达 117 米，在当时没有机械的情况下，堆砌如此高大的土山，施工量之巨，可想而知。万岁山西侧，隔着一道峡谷与主峰相望的，是一座次峰，名为万松岭。南面是寿山，高度略低于万岁山，但体量也很巨大。万岁山东侧的余脉，形似一条长鲸，转而向南延伸，与寿山东翼相接，使艮岳形成了三面临山，东高西低的地势。艮岳平面设想图(见图 5-6)。

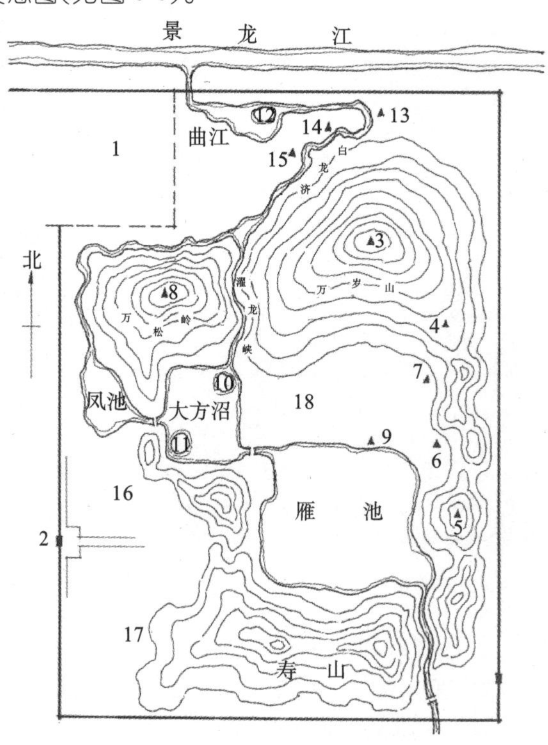

图 5-6 艮岳平面设想图

(图片来源：周维权《中国古典园林史》)

1. 上清宝箓宫；2. 华阳门；3. 介亭；4. 萧森亭；5. 极目亭；6. 书馆；7. 萼绿华堂；8. 巢云亭；9. 绛霄楼；10. 芦渚；11. 梅渚；12. 蓬壶；13. 消闲馆；14. 漱玉轩；15. 高阳酒肆；16. 西庄；17. 药寮；18. 射圃

"筑冈阜高十余仞。增以太湖灵壁之石，雄拔峭峙，功夺天造"。(《华阳宫记》)

"寿山艮岳……周围十余里。其最高一峰九十步。上有介亭"。(《枫窗小牍》卷上·六)

"其后复营万岁山、艮岳山。周十余里，最高一峰九十尺"。(《容斋三笔》卷十三·四)

"最高一峰九十尺。山周十余里。……故曰艮岳"。(《云麓漫钞》卷三·八一)

"万岁山。山周十余里，其最高一峰九十步。上有亭曰介"。(《宋史·地理志》卷八十五·二一〇一)

三山环绕的中央低地上，分布着大片水系。艮岳的水源从西北角的景龙江引入，河道入园后注入一个水池，名"曲江池"，池中有岛，岛上建有蓬莱堂。水流出"曲江池"后，一路婉转曲折，在万岁山和万松岭之间的峡谷入口处一分为二，一路经过峡谷中的山涧白龙沜和濯龙峡，从一个像兽面一样的石口中，以一挂瀑布注入大方沼；另一路绕过万松岭，注入凤池，再汇入大方沼。在大方沼中有两个洲渚，西南角的洲渚遍植梅花，称为梅渚，上面筑有一个亭子叫云浪，东北角的洲渚芦花掩映，称为芦渚，上面也有一个亭子叫浮阳。与大方沼相连的，是园中最大的湖池，称为雁池，"池水清泚涟漪，凫雁浮泳水面，栖息石间，不可胜计"。池中有一个水榭，名唤"噰噰"，取"音声何噰噰，鹤鸣东西厢"之意。

艮岳中栽植了大量花木果树，既有连片成林，又有丛丛点缀，还有孤植独株。在万岁山东麓，栽种有万株梅花，山脚下的梅花丛中，建有一座绿萼华堂。在寿山西侧，有一处园圃，满坡都是参、术、杞、菊、黄精、芎䓖等可以入药的植物，称为"药寮"。万松岭上，则漫山遍野地长满了青松。艮岳西部种满了大片禾、麻、菽、麦、黍、豆、粳秫等农作物，还筑有农舍，故名西庄。沿着寿山西行，是弥望的竹海，万竹苍翠蓊郁，仰头不见天日。万岁山的东南余脉上则遍植丹杏鸭脚，称为"杏岫"；有些山石的间隙里栽有黄杨，称为"黄杨巘"；有的山冈上种了丁香，还积石其间，成为险碍，称为"丁嶂"；赭石堆成的山崖下种以椒兰，称为"椒崖"。寿山东南，西临雁池，是一处缓坡，上面种了万株柏树，枝叶扶疏，呈鸾鹤蛟龙之状，称为"龙柏坡"。

艮岳造园艺术的成就表现为把大自然生态环境和各地的山水风景加以高度概括、提炼、典型化而缩移摹写。

1）筑山

摹拟凤凰山(象征性做法)，更重要的在于其独特构思和精心经营。叠山，在宋代已取得了较大的进展，由原来的照搬式的摹拟，转变为在大景中取小景。

2）置石

大量运用石的单块"特置"，尤其是太湖石的特置手法。山石也成为园林中的单独景点。园中奇石或做主景，或置假山之旁，或堆叠成石林，形式各异，是艮岳中一大特色。宋代人赏石玩石的风气很浓厚，宋徽宗也不例外，艮岳中有来自五湖四海的怪异奇石，其中以太湖石为主，玩石要讲究"瘦、透、漏、皱"，因此艮岳中各种怪异奇石遍布，后来金朝打败宋朝后，将艮岳中的奇石当作战利品，填充于金朝的园林中，由此可知艮岳中奇石的观赏价值很高。

3）理水

形成完整的水系，艮岳内水系丰富，形式各样，有湖、有池、有溪、有江、有泉等，几乎包罗了所有水系的形态。园中水被山环抱，山水相依，或大或小，或方形或圆形。艮岳中的理水手法非常丰富，理水的技巧也有很高的水准，甚至可以在园中造瀑布，《作庭记》中记载："置立表面平滑之水落石，潴水于瀑之上流，复令其水缓流而下，看似晒布状。"

4）植物配置

其方式有孤植、丛植、混交，大量的则是成片栽培；园内按景分区，许多景区、景点都是以植物之景为主题。艮岳中种有各式的草木花卉，它们沿着溪流山涧或孤植，或丛植，或混合种植，遍布全园。园中的很多小景点和路径都以植物命名，不仅凸显了每个景点的特色，也使景点融入了植物的意境。宋代的造园技术已有很高的水平，园艺技巧日益精湛，花、果的嫁接及栽培手法多样，已达到"不以土地之殊，风气之异，悉生长成"的程度。

5）建筑

其布局绝大部分均从造景的需要出发，充分发挥其“点景”和“观景”的作用，就园林总体而言从属于自然景观。宋代时，建筑构造技术较唐朝有很大的进步，建筑外观多样，组合形式丰富多彩，总体是以沿轴线排列众多四合院的方式来布局，错落有致。艮岳中的建筑不仅具有使用的功能，同时也作用于“点景”或者“观景”，如山间水滨处用以点景的亭、台、楼、阁。建筑精致、种类丰富，有许多专门用于观景的建筑也出现在艮岳中，好比艮岳中道观、村落、酒家等建筑，使园内更显生动活泼，具有强烈的田园水彩。艮岳在追求建筑意境的同时，也布局了很多与宗教有关的建筑，这种做法直接影响着后世皇家园林中宗教建筑的布局。

综上所述，艮岳是一座叠山、理水、花木、建筑完美结合的，具有浓郁诗情画意而较少皇家气派的人工山水园，代表着宋代皇家园林的风格特征和宫廷造园艺术的最高水平。

3. 琼林苑

琼林苑是以植物为主体的园林，每逢大比之年，殿试发榜后皇帝都在此园赐宴新科进士，成为“琼林宴”。

4. 金明池

金明池是以近似方形的大水池为主体的皇家园林。原为宋太宗检阅“神卫虎翼水军”的水操演习的地方，因此规划不同于一般园林，呈规整的类似宫廷的格局。后来水军操练演变为龙舟竞赛的斗标表演，每年定期开放，任人参观游览。金明池东岸地段广阔，树木繁盛，游人稀少，辟为安静的钓鱼区。宋代张择端的名画《金明池夺标图》（见图5-7）。

5.3.3 临安的皇家园林

临安是南宋的政治、文化中心，也是当时最大的商业都会。城市政治、经济双重改造，重在经济，不同于以往都城建设以政治为主，临安城（见图5-8）是在吴越和北宋杭州的基础上，增筑内城（即皇城，皇城之内有宫城，即大内，包括宫廷区和苑林区）和外城的东南部，加以扩大而成。保持“御街—衙署区—大内”的传统皇都规划的中轴线格局，但不成规整形式，在方向上亦反其道而行，宫廷在前，衙署在后（“倒骑龙”）。外城的规划采取新的市坊规划制度，着重于城市经济性的分区结构。

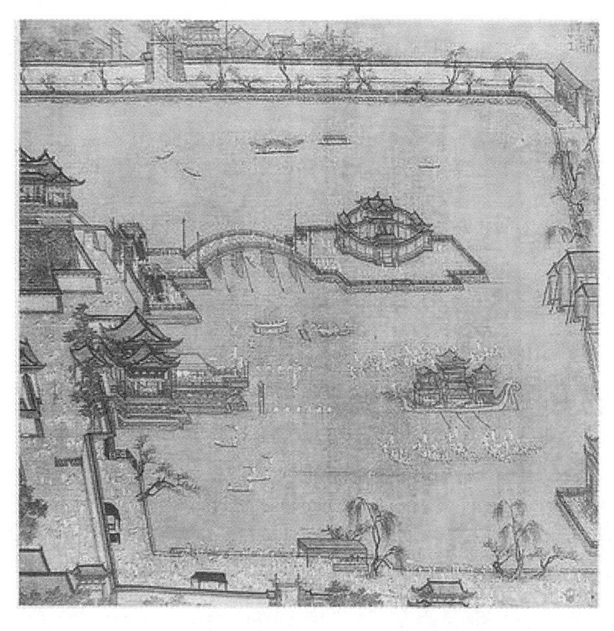

图5-7 宋代张择端的名画《金明池夺标图》

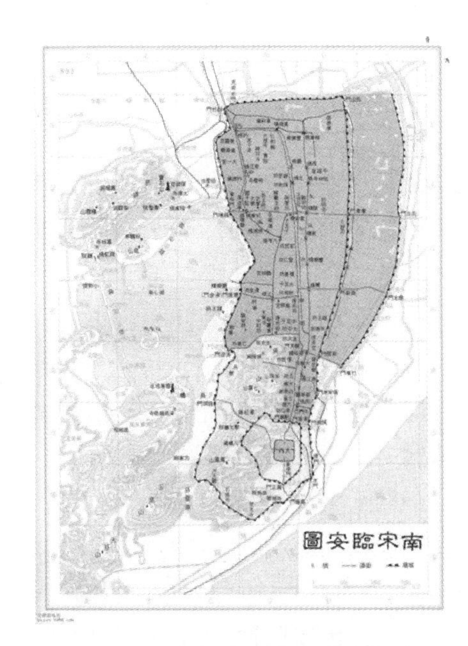

图5-8 南宋临安城平面图

临安的皇家园林和北宋东京一样，只有大内御苑（只一处——后苑）和行宫御苑（大部分在西湖风景优美地段)。

后苑即宫城北部的苑林区,在凤凰山西北部,是一座山地园,地势高爽,为宫中避暑之地,建筑疏朗,花木繁盛。

德寿宫按景色不同分为四个景区(东区,观赏名花;西区,山水风景;南区,文娱活动;北区,各式亭榭),四个景区中央为人工开凿的大水池。园内大假山"飞来峰"摹仿西湖灵隐的飞来峰。当年宫内一些特置石峰有的保存下来,如青莲朵石,又名芙蓉石。乾隆第一次南巡时,发现此石,十分喜爱,以衣袖拂拭。杭州知府心领其意,随遣送京城。此年置于圆明园中,赐名"青莲朵"。1914 年后移入中山公园。青莲在佛经上多比喻为智慧与眼目,所谓"青莲在眸"。青莲朵石(见图 5-9)犹如一朵出水芙蓉,纯洁高雅。此石透、漏、丑皆占,样子极像一朵含苞欲放的莲花,实为海内珍品。

图 5-9 青莲朵石

5.4 私家园林

5.4.1 中原的私家园林

中原的私家园林主要有洛阳、东京两地,在此以洛阳为代表。李格非《洛阳名园记》是有关北宋私园的重要文献,记载了宅园性质的私园、单独建的游憩园性质的私园和花园性质的私园。除宅园外,单独建的游憩园占大多数,二者都定期向民众开放,主要供公卿士大夫进行宴集、游赏活动。洛阳私园以莳栽花木著称;有大片树林而成景的林景,园中划分一定区域作为"圃",栽植花卉、药材、果蔬,筑山仍以土山为主,建筑形象丰富,布局疏朗;建筑物命名能点出该处景观特色,且具有一定意境的蕴含。

富郑公园是洛阳少数几处不利用旧址而新建的私园,大致分南北两个景区,北区比较幽静,南区景观开朗。独乐园是司马光的游憩园,规模不大,非常朴素,在洛阳诸园中作为简素,园名及园内各景题名都与园林内容、格调相吻合,深化表现的意境。

5.4.2 江南的私家园林

临安的私家园林多在西湖一带:南园、水乐洞园等。临安东南郊山地和钱塘江畔一带,气候凉爽,风景优美,多建有私家别墅园林,临安城内的私家园林多半为宅园(如内侍蒋苑使之宅园)。吴兴(今湖州)的私园靠近富饶的太湖,私园有南沈尚书园(以山石之类见长)、北沈尚书园(以水景之秀取胜)、俞氏园("假山之奇，甲于天下”)等。润州(今镇江)的私园梦溪园，园主沈括，晚年写成《梦溪笔谈》。

平江(今苏州)交通方便，经济繁荣，文化发达，气候温和，风景秀丽，花木易于生长，附近有太湖石、黄石等造园用石的产地。私家园林包括宅园、游憩园和别墅园，典型代表有沧浪亭、乐圃等。

沧浪亭(见图 5-10、图 5-11)始建于北宋，其原为五代时期吴军节度使孙承佑的池馆，后被废弃。北宋庆历四年，苏舜钦被废黜，来到苏州，他购买此孙承佑的旧园，并在其北部依山傍水处筑造亭台园林，将其命名为“沧浪亭”。“沧浪”一词，取义于《楚辞 · 渔父》的《沧浪歌》：“沧浪之水清兮，可以濯我缨；沧浪之水浊兮，可以濯我足。”这也体现了苏舜钦面对朝堂的尔虞我诈时不同流合污，选择归隐的坚定态度。苏舜钦洁身自好的品格，使得整个园林具有苍凉郁深、古朴清旷的独特风格，这与宋代文人园林简约、舒朗的园林特质，共同形成了沧浪亭最初并延续至今的主题。园主苏舜钦自撰《沧浪亭记》，园林内容简单，富于野趣，苏舜钦死后，此园屡易其主，元、明废为僧寺，后又恢复为园林，至今仍为苏州名园之一。

沧浪亭是苏州现存最古老的园林，园林中以“四季漏窗”(见图 5-12)为代表的一百零八式漏窗图案各异，既对园林建筑起到装饰作用，又体现中国传统文化“虚实相生”的审美情趣。造园者在世俗生活中力求自我精神满足，享受自然乐趣，特殊的时代背景对其设计风格的影响，使得沧浪亭的漏窗设计独具人文情怀。漏窗与园外水景相连，通过水的波光反射，使墙体外部波光粼粼，增添趣味。同时，又通过借色、借影、借声等手段，虚实结合，动静交织，增加园林“活”的气氛，增添建筑空间层次，体现了“以小见大”的审美风尚。芥子虽小可纳须弥山，漏窗充分体现了中国古典美学“虚实相生”的美学思想。

图 5-10　沧浪亭

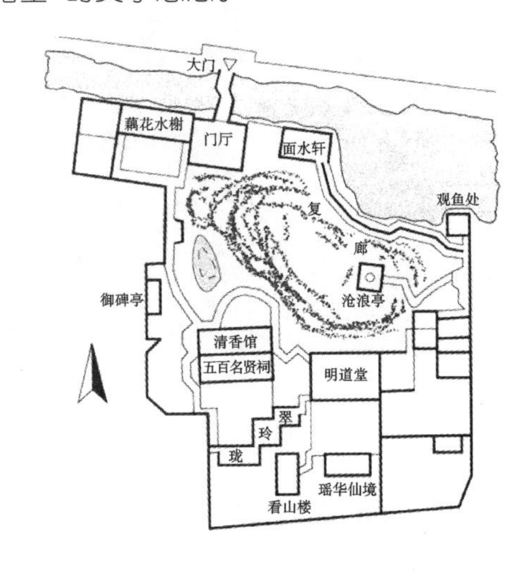

图 5-11　沧浪亭平面图

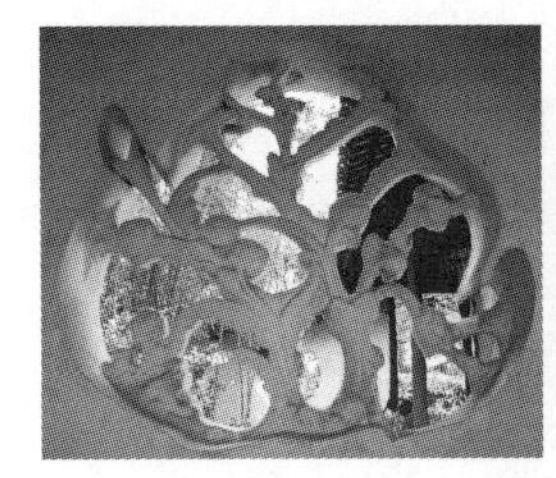
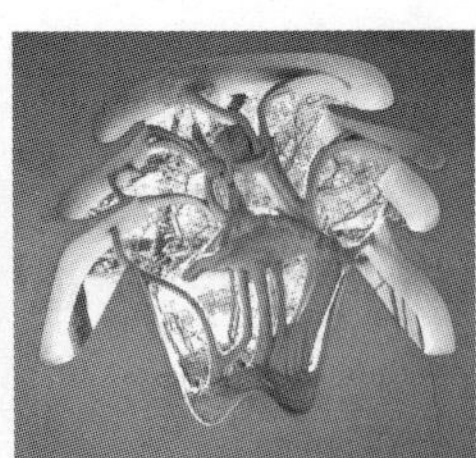

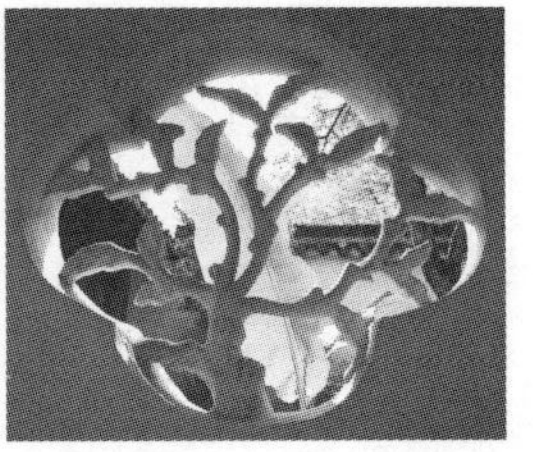

图 5-12　沧浪亭“四季漏窗”(春海棠、夏荷、秋石榴、冬梅)

沧浪亭位于苏州市城南三元坊内，是苏州最古老的一所园林，布局以假山为中心，简洁幽静，落落大方。沧浪亭在假山东首最高处，亭为方形，石刻四枋上有仙童、鸟兽及花树图案，建筑古朴。亭的结构形式与整个园林气氛非常协调，古亭石舫上“沧浪亭”三字为俞樾所书，亭柱有联“清风明月本无价，近水远山皆有情”，上联出自欧阳修的《沧浪亭》诗，下联出自苏舜钦的《过苏州》诗。

平江、吴兴靠近太湖的产地洞庭西山，其他的几种园林用石也产于附近各地。故叠石之风很盛，几乎是“无园不石”。因而以此两地的叠石技艺水平为最高，已出现专门叠石的技工。

5.4.3　文人园林的兴盛

文人园林萌芽于魏晋南北朝，兴起于唐代，到宋代已成为私家造园活动中的一股巨大潮流，占士流园林的主导地位，还影响了皇家和寺观园林。宋代文人园林的风格比唐代更为成熟，风格的表现也更明显。

佛教禅宗的兴盛、隐逸思想的转变以及艺坛出现的某些情况，也是促成文人园林风格异军突起的契机。

禅的思想和哲理通过文人士大夫的审美情趣而渗透文人园林创作之中，园林成为禅境的载体。士人通过园居生活在一定程度上冲淡仕与隐的矛盾，结合两宋士人心目中对世界、文化的内在开掘和精微细腻，出现了"壶天之隐"。诗、画艺术影响园林艺术，促进文人园林"诗化"和"画化"，且重视开掘内部境界。宋代所确立的独特的艺术创作和鉴赏方法，也对文人园林有间接影响。艺术创作方面轻形似，重精神。鉴赏方面表现为鉴赏者自觉运用其艺术感受力和想象力，去补充作家在构思联想时的内心情感和体验。

宋代文人园林的风格，简远(景象简约而意境深远)，疏朗(园内景物数量不求其多，园林整体性强)，雅致(栽植竹、梅、菊等具有象征的植物，单块特置园林用石，建筑物多用草堂、草庐、草亭，景题"诗化")，天然(力求园林本身与外部自然环境的契合，园林内部的成景以植物为主要内容)。

5.5　寺观园林

佛教禅宗势力大，渗透到社会思想意识的各方面，与传统儒学相结合而产生新儒学——理学。佛寺建筑汉化，佛寺园林由世俗化而进一步"文人化"，与文人士大夫关系更密切。

道教的道观园林也由世俗化进一步文人化。儒、道、释互相融会，道教向佛教靠拢，禅宗完全汉化，南宋时(道观建筑的形制受禅宗伽蓝七堂制影响)禅宗寺院确立了"伽蓝七堂"制度，完全成为中国传统的一正两厢的多进院落的格局。寺观园林与私家园林差异甚微。

宋代继两晋南北朝之后又掀起一次在山野风景地带建寺观的高潮，客观上无异于对全国范围内的风景名胜区特别是山岳风景名胜区的再度大开发。在这些风景名胜区中，寺观都要精心地经营园林、庭院绿化和周围的园林化环境。寺观作为风景点和原始型旅游接待场所的作用，较之过去得以更大发挥。南宋临安的西湖一带是当时国内佛寺建筑最集中的地区之一，也是宗教建设与山水风景开发相结合的代表性地区。寺观的公共活动除宗教法会和定期的庙会外，游园活动也是一项主要内容(类似城市公共园林的职能)。

5.6　其他园林

城市公共园林以东京、临安为例。

北宋的东京城内池沼中植菰、蒲、荷花，沿岸植柳树，池畔建亭桥台榭，成为居民游览地，相当于公共园林，城市街道绿化也很出色。

南宋临安的西湖开发成为风景名胜游览地，相当于一座特大型公共园林——开放性的天然山水园林。环湖小园林相当于"园中之园"，诸园布局大体分南、中、北三段，各园基址的选择均能着眼于全局，著名的"西湖十景"也是在南宋时形成。

"西湖十景"(见表 5-1)最早是由南宋宫廷画院的画师们为湖山胜景题名画作而成，后世各代亦多有佳作传世。晚明之后，士人造园风盛行，由此掀起了以实景为绘画题材的创作之风。在此背景下，"西湖十景图"的创作也进入高峰期。"西湖十景"题名景观包括：苏堤春晓、曲院风荷、三潭印月、断桥残雪、平湖秋月、柳浪闻莺、南屏晚钟、花港观鱼、双峰插云、雷峰夕照。从景点分布来看，西湖十景属于"潇湘八景"型，即所列之景观围绕湖展开。每个景点都表达一个内容，围绕在西湖周边形成了一个完整的景观体系。

表 5-1 “西湖十景”

西湖十景	景观内容	观赏要素	景观建筑
苏堤春晓	在苏堤上观赏全湖风景，春季拂晓时欣赏苏堤两侧桃红柳绿，景色极佳	一堤六桥，湖光山色	堤桥
曲院风荷	位于西湖北岸苏堤北端西侧河池一角，以夏日观荷为主题	河池一角，映天连荷	酒坊
三潭印月	小瀛洲岛及岛南局部水域景观，以月夜里在岛上观赏月、塔、湖的相互映照，引发禅意为观赏主题	湖中岛上，水月烛影	石塔
断桥残雪	在西湖北部白堤东端断桥一带，观赏西湖雪景为胜，当西湖雪后初晴时，断桥积雪融化，呈雪残桥断之景	山顶桥上，银装素裹	断桥
平湖秋月	自湖北岸临湖观赏西湖水域，以秋天夜晚皓月当空之际观赏湖光月色为主题	滨河平台，皓月中天	楼台
柳浪闻莺	湖畔树下以观赏滨湖的柳林景观为主题，柳树风摆成浪、莺啼婉转	湖畔树下，莺飞柳舞	园囿
南屏晚钟	以南屏山麓净慈寺钟声响彻湖上的审美意境为观赏主题	湖山之间，钟声缭绕	佛寺
花港观鱼	在苏堤映波桥西北、小南湖和西里湖间，濒湖宅院内赏花观鱼	濒湖宅院，鱼我相望	鱼池
双峰插云	以观赏西湖周边群山云雾缭绕的景观为主题，西湖南北高峰在唐宋时各有塔一座，每当云雾弥漫，恍若云天佛国	湖中堤上，云峰穿雾	佛塔
雷峰夕照	位于西湖南岸的夕照山一带，以黄昏时的山峰古塔剪影景观为主题	夕照山东，彩霞塔影	佛塔

临安城紧邻西湖风景区，是一座风景城市。苏轼（见图 5-13）与“苏堤”、湖中三塔颇有渊源。当年他到杭州任知州时，看到西湖已经淤塞过半，于是发动民工开浚西湖，筑起了一道从南山到北山横贯湖面的长堤，同时还建造了映波、锁澜、望山、压堤、东浦、跨虹六座石拱桥。据说苏堤建成之后，东坡喜出望外，作诗云：“六桥横绝天汉上，北山始与南屏通。”之后人们在苏堤周围栽种了杨柳、碧桃等植物，无论春夏秋冬、晨昏雨雪，苏堤景色永远美丽迷人，尤其是春天的风景更是让人魂牵梦绕，因此也有了“苏堤春晓”的美名。袁宏道曾说：“六桥杨柳，一路牵风引浪，萧疏可爱。晴雨烟月，风景互异，净慈之绝胜处也。”

图 5-13 苏轼

苏轼写下了千古传唱的诗句：“水光潋滟晴方好，山色空蒙雨亦奇。欲把西湖比西子，淡妆浓抹总相宜。”

“曲院风荷”中的“曲苑”原是南宋朝廷开设的酿酒作坊。由于它临近西湖湖岸，近岸湖面种了无数荷花，夏季来临时，荷香与酒香交织在一起，在风中似有若无，令人心旷神怡……在此明山秀水中，古代文人墨客品酒香、嗅花香，把酒当歌、对月抒怀，寄情托情怀于西湖山水之中。

唐代诗人白居易任杭州刺史时曾写诗云：“最爱湖东行，绿杨荫里白沙堤。”后来人们为了纪念他，便将此堤命名为白堤。唐朝时，在白堤东端修建了断桥，这原本是一座普通的石拱桥，静静地卧躺在西湖之上，然而人类却有着无穷无尽的想象力和创造力，使得断桥成为西湖上一道别致的风景——“断桥残雪”，每当雪后初晴，断桥上的部分积雪开始慢慢融化，露出褐色的桥面，远远望去就犹如一条白链在此中断，体现出无言之美。

“三潭印月”(见图 5-14)和“断桥残雪”(见图 5-15),一个是月照潭影,湖中三座小岛月色朦胧;另一个是银装素裹,断桥之上还留有雪后的残痕。“柳浪闻莺”则是柳丝在风中婀娜多姿地起舞,树上还传来了一阵阵黄莺婉转动听的歌唱声。

图 5-14 西湖“三潭印月”

图 5-15 西湖“断桥残雪”

“南屏晚钟”,南屏山绵延横陈于西湖南岸,由于山上寺庙众多,因此晨钟暮鼓、香火兴旺,每当钟声敲响之际,回音经久不息,震荡而悠远。在这样的佛教圣地,人自然会有一种前所未有的清空净化之感,尽享眼前美景。“花港观鱼”后面有一座花家山,山下有一条弯弯曲曲的小溪,南宋时期内侍官卢允升在此兴建花园,还蓄养了几十种奇异的鱼以供玩赏,故名“花港观鱼”。清代许承祖在游玩后有诗云:“就中只觉游鱼乐,我亦忘机乐似鱼。"诗人将内心的情感寄托在这些景物之中,渴望自己像水中的鱼儿那样自由自在、无忧无虑。

在西湖西南、西北耸立着两座高峰——南高峰和北高峰。南高峰山峦陡峭,山石嶙峋;北高峰树木葱葱,苍翠重叠。据前人考察认为,每当山雨欲来之时,云山雾海,两峰时露双尖,若隐若现就像插入云端,清康熙皇帝到此,命名为"双峰插云"。简简单单四个字,代表的是一个奇妙无比的自然景观:双峰巍峨挺拔,气势磅礴,尤其是雨后或多云时节,奇幻似海市蜃楼,朦胧如世外仙境。同时,"双峰插云"也完美地呈现了山与水的和谐组合,山衬托出水之清,水反衬出山之秀。

"西湖十景"彰显出寄情山水的诗情画意。历代文人创作了一系列对"西湖十景"进行描写的作品。比如明代杨周的《苏堤春晓》:"柳暗花明春正好,重湖雾散分林沙。何处黄鹤破暝烟,一声啼过苏堤晓。"元代尹廷高的《雷峰夕照》:"烟光山色淡溟蒙,千尺浮图兀倚空。湖上画船归欲尽,孤峰犹带夕阳红。"……曾有无数文人墨客选择了西湖,他们在西湖游览或隐逸,或寄情山水、疗治心伤。在他们眼中,"西湖十景"绝不仅仅是一地建筑、一处风景,更是绝妙的精神家园和心灵归宿。

农村公共园林,以浙江楠溪江苍坡村(见图5-16)为例。历经千百年沧桑而保存下来,迄今发现的唯一一处宋代农村公共园林,呈现为开朗、外向、平面铺展的水景园形式。建筑物均为木结构。东南部的园林景观造景十分别致,具有笔、墨、纸、砚的"文房四宝"的象征意义,表现了当地居民"耕读传家"的心态和高雅的文化品位。

图5-16 浙江楠溪江苍坡村

衙署园林,宋代中央官署普遍建有园林绿化。

5.7 辽、金园林

辽以南京(今北京外城之西)作为陪都。皇家园林有内果园、瑶池等。私家园林中贵族、官僚的邸宅多半集中于子城之内,外城西部湖泊罗布,也建有私家园林。寺观园林方面辽代佛教盛行,南京城内及城郊均有许多佛寺,其中不少附建园林,城北郊的西山、玉泉山一代的佛寺大多依托于山岳自然风景而成为皇帝驻跸游幸的风景名胜(如香山寺)。

金定都南京,并仿照北宋东京规制进行扩建,改名"中都"。中都城沿袭北宋东京的三套方城建置。金章宗时期是皇家园林建设的全盛时期,建于此时期的中都御苑有一部分利用辽南京的旧苑,但大部分为新建，数量和规模十分可观，分别在城内、近郊和远郊。大内御苑有西苑（金代最主要的一座大内御苑）、东苑、南苑和北苑，行宫御苑有兴德宫。

金朝的私家园林，金王朝推行汉化，民间的私家园林接受北宋文人园林文化的影响，达到一定的艺术水平。金朝的寺观园林，中都的佛寺和道观很多，其中不少都建有独立小园林，或者结合寺观的内外环境而进行园林化经营，有的则开发成为以寺观为主体的公共园林。金朝的公共园林，中都城内及郊外分布众多河流、湖泊，风景优美，进行绿化和一定程度的园林化建设而开发，成为供士、民游览的公共园林。

6 中国古典园林成熟时期(二)

6.1 历史背景

元、明、清初时期是中国古典园林进入成熟时期的第二个阶段。这个阶段造园活动的特点大体上是第一个阶段的延续,也有发展和变化。元代民族矛盾尖锐,明初战乱甫定,造园处于迟滞的低潮状态,永乐以后造园呈现活跃状态,明末和清初的康熙、雍正年间造园达到了高潮。

明清皇帝集权加强,要求有更严格的封建秩序和礼法制度。明中期后资本主义萌芽,商人社会地位提高,一部分向士流靠拢,出现"儒商合一"的现象,使社会风俗时尚、价值观念发生变化。

新儒学由宋代理学转化为明代理学,更加强化上下等级之分和纲常伦理规范,明初大兴文字狱,严格控制知识分子的思想,文人士大夫苦闷、压抑,企图摆脱礼教束缚,要求个性解放。

明初市民文化加快发展,明中期后大为兴盛,促进民间艺术的大发展。市民文化影响民间造园艺术,出现以生活享乐为主要目标的市民园林和重在陶冶性情的士流园林分庭抗礼的局面,一定程度上刺激了造园技术的发展。

明初由于专制严苛,画坛出现"泥古仿古"的现象。明中期后,写意画风重现光辉灿烂的景象。园记这种文学体裁有所发展,具体全面地记述了私家园林的文字材料更多。

6.2 总体特征

皇家园林规模宏大,并吸收江南园林的养分,突出皇家气派;私家园林方面,士流园林全面"文人化",文人园林涵盖了民间造园活动,导致私家园林达到艺术成就的高峰(如江南园林);市民园林兴盛,反映创作上雅与俗的抗衡和交融。民间造园活动普及,产生各种地方风格的乡土园林,私园出现前所未有的百花争艳局面;公共园林方面,在某些发达地区,城市、农村聚落的公园已经比较普遍,具备开放性的、多功能的绿化空间性质,虽不是造园主流,但功能和开放性的特点已很明显。

明末清初的江南地区,文人更广泛地参与造园,涌现出一大批优秀的造园家,个别成为专业造园家。不断累积丰富的造园经验,由文人或文人出身的造园家总结为理论著作而刊行于世。

在造园技艺与思想涵蕴方面,元、明文人画影响园林,巩固了写意创作的主导地位;同时叠山技艺精湛,造园普遍使用叠石假山,促进写意山水园发展;景题、匾额、对联的使用更加普遍,意境更为深远,园林更具诗情画意。明末清初,叠山流派纷呈,个人风格各臻其妙。园林创作重视技巧(如叠山、建筑、植物配置),既有积极的一面,又削弱了园林的思想涵蕴。

6.3 皇家园林

元大都(见图 6-1)是朱元璋以大宁宫为中心新建的都城,是北京城的前身,近似方形,都城为三重环套配置形制:外城、皇城、宫城。总体上继承并发展了唐宋以来的皇都规划模式——三套方城、宫城居中、宫轴对称的布局,不同的是突出《周礼·考工记》规定的"左祖右社,面朝后市"的古制。琼华岛及其周围湖泊再加开拓后命名为“太液池”，并入皇城内，成为大内御苑的主体。外城由纵横街道和胡同划为 50 坊，城中设了三个市(北市、东市和西市)——三个最大的综合性商业区由郭守敬主持引水工程规划，彻底解决了大都城的供水和漕运问题。

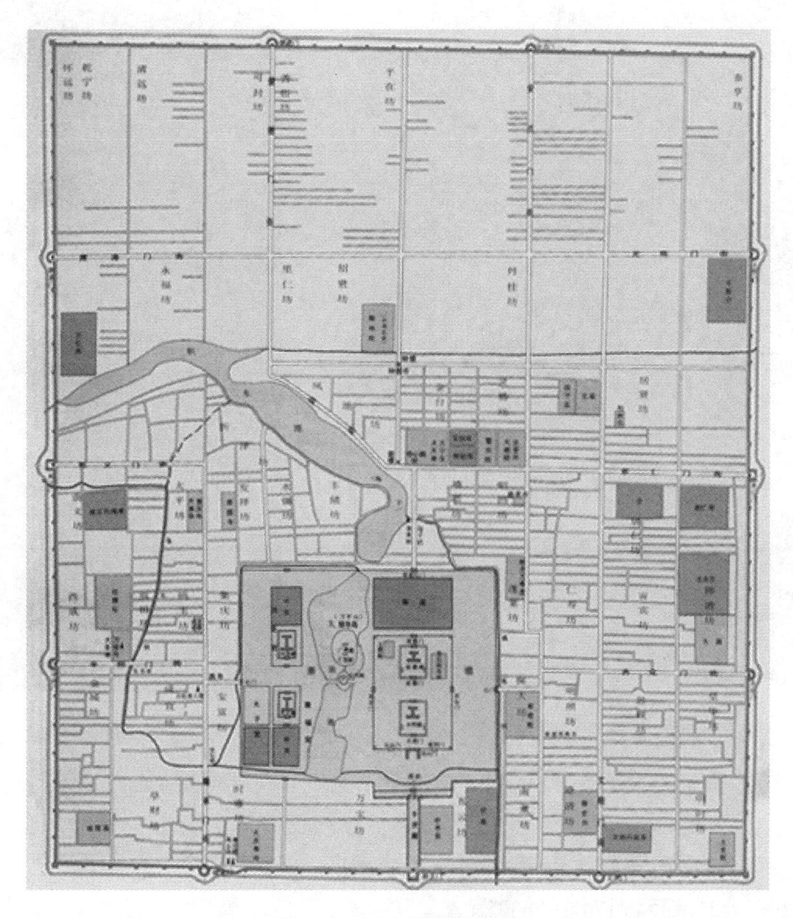

图 6-1　元大都城平面图

明成祖时，在大都基础上建成并确立了北京与南京的“两京制”。宫城即大内，又称紫禁城，位于内城中央，整个宫城呈“前朝后寝”规制，最后为御花园。宫城外为皇城，皇城内的街道布置、居住区及商业网点的分布，大体沿袭大都旧制。北京的皇城平面图(包括现在的故宫、中南海、北海和景山等)(见图 6-2)。清军入关定都北京后基本全部沿用明代的宫殿、坛庙和苑林，仅有个别的改建、增损和易名，宫城和坛庙建筑及规划格局基本保持明代原貌，《明宫城图》(国家博物院藏)(见图 6-3)，清朝皇城情况随清初宫廷规制改变而有较大变动，嘉庆年间在内城之南加筑外城。

元朝皇家园林建设不多，均在皇城范围内，主要的一处即为在金代大宁宫的基址上拓展的大内御苑，园林主体为开拓后的太液池，池中三岛呈南北一线布局，沿袭“一池三山”的传统模式，最大岛屿琼华岛，改名为万岁山。

明朝皇家园林建设重点亦在大内御苑，与宋代不同的是规模趋于宏大，突出皇家气派，着上更多的宫廷色彩，其中少数建在紫禁城内廷(紫禁城内大内御苑仅有御花园和慈宁宫花园两处)。几座主要的大内御苑都建在紫禁城外、皇城内的地段(如西苑、万岁山、兔园、东苑)。由于明朝当时的边疆形势，没有在风景优美的西北郊修建行宫御苑，作为猎场和供应基地而兼有园林性质的两处行宫御苑一南苑和上林苑，而是选择在南郊和东郊。

清初康熙中叶以后，逐渐兴起一个皇家园林的建设高潮；乾隆、嘉庆年间，达到全盛局面。清王朝的皇家园林的宏大规模和皇家气派，比明代表现得更为明显。重点在离宫御苑，其融糅江南民间园林的意味、皇家宫廷的气派、大自然的生态环境的美姿为一体。

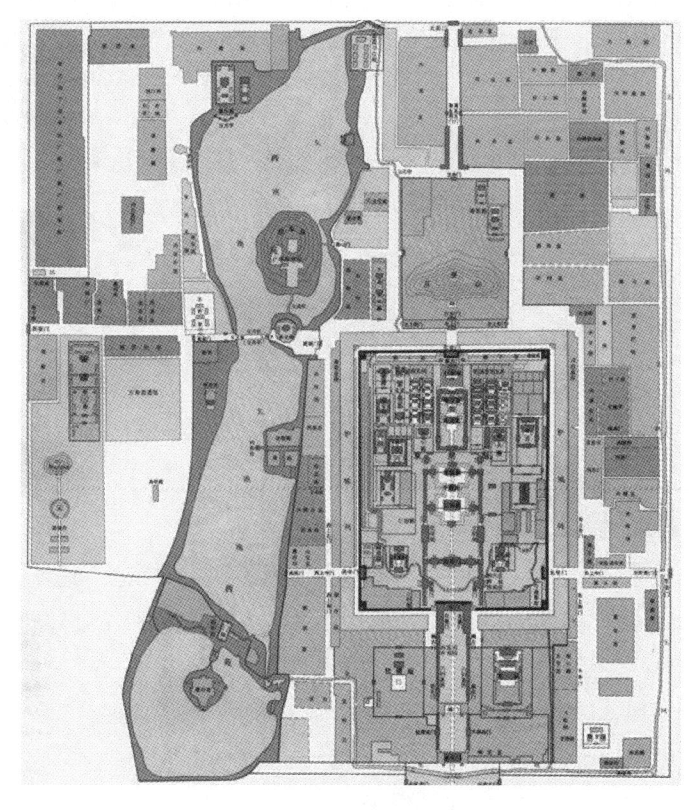

图 6-2　北京的皇城平面图

图 6-3　《明宫城图》

紫禁城内大内御苑的建筑及规划格局基本保持明代原貌。皇城的情况则变化较大，导致清初大内御苑的许多变化，兔园、景山仍保留明代旧观，东苑仅有少量景观保留，西苑进行了较大的增建和改建。

行宫御苑与离宫御苑密集分布的北京西北郊分为三大区，西区，以香山为主体，包括附近的山系及东麓的平地；中区，以玉泉山、瓮山和西湖为中心的河湖平原；东区，海淀镇以北、明代私家园林荟萃的大片多泉水的沼泽地。康熙时期北京西北郊主要园林分布图（见图 6-4）。

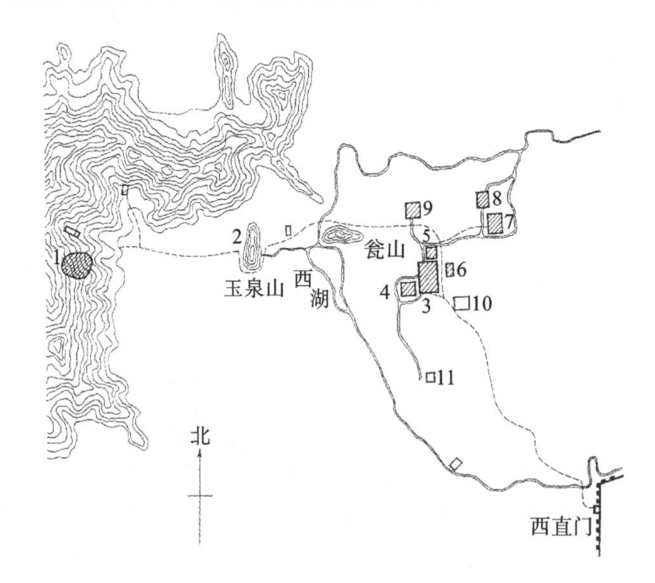

图 6-4　康熙时期北京西北郊主要园林分布图

1. 香山行宫；2. 澄心园；3. 畅春园；4. 西花园；5. 含芳园；6. 集贤院；7. 熙春园；8. 自怡园；9. 圆明园；10. 海淀；11. 泉宗庙

康熙时期在原香山寺旧址扩建香山行宫，在玉泉山南坡建另一座行宫御苑澄心园，后改名为静明园；修建明清以来第一座离宫御苑——畅春园；在承德建规模更大的第二座离宫御苑——避暑山庄；赐圆明园给皇四子（后来的雍正帝）。

香山寺始建于盛唐时期，因山名寺。后几经兴衰，几易其名。咸丰十年九月初五、初六，被英、法侵略军焚毁。

雍正时期扩建圆明园，成为长久居住的离宫御苑（清代第三座），扩建香山行宫，到雍正末年北京西北郊已建成四座御苑和众多的赐园，开始形成皇家园林集中的特区。

畅春园、避暑山庄、圆明园是清初的三座大型离宫御苑，也是中国古典园林成熟时期三座著名的皇家园林，它们代表了清初宫廷造园活动的成就，集中反映了清初宫廷园林艺术的水平和特征。这三座园林经过乾隆、嘉庆年间的增建、扩建而成为北方皇家园林空前全盛局面的重要组成部分。

6.4 私家园林

6.4.1 江南的私家园林

江南地区的范围大致相当于今天的江苏南部、安徽南部、浙江、江西等地。经济的发达程度居于全国之首；文化水平不断提高，文风之盛居于全国之首；河道纵横，水网密布，气候温和湿润，适于花木生长；民间建筑技艺精湛；盛产造园用的优质石材。此时的私家造园逐渐达到中国古典园林后期发展史上的一个高峰，代表着中国风景式园林艺术的最高水平，影响其他各地的园林（甚至皇家园林）。

江南的私家园林造园广泛，兴造数量之多为国内其他地方无法企及的。扬州和苏州更是精华荟萃之地，有“园林城市”之称。造园技艺精湛，涌现大批优秀的造园家和匠师，出现许多刊行于世的造园理论著作。

扬州私家园林在明代绝大部分是建在城内及附廓的宅园和游憩园，郊外的别墅园尚不多，明末扬州望族郑氏兄弟的四座园林：影园、休园、嘉树园、五亩之园，被誉为当时的江南四大名园。

扬州私家园林在清代更加兴旺，条件和表现有：建筑融南北之特色，兼具南北之长而独具一格，特别讲究叠山技巧，当时有“扬州以名园胜，名园以叠石胜”的说法，花木品种多，园艺技术发达，盆景独具一格。在扬州众多的私家园林中，既有士流园林和市民园林，又有大量的两者混合的变体。

苏州私家园林属文人、官僚、地主修造者居多，基本上保持着正统的士流园林格调。绝大部分均为宅园密布于城内，少数建在附近的乡镇。苏州城内河道纵横，取水方便，附近也有太湖石、黄石产地。苏州城内著名的园林有始建于北宋的沧浪亭，始建于元代的狮子林，修建于明代后期的艺圃、拙政园、五峰园、留园、西园、芳草园、怡隐园。这些园林屡经改建，如今已今非昔比。苏州城近郊的别墅园林也不少。

1. 拙政园

拙政园，明嘉靖时御史王献臣被贬后在大宏寺的部分废址上建成了别墅，这是此园的开端。大弘寺遗址处地势较为低平，中央低处又有积水，王献臣的好友文徵明就因势开挖成池塘，四周的林木和隙地较多，就以此为竹林，种植桃树和柳树，在水的水面和竹林中间因势修建亭台楼榭。一个以水景为主的江南私家园林，自然典雅、曲径通幽，就这样奇迹般地展现在世人面前。以后迭经易主，现在见到的大体是清末的规模。“拙政”一词来源于晋代潘岳《闲居赋》中“筑室种树，灌田鬻蔬，是亦拙者之为政也”之句，表现了园主对官场的厌恶与清高自赏的情怀。

拙政园（见图 6-5）位于江苏省苏州古城楼门内东北街 178 号，是江南古典园林的代表作品，是我国著名古典园林之一。拙政园、北京颐和园、承德避暑山庄和苏州留园一起被誉为中国四大名园。拙政园在明正德年间初建之时，面积约 13.4 公顷，后屡更园主，经多次改建、整修与扩建，原统一的园林格局最终划分为自成格局的三部分。现全园面积约 4.79 公顷，由东部（原“归田园居”，面积约 2.73 公顷）、中部（“拙政园”，面积约 1.23 公顷）、西部（旧“补园”，面积约 0.83 公顷）组成。全园以水为中心，山水萦绕，厅榭精美，花木繁茂，具有浓郁的江南水乡特色。花园分为东、中、西三部分，东花园开阔疏朗，中花园是全园精华所在，西花园建筑精美，各具特色。园南为住宅区，体现出典型江南地区传统民居多进的格局。园南还建有苏州园林博物馆，是一座园林专题博物馆。

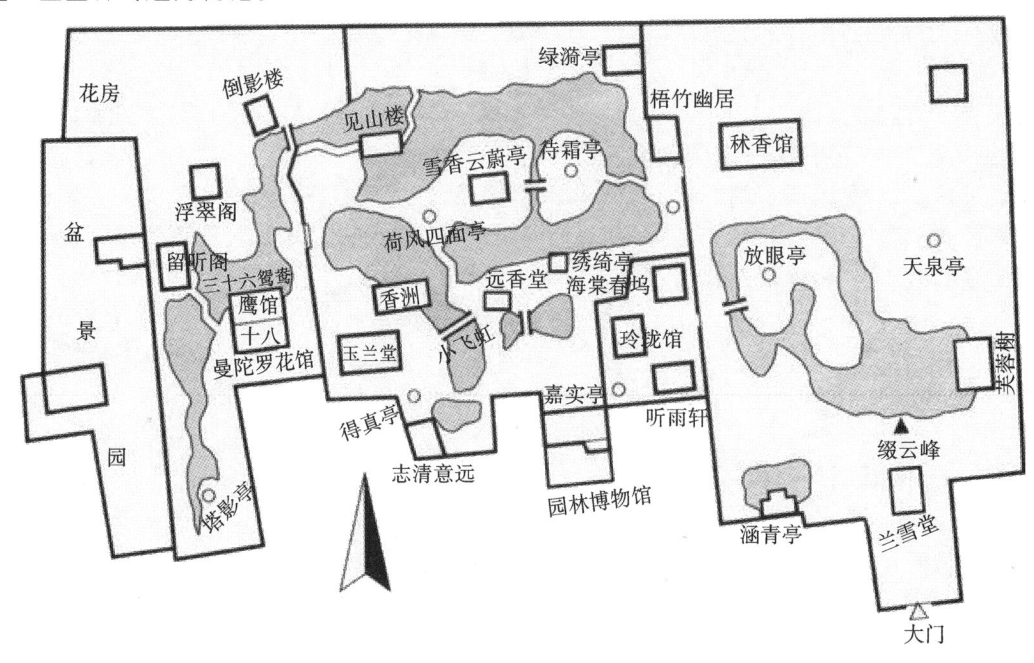

图 6-5　拙政园平面图

拙政园中处处始终充满了诗情画意，四季因时而变，表现出不同的四季景观，流露出宁静和谐的气息。拙政园表现出的宁静而致远，正是古人们苦苦追求的“人间天堂”。正如汪菊渊在文中写到，对于当时的士大夫来说，只因“潦倒未杀，优游余年”，对此“已寄共栖逸之志”而已。

拙政园最大的特点就是总体规划以水池为核心，全园 1/3 为池水面积。借水赏园中美景，景因水而生成，因为水多所以桥多，所有的桥都为平桥，因为水面的平静而采取横的线条与水体保持一致。靠北的大水面为主景区，因为中心采用巧妙的艺术而形成的空间环境层次，给游人带来的视觉感似乎比实际尺寸要大许多，一个极其重要的原因是建筑物给游人带来一种空间分割又相互联系的空间感，空间层次相互串联，既相互独立又相互依附的拙政园各个景点就淋漓尽致地展现在游人眼前，而且给人一种如诗如画的感受。

拙政园以有分有聚的水面景色布局为中心。园内水面分散，但是每处都保持较大的面积，因此显得完整而不破碎。水池有水口，形如曲折的水湾，使人望之深远无尽。整个拙政园中部以北，大都是水体，中部为主体假山。东、西为由垒土石构筑而成的两个岛山，水池将南北两个空间区分开，池的北面为一条观光长廊，东北为“绿漪亭”，东面及东南分别为“梧竹幽居”和大量置石。“倚玉轩”的北面邻水，其中在整个拙政园的南部有一个狭长的水体与中部相连，旁边有三个著名的小景分别是“松风亭”“得真亭”和“小飞虹”；池的西部有“香洲”“别有洞天”“柳荫曲路”和“见山楼”；其中“一池三岛”中从南至北分别有“荷风四面亭”“雪香云蔚亭”和“待霜亭”。

拙政园主要景点分析如下。

(1) 远香堂(见图 6-6、图 6-7)是中部园子的建筑主体。命名取自周敦颐《爱莲说》“香远益清，亭亭净植”之意。远香堂南面与园门相对的黄石假山，是为游人入园前所设的障景，形体不大，叠石有致。建筑采用四面厅的形式，其主要作用是宴客和四面观景，位置适中，周围环境开阔，体形大而严整，与北面的雪香云蔚亭成南北轴线。远香堂北面有宽敞的临水平台，水面横阔。

(2) 雪香云蔚亭(见图 6-8)、待霜亭(北山亭)和荷风四面亭。三亭位于水池中的岛上，西岛上建有长方形的“雪香云蔚亭”，东岛上建有六角形的“待霜亭”，使两者有所变化。荷风四面亭居于中心地位，作为全园的交通枢纽。

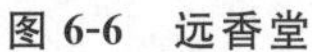
图 6-6　远香堂

图 6-7　远香堂内景

(3) 小飞虹(见图 6-9)是苏州园林中唯一的一座廊桥,亭、廊、桥置于一体,朱红色桥栏倒映水中,水波粼粼,宛若飞虹,故名“小飞虹”。小飞虹桥体为三跨石梁,微微拱起,桥面两侧设有万字护栏,三间八柱,覆盖廊屋,檐枋下饰以倒挂楣子,桥两端与曲廊相连,是一座精美的廊桥。

图 6-8　远香堂遥对雪香云蔚亭

图 6-9　小飞虹

(4) 香洲(见图 6-10)为“舫”式结构,有两层舱楼,通体高雅而洒脱。香洲寄托了文人的理想与情操。古时常以香草来比喻清高之士,此处以荷花景观来喻意香草,也很得体。船头是台,前舱是亭,中舱是榭,船尾是阁,阁上起楼,线条柔和起伏,比例大小得当。三面环水,一面靠岸,由三块石条所组成的跳板登“船”。

(5) 留听阁——“留得残荷听雨声”。

(6) 与谁同坐轩(见图 6-11)——临水扇面小亭“与谁同坐轩”,取自苏轼“与谁同坐。明月清风我”。

图 6-10　香洲

图 6-11　与谁同坐轩

无锡寄畅园至今基本保留当年格局，是江南唯一的一座保存较完好的明末清初时期之文人园林；南京（金陵）的东园是规模较大的一座游憩园，弇山园则是规模较大的人工山水园，还有上海城隍庙附近的豫园。

2. 豫园

在上海的园林中，豫园是唯一一座处于繁华热闹市中心的古典园林。其位于上海市黄浦区老城厢的东北部，北靠福佑路，东临安仁街，西南与老城隍庙、豫园商城毗邻。豫园以布局紧凑、变化繁多、美中有奇而著称，园内山石错列，具涧岭洞壑之胜，潺潺流水，有岛滩梁渡之趣。

豫园原是明代私家园林，始建于嘉靖、万历年间。园主人潘允端，曾任四川布政使，是当时上海的名门望族。潘恩年迈辞官告老还乡，潘允端为了让父亲安享晚年，从明嘉靖己未年（1559 年）起，在自家的菜田上，聚石凿池，构亭艺竹，建造园林，经过二十余年的苦心经营，终于建成一座设计精巧、布局细腻、清幽秀丽、玲珑剔透、小中见大的私家园林，素有“奇秀甲于东南”之誉。“豫”有“平安”“安泰”之意，取名“豫园”，有“豫悦老亲”的意思。

经过 400 多年的变迁，豫园现占地面积 2 万余平方米（约 30 亩地），园内亭阁参差，山石嵯峨，溪流蜿蜒，景色旖旎。豫园还保存着相当数量的古树名木及明清家具、名人字画、泥塑砖雕、额匾楹联等文物珍品，凝聚着丰富的中国传统文化艺术的精华。

园内多假山、池塘，遍布各处的亭台楼阁，掩映在树木间，虽无大气之作，但设计精巧、布局细腻，以清幽秀丽、玲珑剔透见长。游豫园，最有传奇故事可看的，当属镇园之宝名列江南三大美石之一的奇石“玉玲珑”了，当年宋徽宗遣人搜罗天下奇石入汴京造园，也就是世人所说的“花石纲”，兼具“瘦、皱、漏、透”特点的太湖石“玉玲珑”即其中之一。

上海豫园玉玲珑（见图 6-12）、苏州冠云峰和杭州绉云峰，并称江南三大名峰。该石峰高约 3 米，宽约 1.5 米，厚约 80 厘米，重量 3 吨左右，具有太湖石的皱、漏、瘦、透之美。

图 6-12　豫园玉玲珑

6.4.2　北京的私家园林

北京的私家造园活动以官僚、贵戚、文人的园林为主流，数量上占着绝大多数；园林的内容有的保持着士流园林的传统特色，有的则更多地著以显宦、贵族的华靡色彩；造园叠山多使用北太湖石和青石，具有北方沉雄意味；由于气候寒冷，建筑物封闭多于空透，形象凝重；植物多用北方的乡土花木。

元代大都的私家园林，多半为城近郊或附廓的别墅园（如万柳堂）；明代宅园散布内城和外城各处，尤以内城的风景游览地什刹海一带为多（什刹海沿岸在明代一直是寺观和名园密集的地方），利用外城旧河道的供水条件而在外城兴建私园的也不少，郊外的私家园林多为别墅园，绝大部分散布在西北郊一带（如雅致简远的勺园、豪华钜丽的清华园）；清初北京城内宅园多于明代，一些有名气的园林都为文人和官僚所有，其中不少为文人园林，著名的有阅微草堂、芥子园、半亩园、怡园、万柳堂等，有几处私园是请江南造园家营造的，客观上对于北方私家造园引进江南技艺起到了促进作用。

清初，北京城内兴建大量王府及王府花园，规模比一般宅园大，也有不同于一般宅园的特点，是为北京私家园林中的一个特殊类别。北京西北郊有很多赐园，沿袭明代别墅园林的格局，以水面作为园林主体，因水而设景，形成园墅区，其中有自怡园、澄怀园等。园墅区穿插少量私家别墅园，但大量别墅园向海淀以南和瓮山以西发展，逐渐与赐园区分开，如退谷。

6.4.3 文人园林、造园工匠和造园家及造园理论著作

1. 文人园林

明代和清初，士流园林全面文人化促进文人园林继续发展，在江南、北京等经济、文化发达的地区甚至达到了极盛之局面。文人园林风格成为社会上品评园林艺术创作的最高标准，富商巨贾效法士流园林，在市民园林基础上著以文人色彩。市井气与书卷气相融糅，削弱了市民园林的流俗性质，出现文人园林风格的变体，这种变体又影响了民间造园艺术。例如：明末清初扬州园林——文人园林风格与其变体并行发展；康熙皇帝把江南民间造园技艺引进宫廷，也把文人趣味渗入宫廷造园艺术中；造园技艺长足发展，造园思想却日益萎缩。

2. 造园工匠和造园家及造园理论著作

造园工匠的社会地位在过去一直很低下，但到明末清初，造园工匠中之技艺精湛者逐渐受到社会上的重视而著称于世，江南一大批造园工匠涌现(如张琏、张然父子)，有些还成为全面主持规划设计的造园家。文人与造园工匠的关系比以往更为密切，文人与造园工匠的密切关系建立在后者的学术和素质的提高，从而使两者在造园艺术上达成共识，文人园林的大发展也需要有高层次文化的人投身于具体的造园运作，一些文人、画士甚至成为专业造园家(如计成)。

计成(见图 6-13)字无否，苏州吴江市人，生于明万历十年间。计成能诗善画，尤能以画意造园，并亲自参加造园的设计与施工，具有丰富的造园经验，故对我国造园原理领会颇深。

《园冶》(见图 6-14)是明末计成撰写的一部造园学专著，在国内外产生了深远的影响，曾传至日本，被称为《夺天工》，被日本学者誉为世界造园学最古名著，是一部较完整、较系统的造园艺术和技巧的理论著作。《园冶》一书共分三卷十篇，包括“兴造论”和“园说”两部分。

图 6-13 计成

图 6-14 《园冶》插图

兴造论的中心内容是造园要能“巧于因借，精在体宜”——造园的基本原则。“因借”“体宜”——园林设计的基本准则。“因”是因地制宜；“借”是借园外之景；“体宜”就是各种分寸掌握得当，景物处理自然贴切。理解“因地制宜”，即充分研究自然地形以及周围环境条件的特点，来创造一个既有迂曲起伏的自然地形，又有曲折变化的园林空间；“得体合宜”即还要根据社会条件和活动方式的不同来设置园林的内容和确定园林的风格，使自然条件与园林功能内容紧密结合。

园说分为十篇立论——相地、立基、屋宇、装拆、门窗、墙垣、铺地、掇山、选石、借景。其中“相地”“掇山”和“借景”三篇最为重要，是全书的精华，关于园林方面立论的；第二篇到第七篇，即立基、屋宇、装拆、门窗、墙垣、铺地其六篇，都是关于园林建筑方面立论的。

计成提出“虽由人作，宛自天开”的艺术构思。这是我国古典园林的审美观，它既是我国园林艺术创造要达到的境界，又是我国古代造园原理中的一条重要原则。

第一篇“相地”

计成在首篇相地篇中阐明了造园要构园得体，首先必须相地合宜，要在“因”字上下功夫，对于园林选址，计成认为，“园基不拘方向，地势自有高低；涉门成趣，得景随形，或傍山林，欲通河沼”，又说“高方欲就亭台，低凹可开池沼；疏源之去由，察水之来历。临溪越池，虚阁堪支；夹巷借天，浮廊可度……架桥通隔水，别馆堪图；聚石叠围墙，居山可拟。多年树木，碍筑檐垣；让一步可以立根，斫数桠不妨封顶。斯谓雕栋飞楹构易，荫槐挺玉成难”。该篇说明了因地制宜、得景随形的重要性，以及造园意境创作的设计方法如何贯彻到各种不同类型地形与功能要求的布置处理，这是计成实践经验的具体总结。

计成把园地分为山林地、城市地、村庄地、郊野地、傍宅地、江湖地之类，各类园地都有其客观环境的特点，应当巧妙地掌握并充分地运用这些特点，或作适当改造，组织剪裁，造行山水、道路、场地、植物、建筑的安排，使不同园地的筑园能各有其特点，发挥较好的作用。

山林地造园，计成认为最胜，是造园的理想用地。山林地造园，应力求清旷古朴，林木葱郁，溪涧疏疏，盘曲山道接以房廊。

城市地造园，计成认为城市环境喧闹，能布置合宜，构园得体即可。城市造园宜闹中取静，采用曲折变化的手法，保留树木湖池，掇山精在片山多致，力求创造清丽幽邃的意境环境。

村庄地造园，计成认为自有村庄之胜，可形成田野乐居的园林环境。

郊野地造园，具有丘陵地形地貌，适宜制造平冈曲坞，叠陇乔林的景象。

傍宅地造园，“宅旁与后有隙地可葺园，不第便于乐闲，斯谓护宅之佳境也。开池浚壑，理石挑山，设门有待来宾，留径可通尔室。竹修林茂，柳暗花明……四时不谢……日竞花朝，宵分月夕……足矣乐闲，悠然护宅。”

江湖地造园，是最讨巧的用地，能多方借景，可以节约投资，气象开阔。

第二篇“立基”

计成在该篇中针对厅堂基，楼阁基，亭榭基，廊房基，假山基为对象，对于各种园林建筑物在平面布局上的位置，方向与四周空地的关系、与园林的关系都有精辟的见解。计成认为“凡园圃立基，定厅堂为主”，然后“择成馆舍，余构亭台”，“安门须合厅方”。

第三篇“屋宇”

本篇是指园林屋宇的特点以及屋宇的结构，图式论著。计成认为，园林建筑不能像家宅住房的“五间三间，循次第而造”，方向必须“随宜”“别致”。

第四篇“装拆”

本篇是指园林建筑内部的装修，以及如何操作，并附有大量的图，作为实际操作的指南。

第五篇“门窗”

本篇是指园林建筑的各种门窗式样，该书中列出三十余种图式，作为范例。

第六篇“墙垣”

本篇是指园林的各种围墙制作材料及式样，有附图十六幅左右，作为范例。

第七篇“铺地”

本篇是指园林中铺地的各种材料及式样，有乱石地、鹅子地、冰裂地、砖地等，并指出其变化之妙。

第八篇“掇山”

本篇是指园林的掇山的论著，书中讲到园林掇山可分为园山、厅山、楼山、阁山、书房山、池山、峭壁山等。全篇关于如何构成山水泉石之景的原则，掇山的布局、结构、造型、意境技法，以及基本的构图原理都作了详细的论述。

计成叙述了石料的使用分为三种：①顽夯的石块堆在假山下部；②渐高，则石形渐多皱纹；③瘦漏玲珑的石块应放在最佳位置，起画龙点睛的作用。

第九篇“选石”

本篇就石材种类，以及如何选石加以说明。石材有太湖石、昆山石、宜兴石、龙潭石、青龙山石、灵璧石、

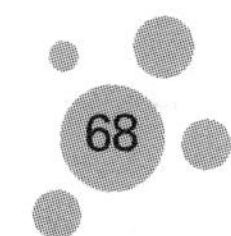

岘山石、宣石、湖口石、英石、散兵石、黄石、旧石、锦川石、花石纲、六合石子等十六种石材。

第十篇"借景"

本篇为《园冶》一书之精华，计成总结了前人造园的借景艺术，"巧于因借，精在体宜"，"构园无格，借景有因，切要四时……"，"因"是讲园内，即如何利用园址的条件加以改造加工。"因者，随基势之高下，体形之端正，碍木删桠，泉流石注，互相借资；宜亭斯亭，宜榭斯榭，不妨偏径，顿置婉转，斯谓'精而合宜'者也"。而"借"则是指园内外的联系。《园冶》特别强调"借景""为园林之最者"。"借者，园虽别内外，得景则无拘远近"，它的原则是"极目所至，俗则屏之，嘉则收之"，方法是布置适当的眺望点，使视线越出园垣，使园之景尽收眼底。如遇晴山耸翠的秀丽景色，古寺凌空的胜景，绿油油的田野之趣，都可通过借景的手法收入园中，为我所用。这样，造园者巧妙地因势布局，随机因借，就能做到得体合宜。

借景的手法有"远借、邻借、仰借、俯借、应时而借"。

计成举例，如借山景则"障锦山屏，列千寻之耸翠"；借水景则"水面粼粼，纳千顷之汪洋"；借花木则"窗虚蕉影玲珑，时花笑似春风"；借香气则"冉冉天香，悠悠桂子"；借自然景物则"明月""清风""春流"与"夜雨"。

《长物志》著者是明朝文震亨，他是明朝著名文人文徵明的曾孙，其书画咸有家风。书中专章叙述了室庐、花木、水石、禽鱼以及家具、陈设、香茗等与园林有关的内容，但未能和园林的布局和使用结合起来讨论，故对造园理论的贡献，远不及《园冶》。

《一家言》著者李渔生于明朝万历三十九年(1611年)，字笠翁，比明末造园家计成晚二十九年。《一家言》对庭园中掇山叠石有精妙的阐述，并且从植物题材与山石配置艺术上立论。书中对居室、山石、花木也有专论，其中关于利用窗孔作画框构成"无心画"以及堂联斋匾的做法能独具匠心，饶有趣味。

米万钟，明代著名的诗人、画家、书法家、造园家，原籍陕西，自幼好学，兴趣广博，有很深的艺术造诣，"驰骋翰墨，风雅绝伦"，当时人称南董(董其昌，画家)北米。他一生喜欢山水花石，爱石成癖，人称"米家四奇"(园、灯、石、童)之一。

陆叠山，明朝叠假山著名的匠师，姓陆名佚，号称陆叠山，杭州人，据《西湖游览志》载，"堆垛峰峦，拗折涧壑，绝有巧思"。

张琏和张然，清朝叠山著名的匠师，张琏(字南垣)、张然(字陶菴)为父子二人。

戈裕良，清初时期江苏常州人，以叠山著称，人称他堆叠的山积久弥固，可以千年不坏，如同真山洞壑一般。他一生造园很多，著名的有江苏仪征的朴园、如皋的文园、江宁的五松园、苏州虎丘的一榭园、常熟的燕园、苏州的环秀山庄。

石涛，姓朱，字石涛，又号苦瓜和尚等。他是明朝末代王孙，出生后不久，明朝便灭亡了，为逃避清朝统治者的迫害，他和哥哥在明皇室内官的安排下，出家做了和尚。自幼好画，多钻研自然景物，并吸取古代遗产，加以融会，主张山水画家应"脱胎于山川""搜尽奇峰打草稿"进而"法自我文"。所作出水、兰竹、花果、人物"脱去窠臼"，讲求独创，境界新奇，构图善于变化，笔墨沉酣纵恣。他的画风对"扬州八怪"和中国画影响甚大，兼擅造园叠石，晚年定居扬州筑万石园、片石山房、池中召山等。

3. 片石山房

片石山房是一处始建于明代的古典园林建筑。在何园之南，紧紧毗邻一个规模不大的园林。片石山房的假山石出自清代大画家石涛和尚之手，现在可算是石涛叠石的"人间孤本"了。片石山房叠山之妙，在于独峰耸翠，秀映清池，当得起"奇峭"二字。石壁、石磴、山涧三者最是奇绝，是现天人合一的文化所在。假山前有楠木厅三间，据说在扬州园林中，也是资格最老的建筑。

片石山房在扬州城南花园巷，又名双槐园，园以湖石著称。园内假山传为石涛所叠，结构别具一格，采用下屋上峰的处理手法。主峰堆叠在两间砖砌的"石屋"之上。有东西两条道通向石屋，西道跨越溪流，东道穿过山洞进入石屋。山体环抱水池，主峰峻峭苍劲，配峰在西南转折处，两峰之间连冈断堑，似续不续，有奔腾跳跃的动势，颇得"山欲动而势长"的画理，也符合画山"左急右缓，切莫两翼"的布局原则，显出章法非凡的气度。

进入片石山房，门厅有滴泉，形成“注雨观瀑”之景。南岸三间水榭别具匠心，与假山主峰遥遥相对。西室建有半壁书屋，石涛曾写过一首诗：“白云迷古洞，流水心澹然。半壁好书屋，知是隐真仙。”中室涌趵泉伴有琴桌，琴声幽幽，泉水潺潺，给人以美的享受。东室有古槐树根棋台，抬头可见一竹石图，形成了琴、棋、书、画连为一体的建筑风格，形成了独具风格的文化艺术特色。片石山房虽占地不广，却丘壑宛然，特别是水的处理恰到好处，渗透到廊、厅、亭、假山、滴泉、涌趵、瀑布，动中有静、静中有动。片石山房，就是以湖石紧贴墙壁堆叠为假山，山顶高低错落，主峰在西首，山上有一株寒梅，东边山巅还有一株罗汉松，树龄均逾百年。山腰有石磴道，山脚有石洞屋两间，因整个山体均为小石头叠砌而成，故称片石山房（见图 6-15）。

图 6-15　片石山房

可以看出，在明末清初的江南地区，出现了一些前所未有的新现象。造园家，无论工匠“文人化”的，或者文人“工匠化”的，按其职业方式和社会地位而言，已有些接近现代的职业造园师，或已具备类似现代职业造园师的某些职能；造园的理论，涉及有关园林规划、设计的探索和具体的造园手法的表述，虽未能形成系统化，但已包涵现代园林学的某些萌芽；造园的运作，比较强调经济的因素，已渐渐地认识到市场、价格的制约情况。

6.5　寺观园林

元代以后，佛教和道教趋于衰微，但寺院和宫观建筑仍然不断兴建，不仅在城镇之内及其近郊，而且许多名山胜水往往因寺观的建设而成为风景名胜区，占绝大多数，城镇寺观除了独立的园林之外，还刻意经营庭院的绿化或园林化，郊野的寺观则更注重与其外围的自然风景相结合，而经营园林化的环境，大多成为公共游览景点。以北京地区为例，元代佛教和道教受到保护，寺观的数量骤增，其中多有建设园林，扩建后的长春宫——全真道的主要丛林。郊野寺观园林以西北郊的西山、香山、西湖一带为最多，如大承天护圣寺。

明代迁都北京后，北京成为北方的佛教和道教中心，寺观建筑增加，佛寺尤多，寺观园林也很兴盛。明代北京西北郊西山、香山、瓮山和西湖一带大量兴建佛寺，对西北郊的风景进行了历来规模最大的一次开发，这些众多的寺庙中一般都有园林，不少是以园林或庭院或外围园林化环境出色而闻名于世。佛寺不仅是宗教活动的场所，也是观光游览的对象，例如，香山寺、碧云寺、园静寺。

6.6　其他园林

在一些经济繁荣、文化发达的地区，大城市居民的公共活动、休闲活动普遍增多，城内、附廓、近郊普遍出现公共园林。大多数是利用城市水系的一部分，少数将旧园林的基址或者寺观外围的园林化的环境稍加整治，供市民休闲、游憩之用，城内的公共园林，有的还结合商业、文娱而发展成为多功能、开放性的绿化空间，成为市民生活和城市结构的一个重要组成部分，例如，明清时期的北京什刹海——具有公共园林性质的城内游览胜地。

北京什刹海景区历史文化积淀深厚，景区的不少古建筑在北京城市建设发展史及政治文化史上占有重要地位。什刹海 34 公顷的水面十分自然地融入城市街区之中，依托水体，还有湖岸的垂柳、水中的荷花等也成为什刹海颇具特色的自然景观，号称“燕京小八景”之一的“银锭观山”在景区中具有典型意义。

江南、东南、巴蜀等经济、文化发达的地区，富裕的农村聚落往往辟出一定地段开凿水池，种植树木，建有少许亭榭之类，作为村民公共交往、游憩的场所。这种开放性的绿化空间也具备公共园林的性质，例如，浙江楠溪江岩头村。岩头村是楠溪江中游最大的村落，创建于五代末年，村中一条长街称丽水街，街边有长湖称丽水湖。这里是既能观鱼又能闻莺的胜景，同时它也是一处可防旱抗涝、灌溉农田的水利工程，500 年来功能不衰，其构思之巧妙、布局之合理被有关专家称为国内古村水利文化的典范，成为楠溪江旅游的一个亮点。

7 中国古典园林成熟后期

清乾隆到宣统年间是中国古典园林的成熟后期，此时期的园林积淀了过去的深厚传统，显示出中国古典园林的辉煌成就；但也暴露了某些衰落迹象，呈现逐渐停滞、盛极而衰的趋势，此时期的大量实物被保存了下来，所以一般人们所了解的"中国古典园林"指的就是成熟后期的中国园林。

7.1 历史背景

乾隆盛世的繁荣掩盖着尖锐的阶级矛盾和危机，地主小农经济发达，工商业资本主义活跃，劳动人民生活极端贫困，逐渐酿成各地民变，加上道光之后不断遭到西方列强侵略，逐渐沦为"两半"社会。文化失去能动、进取的精神，艺术创作上守成多于创新，并且过分受到市民趣味的浸润，表现为追求纤巧琐细、形式主义和程式化，就大多数士人而言，"娱于园"的观点取代了传统的"隐于园"。宫廷和民间的园居活动频繁，"娱乐园"倾向显著，园林从赏心悦目、陶冶性情为主的游憩场所，转化为多功能的活动中心。西方园林文化开始进入中国，欧洲传教士主持修建圆明园西洋楼，西方的造园艺术首次引进中国宫苑，多半用于局部和细部，未引起园林总体上的变化，也未形成中西两个园林体系的融合、变异。

7.2 总体特征

皇家园林经历的大起大落反映了中国封建王朝的盛衰消长，乾、嘉两朝，无论园林建设的规模或艺术的造诣，都达到了后期历史上的高峰，大型园林的总体规划、设计有许多创新，全面引进江南民间的造园技艺，形成南北园林艺术的大融合。离宫御苑成就最为突出，出现了一些具有里程碑意义的大型园林，如堪称三大杰作的避暑山庄、圆明园和清漪园。随着封建社会的由盛转衰，经过外国侵略军焚掠之后，皇室无能力营建宫苑，宫廷造园艺术亦相对趋于萎缩，从高峰跌入低谷。

私家园林一直承袭前一时期的发展水平，形成江南、北方、岭南三大地方风格鼎峙的局面，江南园林居于首席；其他地区的园林受到三大风格的影响，出现各种亚风格；私园技艺的精华荟萃于宅院，而别墅园却失去了兴旺发达的势头；文人园林更广泛地涵盖私家造园活动，但特点逐渐消融于流俗之中，缺了思想内涵，尽管具有高超技艺，但大多不再呈现前一时期那样的生命力了。

公共园林在前一时期的基础上，又有长足的发展，独特性更突出，虽有普遍开发，但多半处于自发状态，规划设计没有得到社会的关注，始终未达到成熟境地。

造园理论探索停滞不前，再没有出现像明末清初时的有关园林和园艺的略具雏形的理论著作，更没有进一步科学化的发展，文人涉足园林不像早先那样比较结合具体实践。

7.3 皇家园林

清朝乾隆时期是中国封建社会漫长历史上最后一个繁荣时期，这一时期政治稳定、经济繁荣发展。皇家园林建设达到高潮，规模非常宏大，内容非常丰富。从乾隆三年(1738 年)到三十九年(1774 年)的三十多年间，皇家园林建设工程持续不断：以西苑改建为主的大内御苑建设，包括东苑、景山、兔园、西苑，紫禁城

(见图 7-1)比之明、清初改建工程较大；行宫和离宫御苑建设尤为兴盛，主要集中在北京西北郊和承德两地。结合水系整治，北京西北郊形成著名的“三山五园”。北京远郊和畿辅以及塞外地区，著名的有避暑山庄、南苑和静寄山庄，是明清皇家园林鼎盛时期的杰作，它标志着康、雍以来兴起的皇家园林建设高潮的最终形成。清光绪《三山五园及外三营地图》(见图 7-2)。

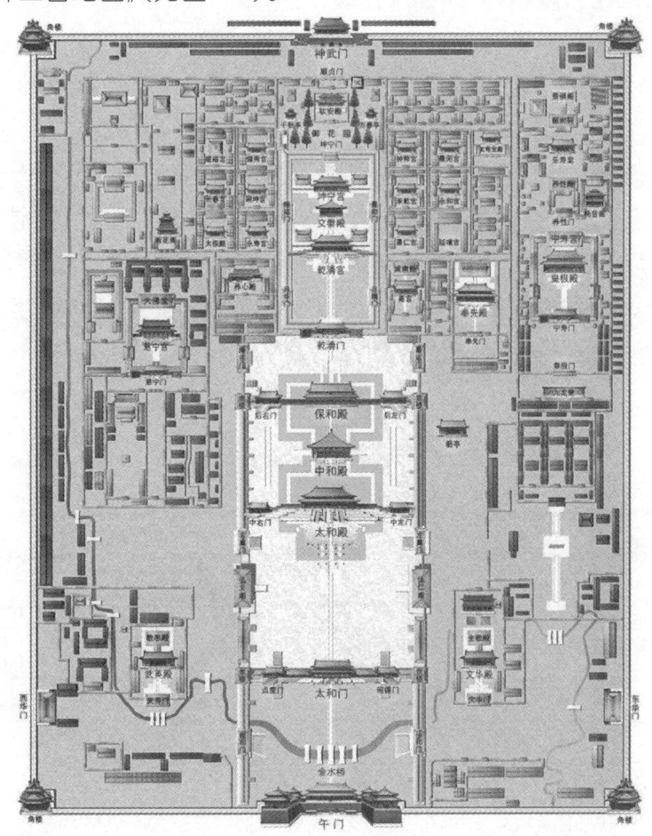

图 7-1　紫禁城平面图

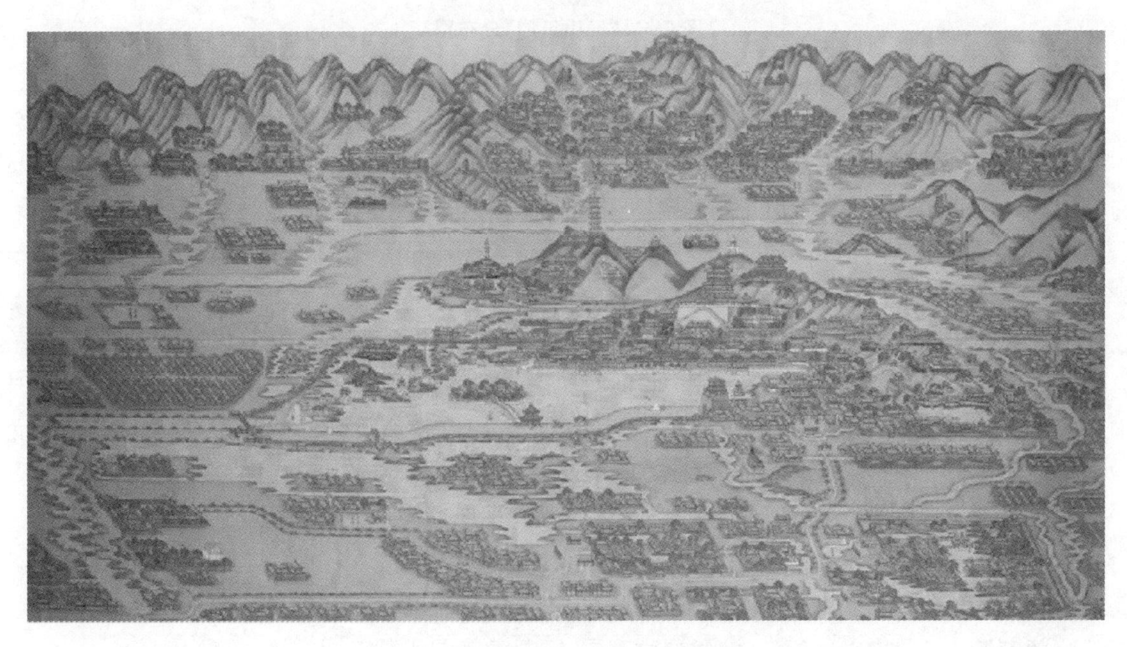

图 7-2　清光绪《三山五园及外三营地图》

(图片来源:中国国家图书馆藏)

"三山五园"的"三山"，是指香山、玉泉山、万寿山；"五园"是指畅春园、静明园（天然山水园）、圆明园（大型人工山水园）、静宜园（天然山地园）、清漪园（颐和园，天然山水园）。其中，香山、玉泉山，虽在辽金时已名扬天下，但到乾隆十五年（1750 年），改瓮山为万寿山后，才形成"三山"的称谓。乾隆十八年（1753 年），乾隆皇帝作《凤凰墩放舟自长河进宫》，其中有"四面波光动襟袖，三山烟霭护壶州"之句。

"五园"的出现，最早是畅春园。康熙二十三年（1684 年），康熙皇帝在原明武清侯清华园的基础上改建而成畅春园。康熙二十六年（1687 年），康熙皇帝驻跸畅春园后，写下了《御制畅春园记》。康熙三十一年（1692 年），康熙改顺治玉泉山澄心园为"静明园"。康熙晚年，赐皇四子胤禛花园名"圆明"，即后来的圆明园。乾隆十一年（1746 年），乾隆皇帝将扩建后的香山行宫命名"静宜园"。乾隆十六年（1751 年）又奉旨："以万寿山行宫为清漪园，设总理园务大臣，兼管静明园、静宜园事务。"至此，上述"三山"和与之重合的"三园"，便作为内务府管理下的官称，频现于官书与官员之口，而且二者既可单独使用，又可一同使用。如乾隆御制诗中有《玉河进舟至玉泉山作》《仲夏玉泉山静明园作》《清漪园即景》《新春万寿山清漪园即景》《秋日游香山》《初冬游香山静宜园作》等。"三山五园"分布图（见图 7-3）。

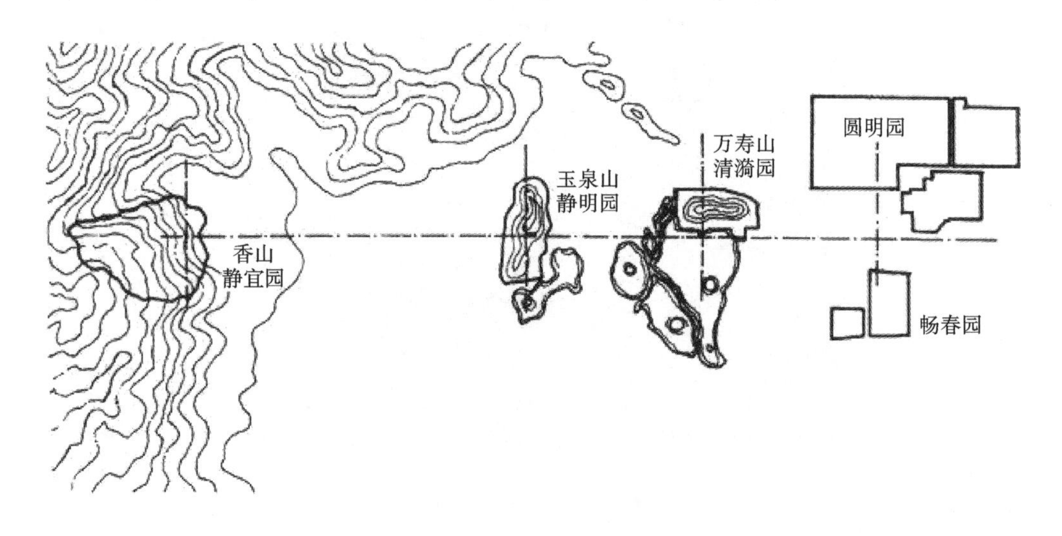

图 7-3 "三山五园"分布图

（图片来源：周维权《中国古典园林史》）

嘉庆时期虽尚能维持乾隆时期的鼎盛局面，但已不再进行较大规模的建置。道光时期没有财力营建新园，大内御苑仍保持原貌，但郊外和畿辅各地御苑情况则有很大变化：畅春园破败；绮春园改名"万春园"；撤去清漪、静明、静宜三园的陈设；圆明园和避暑山庄每年仍进行维修和翻建；其他行宫御苑有的维持现状，有的废置不用而坍毁。咸丰时期英法联军焚烧圆明三园、清漪园、静明园、静宜园等处，第一次在咸丰十年（1860 年）八月二十三日至八月二十五日，焚烧对象为圆明三园；第二次焚烧在同年九月初五，焚烧对象为圆明园及其附近的清漪园、静明园、静宜园等处。光绪时期下诏修复圆明园，但由于种种原因，不得不停工，改重修清漪园，且改名"颐和园"，局部景观变异，显现出烦琐、浓艳的风格。光绪二十六年（1900 年），八国联军侵略中国，洗劫宫禁，破坏各大内御苑，再劫圆明园。慈禧太后回京后，修缮颐和园，大修西苑南海，而其他的行宫御苑则任其倾圮。清末北京皇家园林大部分均化为残壁断垣、荒烟蔓草、麦垄田野。

7.3.1 大内御苑

此时期最具代表性的大内御苑有西苑、慈宁宫花园（见图 7-4）、建福宫花园（见图 7-5）和宁寿宫花园（见图 7-6）。紫禁城四大花园为慈宁宫花园、建福宫花园、宁寿宫花园和御花园（见图 7-7）。

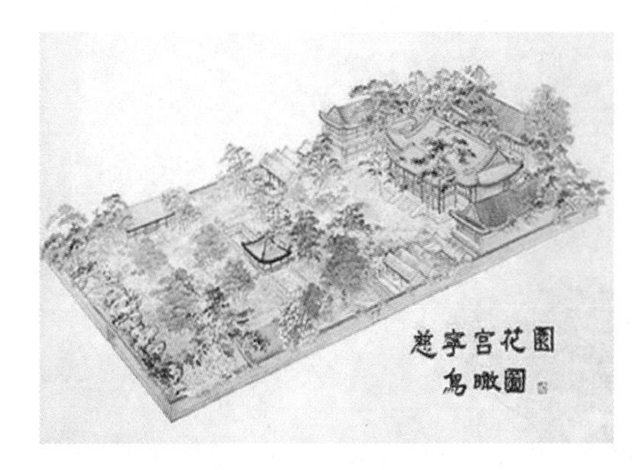

图 7-4 慈宁宫花园

图 7-5 建福宫花园旧址

图 7-6 宁寿宫花园

1. 西苑

图 7-7 御花园

西苑(今北海)经历了辽、金、元、明、清五个朝代,其位于北京市中心区域,在故宫的西北面(见图 7-8)。从金代起,这里就成为帝后消暑游赏、处理朝政、举行佛事活动的皇家御苑。金大定六年(1166 年)开始兴建,时称“太宁宫”。“太宁宫”是金帝游幸避暑的离宫,位于金中都东北郊湖泊地区,是在辽代初创的基础上兴建的。北海园林的形成,与历史上这一地区的水况有直接的关系。历史上,北海一带为永定河故道,后积水成湖,被辽代人称为金海,又有发源于今紫竹院湖泊的高粱河经今什刹海分流其中。居住在这一带的人民便利用这一片湖泊,辟治水田,种稻植荷。天长日久,遂形成环湖水草成片、绿柳成荫,湖面菱荷吐艳,飞禽走兽栖息的一派江南景色。辽帝对这片野趣盎然的自然景区情有独钟,遂把金海一带开辟创建为其巡幸南京(今北京)时狩猎、游玩的园林。辽南京中有“瑶屿”,后人又称为“瑶岛”,即为今北海琼华岛。

元、明时期各有不同规模的添建和修葺,元大都以太液池为中心布置宫殿,以水的位置和形态决定大都的城市格局,反映了游牧民族传统的“逐水草而居”的深层意识和生活上的实际需要。万寿山、太液池一带是元帝在大都城内游兴活动的主要场所,同时也是举行皇家典礼、接见朝臣及外国使臣等重大皇室活动、政

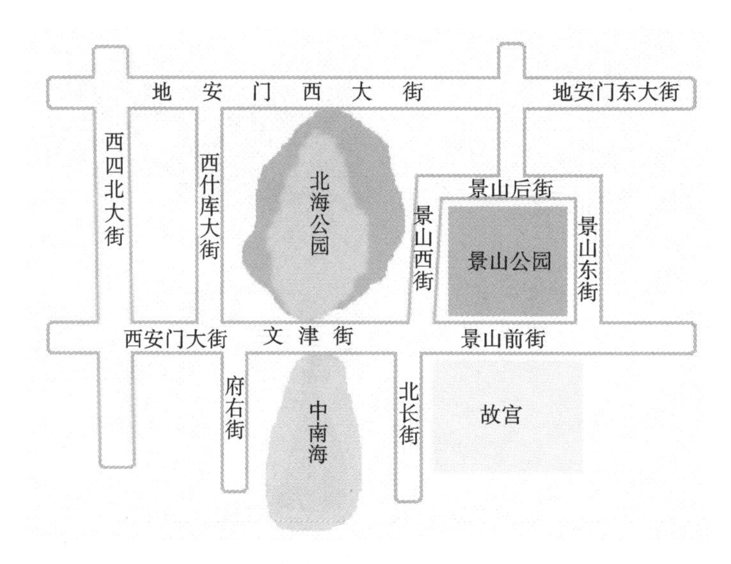

图 7-8　今北海公园位置

治活动和佛事活动的重要场所。明朝建立不久后，明成祖朱棣即将京城从南京迁至北京，在元代建筑布局的基础上，对万寿山、太液池一带御苑进行修缮与扩建，并因其位于紫禁城的西侧，所以改称其为“西苑”，其范围包括万寿山苑和苑西隆福宫、兴圣宫以及新建的南台（今南海瀛台）。西苑万岁山的扩建始于明永乐年间，共用了三年时间（1417—1420 年）。

清乾隆时期（1736—1796 年）对西苑进行了大规模的扩建，才奠定了如今北海的整体格局与建设规模。据清内务府档案载，自乾隆七年（1742 年）起至四十四年（1779 年），北海进行了连续 37 年的施工营建。乾隆皇帝先后在白塔山及其东、北沿岸以及团城新建各式殿宇、门座及坛庙建筑共 126 座，包括先蚕坛、镜清斋（今静心斋）、濠濮间、画舫斋、极乐世界殿、万佛楼、阅古楼、快雪堂等；亭子 35 座、桥 25 座、碑石 16 座；重修或改建旧有各类建筑 12 座，包括大西天、阐福寺、五龙亭等。此外，还疏浚湖池，增砌湖岸，修建码头，用清挖湖池的泥土堆成点景土山，铺种草皮，广植花木，且堆砌假山石及添建人工水景。经过此番庞大的工程，北海这座皇家御苑已终臻完美，这时的北海苑界和现今的北海苑界已没有多大的区别。乾隆皇帝对北海皇家御苑这一杰作喜爱有加，不但亲自题了大量的匾额楹联，更是御笔《白塔山总记》与《塔山四面记》，其文不但说明了白塔的修建历史，还生动地描绘了琼岛及四岸的绝美景色。这一时期，修葺一新的北海，不仅是清帝驻跸休憩、赐饮宴游、处理政务的场所，更是进行皇室活动和佛事活动的重要场所，如皇帝阅兵观箭、拈香祈福，皇太后赏荷灯、观冰嬉，皇后及嫔妃祭礼先蚕，永安寺喇嘛唪经等。

自乾隆年间兴建北海以后，嘉庆、道光、咸丰、同治几朝对北海没有较大的修建工程。百年之中，北海苑内多数建筑年久失修。光绪一年至十四年（1875—1888 年），慈禧太后出于“颐养”的需要，用海军军费对“三海”进行了重修，自中海瀛秀园至北海镜清斋沿湖铺设了一条铁路，供慈禧乘小火车来园游宴。然而，北海修葺工程持续到光绪二十六年（1900 年）也没有真正完工。因为八国联军侵占北京，又于七月进驻北海，所以北海的修葺工程被迫停止。据《义和团史料》记载：“庚子之役……三海子为各国分据。北海子仙人掌（指铜仙承露盘）下之北园廊一带（指漪澜堂院落）为法兵据守；其东、北各处（指东岸及北岸）则为英据。”其间，北海苑内历朝皇帝收藏的宝座、陈设、字画等被搜刮一空，万佛楼内一万余尊金佛全部被抢走。次年，八国联军撤出北海。

乾隆时期，随着皇城范围内的居民增多，西苑的范围缩小至三海西岸，并加筑宫墙，北海与中海之间亦加筑宫墙，西苑更明确地划分为北海、中海、南海三个相对独立的苑林区。而北海的东岸、北岸及西北留下来的古迹，以及地处金中都城东北郊的太宁宫虽遭到一定程度的破坏，但幸得较完整的保存，成为金代故都胜迹的代表。

北海是我国现存最完整、最古老、最具代表性的以风景点、建筑群、园中园为基本要素组成的“集锦式”

皇家御苑，至今仍基本保持着乾隆时期的规模与原貌。北海位于北京中心地区，它东邻故宫、景山，南濒中南海，西接元代兴圣宫和隆福宫（今为遗址），北连什刹海。全园总面积 68.2 公顷，其中陆地面积 29.3 公顷，水域面积 38.9 公顷。太液池是西苑三海中最大的湖，辽阔的水面包围着琼华岛，琼华岛之巅的白塔是全园的最高点。作为北海的视觉中心，白塔能够俯瞰全园，从园的四面八方又能够清晰地看到白塔。历史上，北海曾环园建有 16 个园门，由西南隅的阳泽门逆时针计起，分别有阳泽门、承光右门、承光左门、桑园门、陟山门、冰窖门、濠濮间闸口北随墙门、蚕坛南院随墙门、蚕坛北门、北海北门、北海北门西大门、静心斋北门、天王殿北门、北海体育场北门和西门、万佛楼院西随墙门和水西门（北海公园目前仅保留使用阳泽门（北海西门）、承光左门（北海南门）、陟山门（北海东门）、北海北门和静心斋北门 5 个园门）。北海的建筑景物按照地域分布可以分为琼华岛、团城、北海北岸和北海东岸四个部分。

琼华岛是北海的中心景区，四面临水，南有永安桥连接团城，东有陟山桥接北海东岸，全岛面积 6.6 公顷。从立体的角度来看，以白塔为中心，琼华岛四面的景致是截然不同的，沿着“永安寺山门——白塔——漪澜堂”这一南北中轴线，可将琼华岛分为南坡、西坡、北坡、东坡四部分景区。琼岛南坡在顺治年间建成的永安寺，其景观特点是布局规整；琼岛西坡地势陡峭，建筑物布置依山就势，配以局部的叠石显示其高下错落的变化趣味，主要表现山地园林的气氛；琼岛北坡地势下缓上陡，建筑按地形特点分上下两部分；琼岛东坡以植物景观为主，建筑密度最小。东坡主要建筑物是建在半月形高台“半月城”上的智珠殿（见图 7-9）。

在琼华岛南面景区，从永安寺山门进入，沿着中轴线可依次登上法轮殿、正觉殿、普安殿、善因殿，最后到达白塔（见图 7-10）。法轮殿东西两侧分别有钟楼和鼓楼，殿后石阶之上的“龙光紫照”牌楼两侧分别有引胜亭和涤霭亭，亭内分别有镌刻乾隆御制《白塔山总记》和《白塔山四面记》石幢。引胜亭、涤霭亭前为太湖石堆砌的石洞——楞伽窟。穿过“龙光紫照”牌楼拾级而上可到达正觉殿，正觉殿之后则是普安殿。普安殿东西配殿为圣果殿和宗镜殿。宗镜殿以西为静憩轩，静憩轩之西为一进较大的院落，前殿为悦心殿，后殿为庆霄楼。庆霄楼之后为撷秀亭，其西有揖山亭和妙鬘亭遗址。悦心殿前月台宽敞，视野开阔，可俯瞰琼华岛以南之三海全景。穿过普安殿继续向上攀登便到达位于琼华岛顶部的善因殿与白塔。此外，在琼华岛西南隅建有双虹榭，东南隅则有文艺厅与南厅。整个琼华岛南坡建筑的空间布局轴线对称、结构严谨，永安寺所有殿堂都是彩色琉璃瓦顶，充分显示出宫苑的皇家气派。

图 7-9　智珠殿

图 7-10　北海白塔

琼华岛西面景区以“甘露殿—琳光殿—临水码头”为中轴线。琳光殿坐东朝西，面临太液池，甘露殿位于琳光殿之东的山坡上，甘露殿后的台基上又有小型水景区水精域。这组建筑俗称琳光三殿，上下殿宇中有游廊串联，琳光殿之南的平台上建有蟠青室与一房山，以北为两层的阅古楼，左右围抱相合，平面近似椭圆形。琼华岛西面的建筑布置着重表现山地园林的清幽气氛。琼华岛北坡地势下缓上陡，其建筑布局自上而下分成三层相对独立的景区。上层景区大部分是用人工叠石构成的山林景观，包括崖、岫、岗、嶂、壑、谷、洞、穴的丰富形象，建筑隐蔽其中。白塔正北面为民国年间所建的揽翠轩，揽翠轩之西北为酣古堂，以东为写妙石室、看画廊、古遗堂，及见春亭、峦影亭和交翠亭。从交翠亭下面的山洞，可通到中层景区。中层的建筑从西至东依次为得性楼和抱冲楼及邻山书屋、铜仙承露、小昆邱、延南熏、盘岚精舍与一壶天地、环碧楼、嵌岩室。中层景区的建筑体量最小，分散于山林坡地之上，十分清幽。另有西起酣古堂，东至盘岚精舍的琼华古洞。琼华岛北坡下层景区则是由背依琼华岛、面临太液池的延楼游廊及被其包围的三套相对独立的院落组成。延楼游廊沿琼华岛北山麓而建，东起倚晴楼，西止分凉阁，分两层，共 60 间，长 300 米。道宁斋、漪澜堂、晴栏花韵分列延楼游廊的左、中、右三个院内，坐南朝北，成一字排开。远帆阁、碧照楼、戏台分别位于道宁斋、漪澜堂、晴栏花韵的正北。琼华岛北面景区建筑不同于南面景区建筑的宏大与严整，反而以小厅殿宇创造山地园林的景致，体现高低错落的变化趣味。琼华岛东面的景色亦有所不同，以植物景观为主，建筑比重最小。主要有白塔正东山坡上的半月城及城上的智珠殿，以及山脚下的"琼岛春阴"碑。半月城是一个半圆形砖城，智珠殿居于半月城上，坐西朝东。琼华岛西面的景观布局追求自然清幽，参天的古树和烂漫的山花使这里极富山林野趣，所以才有了这"燕京八景"之一的"琼岛春阴"。综上所述，琼华岛的总体形象婉约而又端庄，尤其从北海的西岸、北岸一带观赏，整个岛屿由汉白玉石栏杆镶嵌衬托而浮现在水面上，岛的顶部以小白塔收尾，使景观达到高潮。琼华岛不愧为北京皇家园林造景的一个杰出作品。

北海北岸的景观建筑较多，主要为佛宇寺庙建筑，自东而西分为六组建筑群，即静心斋（镜清斋）、大西天（西天梵境）、澄观堂、阐福寺、五龙亭和小西天（极乐世界）。静心斋（镜清斋）是北海最精巧的一处"园中园"，其正门朝南，园内主要建筑有镜清斋、韵琴斋、抱素书屋、焙茶坞、碧鲜亭、罨画轩、沁泉廊、枕峦亭、石桥等。静心斋东枕山，西倚寺，南面沧波，园内有亭、榭、廊、轩、石桥、水池、叠石、假山以及楼台。大西天是一座大型的宫廷佛寺，坐北朝南，东邻镜清斋，为三进院落。山门前有琉璃牌楼，第一进为天王殿，第二进为大慈真如宝殿，第三进为华严清界殿（现被北京市文物研究所占用）。大西天西侧有跨院，正殿为大圆镜智宝殿（今为遗址），殿前正对九龙壁。九龙壁前建有仿膳饭庄，其西侧为澄观堂、浴兰轩和快雪堂三进院落，院门前有铁影壁。澄观堂建筑组以西为阐福寺，坐北朝南，原为三进院落。阐福寺山门内有天王殿，其后为正殿大佛殿（今为遗址）。阐福寺以南为五龙亭（见图 7-11），沿太液池西北隅而建，其形宛若游龙。五龙亭以西为小西天，包括极乐世界殿与万佛楼（今为遗址），是一组"坛城"式建筑。这些规模宏大、富丽堂皇的寺庙建筑群，构成了北海北岸独特的园林风光。

图 7-11　北海五龙亭

北海东岸的景观建筑主要集中在北海北门至北海东门一带，从北向南分为四组主要景区。先蚕坛位于北海公园东北隅，原为明代雷霆洪应殿旧址。先蚕坛内有亲蚕台、观桑台、亲蚕殿、浴蚕池、蚕神殿等建筑，宫内东部有浴香河自北向南流过。先蚕坛之南为画舫斋，宫门朝南，其形似停泊在水边的一条大船，实为掩映在山林中的一处独立院落，是北海公园中的一处"园中园"，包括春雨林塘殿、镜香室、观妙室等殿宇和亭廊。画舫斋之南为濠濮间，宫门朝西，为北海公园中又一处“园中园”，有西宫门、云岫厂、崇椒室、濠濮间四处点景房。濠濮间以南则为筑土为山形成的大片园林绿地，西宫门以西，沿湖建有高大的藏舟蒲，是一处皇家船坞式建筑。陟山桥以南至北海南门以北的东侧水域为荷花池，永安桥以东至南门一带在冬季为天然冰场。北海东岸建筑景观少了庄严肃穆的寺庙，而多了适于休憩游赏的景点与建筑。

2. 慈宁宫花园

慈宁宫为历朝太皇太后、皇太后、太妃、太嫔们居住的地方。景观布局为规整式布局，建筑布局按主次相辅、左右对称的格局来安排；建筑密度较低，大小十一幢占全园不到五分之一的面积；园内古树参天，显示出一种严肃、清雅的气氛，另有松柏、槐、玉兰、海棠等。

3. 建福宫花园

建福宫花园(又称西花园)，面积约 0.4 公顷。建福宫花园布局以一个高大建筑——延春阁为中心，周围分布着楼、堂、馆、亭、台等园林建筑，曲折环绕、高低错落、变化有致。全部楼房均沿宫墙建置，目的是掩障宫墙，以减少园林的封闭感。其建筑密度高，没有水景，是以山石取胜的旱园。建福宫花园已全部毁于 1922 年的一场火灾。

4. 宁寿宫花园

宁寿宫花园(又称乾隆花园)，是乾隆预为其做满 60 年皇帝之后归政做太上皇时颐养休憩而建。地形狭长，花园布局总体规划采取横向分割为院落的办法，弥补了地段过于狭长的缺陷。建筑布局共分五进院落，每进院落的布局各不相同。

7.3.2 行宫御苑

此时期最具有代表性的行宫御苑有静宜园、静明园和南苑。

1. 静宜园

香山静宜园是清康乾盛世京郊著名的“三山五园”之一，是天然山水园。始建于金代，在金代建香山寺后，明代又有许多佛寺建成，但以香山寺最为宏丽。清康熙年间，于香山寺及其附近建成“香山行宫”，乾隆十年加以扩建，第二年完工，改名“静宜园”。

静宜园景观布局分内垣、外垣、别垣三部分，共有大小景点五十余处。

(1) 内垣，在园的东南部，是静宜园内主要景点和建筑荟萃之地，其中包括宫廷区和著名的古刹香山寺、宏光寺。宫殿、梵刹、厅堂、轩榭、园林庭院等都依山就势，作为天然风景的点缀。

(2) 外垣，占地最广，是静宜园的高山区。建筑物很少，以山林景观为主调；外垣的“西山晴雪”，为著名的“燕京八景”之一。最大的一组建筑群是玉华寺。

(3) 别垣，有两处较大的建筑群，昭庙、见心斋(正凝堂)，见心斋是静宜园内最精致的小园林，也是典型的园中园。

琉璃塔(见图 7-12)，这座被英法联军烧毁的绿色琉璃塔，因其色形俱佳的美感已经成为香山公园的标志性建筑。它建于乾隆四十五年(1780 年)，是昭庙最后一组建筑，塔高 30 米，是七层密檐式实心塔，塔基为八角形须弥座，塔身表面有 80 座琉璃佛龛，檐端铜铃声声，塔下由八面伞形瓦顶建筑承托，内筑石雕拱门，石壁上雕有八尊佛像。

见心斋(见图 7-13)是香山公园唯一修复较完整的古建筑。建于明嘉靖元年(1522 年)，重建于清嘉庆年间。斋四周绕以廊榭，斋后为正凝堂，堂后山石嶙峋，树木蔽日。金鱼池西面轩榭三间，中间悬挂“见心斋”匾额。与之相望的是知鱼亭，两侧回廊环绕金鱼池和西面的轩榭相连。

图 7-12　香山静宜园昭庙琉璃塔

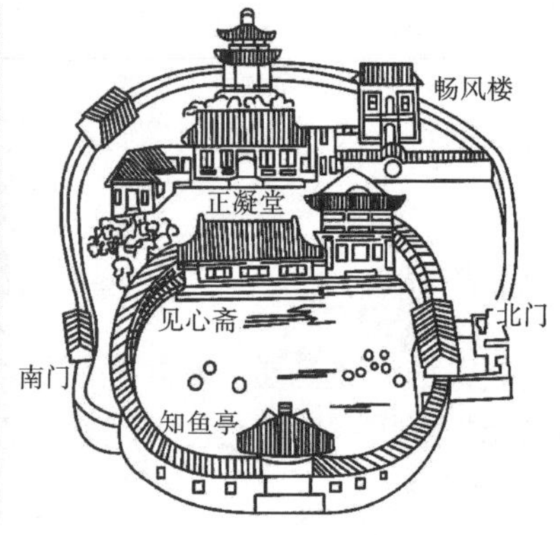

图 7-13　香山静宜园见心斋

2. 静明园

静明园是一座以山景为主、河湖环绕的天然山水园。景区布局大致分为南山区东山区及西山区。南山区是精华所在，有宫廷区、玉泉湖及一系列小景点。玉泉山主峰之顶的香岩寺、普门观一组佛寺建筑群；东山区包括玉泉山的东坡及山麓的许多小湖泊，以构筑的小型水景园见长。最北部以北峰的妙高塔为结束。以观赏山泉景观为主；西山区为一片开阔平坦的地段，在此布置了园内最大的一组建筑——东岳庙，此外尚有圣缘寺、清凉禅窟等，形成西区以宗教建筑为主的景观特色。

3. 南苑

南苑是人工山水园，是一座作为皇家猎场的特殊行宫御苑。南苑中的四座行宫有旧衙门行宫、南红门行宫、新衙门行宫、团河行宫，其中团河行宫是最大的一座。

7.3.3　离宫御苑

此时期最具代表性的离宫御苑有圆明园、避暑山庄和清漪园(颐和园)。

1. 圆明园

圆明园是一座平地起造的人工山水园，它坐落在北京西郊海淀区北部，是清朝五代皇帝倾心营造的皇家御苑，被世人冠以“万园之园”“世界园林的典范”“东方凡尔赛宫”等诸多美名。圆明园最初为雍正做皇子时的赐园，称帝后对圆明园进行扩建，乾隆年间进行第二次扩建。圆明园为康熙赐名，雍正说这一名字意旨深远，殊未易窥。他在《圆明园记》中将其解释为：“圆而入神，君子之时中也；明而普照，达人之睿智也。”按照雍正的理解，“圆”指个人修养圆满无缺，君子立身行事遵循中庸之道；“明”指光明磊落，睿智明达。后来，乾隆又赋予"圆明"二字以先忧后乐的政治寓意。

圆明园包括圆明园、长春园、绮春园三园。北京西郊自然山水环境优越，此处地偏人稀、山脉绵亘，玉泉山水系和万泉河水系长流不息，湖泊池沼众多，自辽代开始至明代，西郊已逐渐成为园林荟萃之地。晚清文学家王闿运在《圆明园词》中有言："离宫从来奉游豫，皇居那复在郊圻。旧池澄绿流燕蓟，洗马高梁游牧地。"由此可知，圆明园选址不同于历代皇家园林毗邻都城，而是建在北京西郊的海淀区。圆明园先后经历两次较大规模的扩建，面积由七八十公顷扩大到二百余公顷，内部格局和规划都进行了深入的调整。第二次扩建始于乾隆二年(1737 年)，至乾隆九年(1744 年)完成大体的工程，乾隆八年至九年是圆明园改建史上的一个重要时期。长春园作为圆明园的重要附园，为乾隆皇帝归政"他日优游之地"，始建年份不详，但在乾隆十年(1745 年)内务府档案已有记载。绮春园于乾隆年间被赐予大学士傅恒，后于乾隆三十五年(1770 年)正式纳入圆明三园(见图 7-14)。至此，圆明三园的格局基本形成。

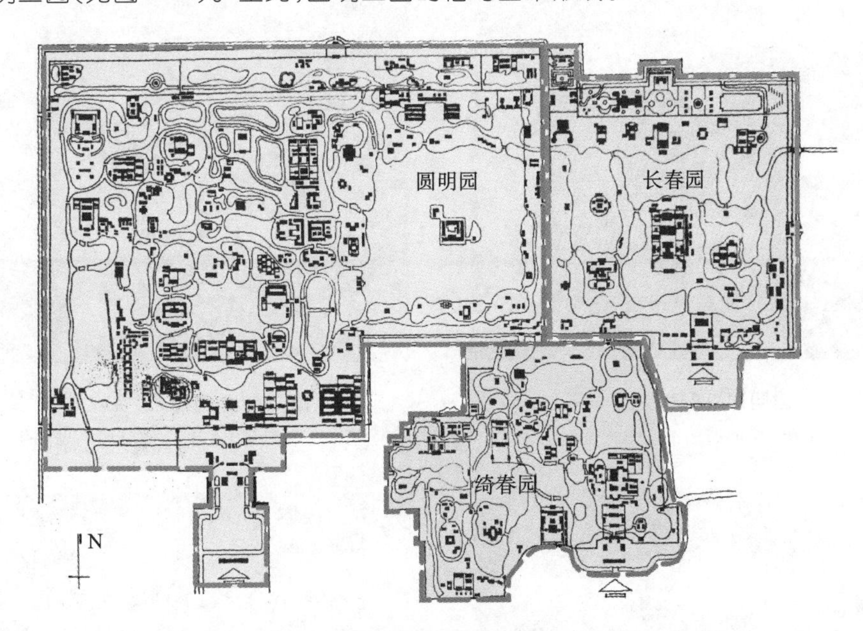

图 7-14 乾隆时期圆明三园分布图

圆明三园景观特点：①以水景为主，因水而成趣。水面大、中、小有机结合。三园都由人工创设的山水地貌作为园林骨架。②建筑总计一百二十余处，其中一部分具有特定的使用功能；建筑设计形式多样。③叠山理水，与建筑形成有机穿插嵌合，以求多变的形式。④以植物为主题而命名的景点不少于 150 处，约占全部景点的六分之一。⑤大量仿建了全国各地特别是江南的许多名园胜景。例如，杭州西湖十景，连名称也一字不改地在园内全部仿建。

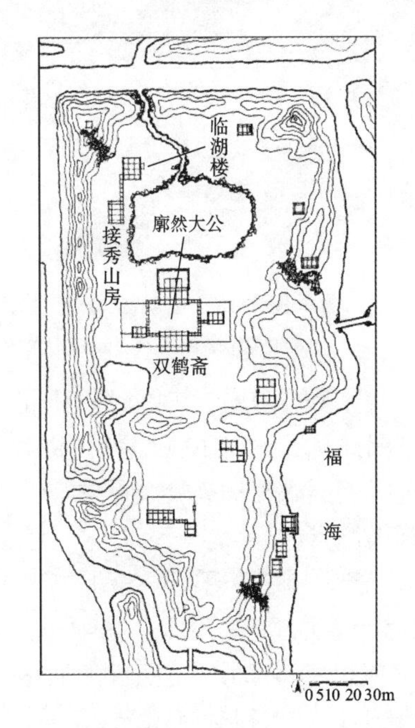

图 7-15 廓然大公《圆明园四十景图咏》

圆明园，主要兴建于康熙末年和雍正年间，至雍正末年，园林风景群已遍及全园三千亩范围。乾隆时期，在圆明园的东面建成长春园，东南面建成漪春园。圆明园、长春园、绮春园统称圆明园。各园景色各有不同，都有各自的宫门和殿堂。全园利用原有的沼泽地，挖河堆山，形成河流、堤岛，营造园中有园的景观布局，颇具江南水乡景观的特色。乾隆时期，根据各景点所形成的景观特色，定出有代表性的四十景，其中十二处是乾隆时期新增的，并配有御制咏诗 40 首，即后称的著名的"圆明园四十景"(见图 7-15 至图7-21)。

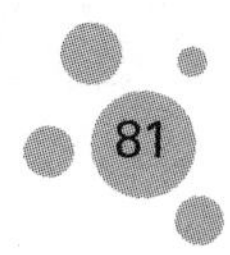

正大光明、勤政亲贤、九州清晏、镂月开云、天然图画、
碧桐书院、慈云普护、上下天光、杏花春馆、坦坦荡荡、
茹古涵今、长春仙馆、万方安和、武陵春色、山高水长、
月地云居、鸿慈永祜、汇芳书院、日天琳宇、澹泊宁静、
映水兰香、水木明瑟、濂溪乐处、多稼如云、鱼跃鸢飞、
北远山村、西峰秀色、四宜书屋、方壶胜境、澡身浴德、
平湖秋月、蓬岛瑶台、接秀山房、别有洞天、夹镜鸣琴、
涵虚朗鉴、廓然大公、坐石临流、曲院风荷、洞天深处

图 7-16　圆明园“廓然大公”景区

（图片来源:《圆明园四十景图咏》）

图 7-17　圆明园“多稼如云”景区

（图片来源:《圆明园四十景图咏》）

图 7-18　圆明园“方壶胜境”景区

（图片来源:《圆明园四十景图咏》）

图 7-19　圆明园“曲院风荷”景区

（图片来源:《圆明园四十景图咏》）

(1) 圆明园西部的中路，是三园的重点，包括宫廷区及其中轴线往北延伸的前湖、后湖景区。后湖沿岸周围九岛环列，最大的一处是“九州清晏”。这九处景点呈九岛环列的布局是“禹贡九州”的象征，居于圆明园中轴线的尽端并以九州清晏为中心，有“普天之下，莫非王土”的寓意。后湖的景观特点：幽静。布局于变化中略具均齐严谨。

(2) 圆明园的东部，以福海为中心形成一个大景区。中央三个小岛上设置景点“蓬岛瑶台”，福海四周及外围，分布着近 20 处景点。其中南屏晚钟、平湖秋月、三潭印月是模拟杭州西湖十景之三。

(3) 圆明园的北面呈狭长形地带，形成一个单独的景区，是一条从西到东蜿蜒流过的河道。共建有十余组建筑群，显示水村野居风光，立意取法于扬州的瘦西湖。圆明园规划设计特点：有许多新意和开创性成就，但建筑密度较高，同时某些地段景点过于密集，甚至有些景点的模拟过于矫揉造作。

图 7-20 圆明园“天然图画”景区

（图片来源：《圆明园四十景图咏》）

图 7-21 圆明园“万方安和”景区

（图片来源：《圆明园四十景图咏》）

长春园始建于乾隆十年（1745 年）前后。景点布局分为南、北两个景区。南景区占全园的绝大部分，大水面以岛堤划分为若干水域，主体建筑群是淳化轩。南景区建筑比较疏朗，山水布局、水域划分均很得体，在造园艺术上，比圆明园要高出一筹。北景区，即“西洋楼”，包括六栋西洋建筑物、三组大型喷泉、若干庭园和点景小品，沿长春园的北宫墙成带状分布。北景区植物配置，采用欧洲规整式园林的传统手法；园林小品点景采用中西结合的手法。

绮春园早先原是怡亲王胤祥的赐邸，约于康熙末年始建，后曾改赐大学士傅恒，至乾隆三十五年（1770 年）正式归入御园，定名绮春园。园内共有景点 29 处，其中佛寺正觉寺是圆明三园唯一完整保留下来的一处景点。

在圆明园先后仿建有多处江南私家园林（见表 7-1）。分别为安澜园（海宁的陈氏隅园作为乾隆南巡时的行馆，被赐名为“安澜园”）、仿照无锡寄畅园而建的廓然大公、仿照江宁（即南京）瞻园而建的如园、仿照苏州著名园林苏州狮子林（黄氏涉园）而建的狮子林等。

表 7-1 清乾隆时期圆明园写仿江南私家园林

写仿原型	圆明园中景观	史料记载	出处
苏州狮子林（黄氏涉园）	狮子林	最忆倪家狮子园，涉园黄氏幻为今。因教规写阊城趣，为便寻常御苑临	清高宗御制诗四集卷四
杭州汪氏园	小有天园	茜园后河北岸为思永斋七楹……斋东院为小有天园	于敏中等《日下旧闻考》1384 页
江宁瞻园	如园	如园本是肖江南，今日江南肖实堪	清高宗御制诗四集卷三十五
海宁陈氏隅园（遂出园）	安澜园（四宜书屋）	就四宜书屋左右前后，略经位置，即与陈园曲折如一无二也	清高宗御制诗二集卷十
无锡寄畅园	廓然大公	寄畅风光仿八景，惠山雅致叠成园	清仁宗御制诗初集卷一
瓜州吴氏锦春园	蒨园	嫩绿池塘新雨后，软红栏榭晚风前。芳园迟赏非辜负，无那牵情倍惘然	清高宗御制诗初集卷二十五
苏州桃花坞	武陵春色	绿铺砌草步如毯，白绽山桃讶似梅，本是坞名仿吴下，便疑雪海亦苏台	清高宗御制诗四集卷十九
扬州瘦西湖四桥烟雨（趣园）	鉴园	太监胡世杰传旨，瞻园、趣园看地方摆紫檀玻璃插屏一对，背后著方琮面山水画两张	内务府造办处《活计档》

全园式写仿——长春园狮子林写仿苏州狮子林。乾隆二十二年(1757 年)第二次南巡期间,乾隆皇帝初次游赏狮子林,欣喜过望。于第四次南巡之后即乾隆三十六年至三十七年(1771—1772 年)在长春园东北角的丛芳榭东侧仿建了一座狮子林。对此,乾隆皇帝作《狮子林八景 · 狮子林》,诗云:“最忆倪家狮子林,涉园黄氏幻为今。因教规写阊城趣,为便寻常御苑临。不可移来惟古楼,遄由飞去是遐心。峰姿池影都无二,呼出艰逢懒瓒吟”。由此可知长春园狮子林仿自黄氏涉园,即苏州狮子林。

苏州狮子林(见图 7-22)原为宋代官僚别业,是元代至正二年(1342 年)天如禅师及其弟子所建的佛寺园林,取佛经狮子座之意,故名曰“狮子林”。园内以石峰见长,风格简雅,久负盛名。明代中后期被强权侵占,园景衰落后曾一度沦为畜牧场所,清初仍未改观。时至康熙四十一年(1702 年),学者潘耒作《壬午上巳狮子林修禊》一诗云:“亭台屡兴废,水石何清雄。一地列数园,结构争人工。天巧落畸士,屋角藏千峰,峰峰尽皱瘦,穴穴皆嵌空。”由此可知,园子此时被分为几部分,其中主体部分归张氏所有,仍可见内部崖石林立,山洞幽奇。康熙四十二年(1703 年),康熙皇帝南巡虽然未曾驻跸游园,但亲题“狮林寺”之额。乾隆年间,此园归黄氏所有,并改名为涉园,园景也逐渐得到恢复。至此,狮子林由佛寺园林完全演变为私家园林,园林基本风貌可参见《南巡盛典图录》中狮子林图,图中园子面积不大,建筑疏朗,叠石风格突出,怪峰嶙峋辅以繁盛的植物,颇有城市山林之感。

图 7-22 苏州狮子林奇石

刘敦帧先生在《苏州古典园林》中对狮子林描述到:“1918 年至 1926 年间又改建,并向西池扩大,堆置山丘,东部为宗祠族学。园内建筑基本上全部重建,其间搀揉了一些西式手法。解放后予以整修,开放游览”。扩建后的狮子林中心景观仍延续曾经的格局,四周外延之后园景更加丰富。从元代到民国时期,可以看到狮子林格局不断在发生变化。但庆幸没有进行大刀阔斧的重修改建,使之仍保留原有的山形水制,以叠石假山取胜,重修的建筑也多沿用旧时题额。而乾隆皇帝仿建的长春园狮子林应是黄氏涉园与倪瓒《狮子林图》结合下的产物,与苏州狮子林的格局风貌多有出入。

倪瓒的《狮子林图》(见图 7-23)绘于明初,后于清初被收进《石渠宝笈》藏于紫禁城养心殿中,乾隆皇帝初识狮子林便源自于此,且十分珍爱,先后在图上钤有多处印章。但此时他并不知晓狮子林真实存在,误以为是倪瓒别业,更不知其原为僧人所住的寺院园林,故后期仿建时,在园林意境的营造上产生了偏差。

长春园狮子林仿建于乾隆第四次南巡(1765 年)之后,于 1772 年建成。后于乾隆三十九年(1774 年)在避暑山庄二次仿建,即文园狮子林。如今圆明园中现存的狮子林遗迹,假山斑驳,乱石叠置,虽不复当年盛况,但仍可以看出曾经大致的山水关系,另外入口水关、虹桥、水门三座拱桥依然幸存,矗立于此。

局部式写仿——圆明园本园之安澜园写仿海宁陈氏隅园。圆明园本园内四宜书屋因失火而部分毁之,故后来在此基址上仿建安澜园,对此《安澜园记》中有记载:“安澜园者,壬午幸海宁所赐陈氏隅园之名也。陈氏之园何以名御园?盖喜其结构致佳,图以归,园既成,爰数典而仍其名也。然则创欤?曰非也,就四宜书屋左右前后,略经位置,即与陈园曲折如一无二也。”但实则并非略经位置,而是进行了重新的设计和改动,实为新建之景。此次写仿并非全园考虑,而是根据现状场地的环境和大小,对海宁陈氏隅园进行了精心取舍,选择以中心岛屿为核心的景观即部分园景进行了仿建,因而可以称为局部式写仿。

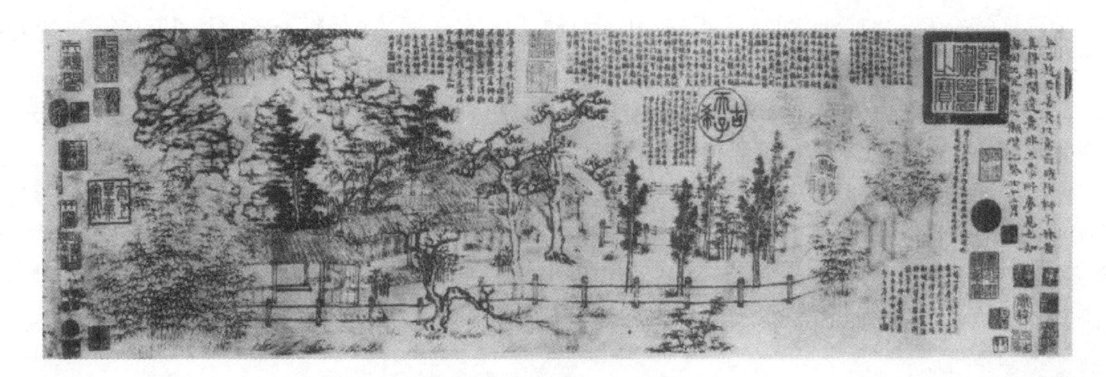

图 7-23 倪瓒的《狮子林图》

（图片来源：刘敦帧《苏州古典园林》）

海宁陈氏隅园地处海宁县城盐官镇的西北角，始建于南宋建炎年间(1127—1130 年)，为安化郡王王元的私园，人称“王氏园”。宋末元初之时，景致荒废。明万历年间，曾官至右堂寺少卿的海宁著名文人陈与郊辞官回乡，在此荒园旧址上兴建一座宅园，取名“隅园”。原因有二，其一是此园在城西北角一隅，其二是园主号隅阳。清初陈氏一族多身居高位，园子疏于管理，故再度衰落。康熙年间，其后人陈元龙对园景进行整修，作为归老颐养之所。雍正十一年，陈元龙告老还乡获御笔题字“林泉耆硕”，园子正式改名为“遂初园”。海宁因为海塘经常被潮水冲垮，因而从康熙到乾隆三朝皇帝均十分重视此处安宁。尤其乾隆皇帝三次南巡均与修筑海塘有关，在此期间驻跸此园，对园景十分欣赏，故赐名为“安澜园”，取“海塘安澜之意”。该园景曾盛极一时，有“乾隆行宫”的美誉。之后园主感念圣恩，对园子不断地进行扩建修葺，在乾隆晚期园林景致达到鼎盛。在《遂出园诗序》中有详细记录此时的园林格局，园内有小桥流水、古藤水榭，景象一片空明，圆明园安澜园的写仿原型即是遂初园。清末以后，安澜园经历了太平天国时期的战火，加之陈氏家道中落，一代名园几近荡然无存。

圆明园本园之安澜园是在四十景之一四宜书屋的旧址上改建的。园址位于福海西北侧，东面、南面两侧临西湖十景之三潭印月和平湖秋月，北侧是充满江南意趣的北远山村，风景俱佳。四宜书屋(见图7-24)又称“春宇舒和”，始建于雍正年间，皇帝御笔题“四宜书屋”之额，正所谓“春宜花，夏宜风，秋宜月，冬宜雪”，四时景色皆宜，最适读书。整体平面格局较为简单，空间十分疏朗，除西侧涵秋堂临水而建，其余建筑均位于土山环绕之中，清幽静谧，正适合读书之用。

图 7-24 安澜园四宜书屋平面图

（图片来源：《圆明园四十景图咏》）

乾隆二十年(1755 年)十一月四宜书屋遭遇火灾，部分建筑焚于大火，之后一直处于半毁状态。乾隆二十七年(1762 年)，乾隆皇帝南巡归来即下旨利用此地对陈氏隅园加以仿建，同时命名为“安澜园”。如今，此景在圆明园中已彻底被毁，再无踪迹可寻。

扩展式写仿——长春园如园写仿江宁瞻园。长春园如园营建始于乾隆三十年(1765 年)，即乾隆皇帝第四次南巡回京后，建成于乾隆三十二年(1767 年)。《清仁宗御制文集》中记载：“规仿其制于长春园东南隅隙地，建屋宇数楹，命名如园。取义如瞻园之意”。由此可知，长春园如园仿自江宁瞻园。

江宁瞻园位于城内的大功坊，据明代王世贞《游金陵诸园记》可知，此园始建于明嘉靖年间，为开国功臣徐达七世孙徐鹏举所建的“魏公西圃”，凿池叠山，起废兴园。万历年间其后人徐维志再兴土木，栽植花木，营造出清幽古朴的一方天地。自顺治二年(1645 年)清朝底定江南至乾隆二十五年(1760 年),瞻园(见图 7-25)一直为布政使衙署,因此园林属性由私家园林转换成衙署花园。其中,乾隆二十二年(1757 年),乾隆皇帝第二次南巡时被其景致吸引,御笔亲题"瞻园"匾额。经康熙、雍正、乾隆三朝,瞻园景致得到空前的拓展和全面的修缮,有"竹石卉木为金陵园亭之冠"的美誉。从清代画家袁江绘《瞻园图》中可清晰看出乾隆皇帝南巡前园中风貌,大致格局是东为衙署,西为花园,中间以假山、院墙间隔。园子东部为全园景致重心所在,四面假山围合,多为湖石所叠,中央有一水池,池之南岸为临水石台,供休憩之用。其后紧邻一歇山顶厅堂,东西各有一游廊,同时与北岸临水小轩相呼应。园中花木较多,西侧环境疏朗幽致。据文献载,清末之时至民国时期的历次修缮中,仅翦制荒秽、构筑亭堂,除面积日渐变小外园中山水框架并未有太大改动,但西侧园景已不复存在。

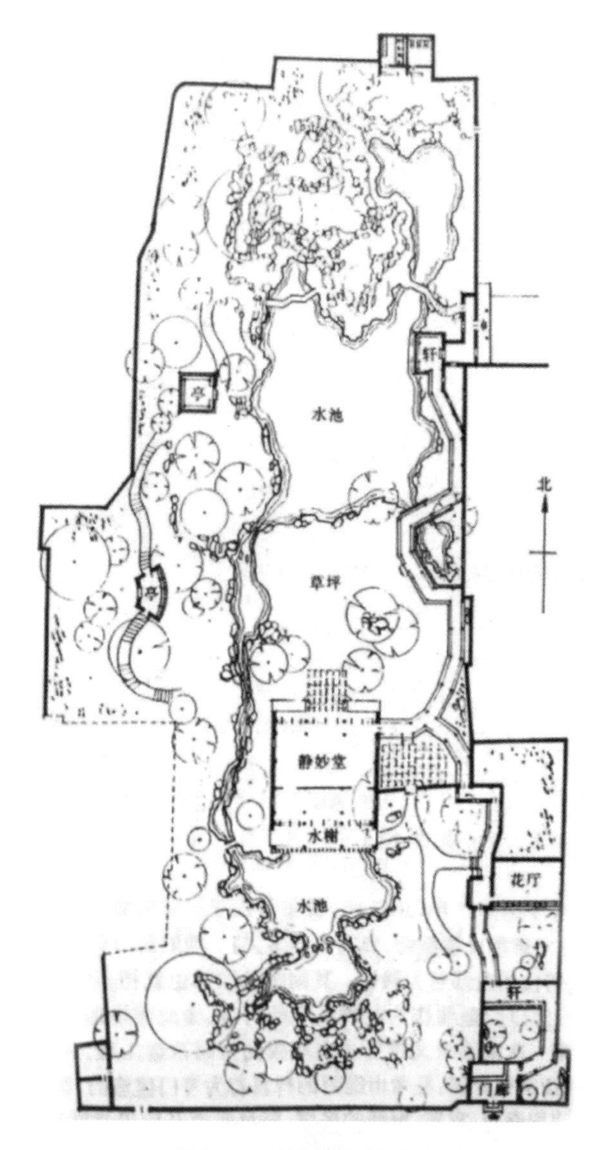

图 7-25　南京瞻园平面图

(图片来源:冯钟平《中国园林建筑》)

长春园如园位于长春园宫门的东侧,是一座从选址、设计到施工一气呵成的新建园林,占地 19000 平方米,属于长春园内五座园中规模最大的。始建于乾隆皇帝第四次南巡后,因喜欢瞻园的结构之妙,恰逢当时长春园在集中增建东部园景,于是就命人在最东南一角仿建瞻园,两年后建成。

其他形式仿写——廓然大公仿写无锡寄畅园。乾隆十六年(1751 年),乾隆皇帝初次南巡游寄畅园,便为其幽深景致之胜折服，更是给出了“江南诸名墅，唯惠山秦园最古”的高度赞誉。乾隆十九年(1755 年)，廓然大公进行了大规模的改建，整体形制仿无锡寄畅园，后形成廓然大公八景。咸丰十年，室内陈设毁于英法联军的破坏，后在 1900 年八国联军侵华时彻底毁于战争。

廓然大公之所以仿无锡寄畅园进行改建，其一，源自乾隆皇帝游园之初对于祖父的瞻仰，康熙南巡亦曾驻跸此园，赐名“寄畅”。其二，乾隆皇帝自身对其山林环境的喜爱以及对江南私家园林风光的向往，乾隆十六年初次驻跸寄畅游园，欣然而归。回京后，在清漪园万寿山东麓建惠山园，作为乾隆皇帝南巡后的第一个完整写仿的作品，它深得寄畅园山林清幽之境，处处萦绕着文人园林的天然与雅致。惠山园的成功，更是激发了乾隆皇帝的写仿热情，所以决定再次仿建。其三，廓然大公已初具园林格局，为其仿建提供了优越的现状环境。

综上所述，圆明三园的景观布局特点：①模拟江南风景的意趣，有的甚至直接仿写某些著名的山水名胜；②借用前人的诗、画意境；③移植江南的园林景观加以变异，有些小园林甚至直接以江南某园为创作蓝本；④再现道家传说中仙园琼阁以及佛经所描绘的梵天乐土形象；⑤运用象征和寓意的方式来宣扬有利于帝王封建统治的意识形态；⑥以植物造景为主要内容，或者突出某种观赏植物的形象、寓意。

2. 避暑山庄

避暑山庄(见图 7-26)又称承德离宫或热河行宫，位于河北省承德市，是清代皇帝夏天避暑和处理政务的场所。总体布局按“前宫后苑”进行规划，分为宫廷区和苑林区。宫廷区包括三组平行的院落建筑群：正宫、松鹤斋、东宫。苑林区包括三大景区：湖泊景区、平原景区、山岳景区。

图 7-26　承德避暑山庄

苑林区的湖泊景区具有浓郁的江南情调，平原景区宛若塞外，山岳景区犹如中国自然地貌的缩影。

(1) 湖泊景区包括人工开凿的湖泊及其岛堤和沿岸地带，整个湖泊由洲、岛、桥、堤划分为若干水域。其中最大的是如意洲，面积为 4 公顷，在全园中相对建筑密度比较集中。建筑布局与水域有机结合。

(2) 平原景区南临湖、东接院墙、西北依山，呈狭长三角形地带。建筑密度较低；植物配置丰富。

(3) 山岳景区面积较大，占全园面积的三分之二。以山体为主，各山峰形成起伏连绵的轮廓线。建筑密度低，起点缀作用，以突出山庄天然野趣的主调。

避暑山庄始建于康熙四十二年(1703 年)，最初被称为热河行宫，根据文献记载此时已有“十六景”。康熙四十八年(1709 年)热河行宫正式落成启用，之后又继续拓展湖面、增建宫苑，至康熙五十年(1711 年)扩建完成。康熙帝为宫苑题名“避暑山庄”，并从众多景点中选定三十六景题名赋诗。康熙五十二年(1713 年)避暑山庄宫墙建成，标志着康熙朝避暑山庄营建工程彻底竣工。

康熙时期园林风格追求自然质朴，体现了对道家自然无为、守素抱朴的追求。康熙皇帝将避暑山庄的景数定为“三十六”，与之后乾隆皇帝题的“三十六景”共同组成避暑山庄“七十二景”，直接体现了道家“三十六洞天，七十二福地”的思想，即把避暑山庄看作是人间仙境。在具体的景点营造上，表现道教神仙境界的“蕊珠院”为位于后湖中央的多层楼阁，“上摩清颢，下瞰澄波”，具有传说中仙境的意味。借用“一池三山”表达了对蓬莱仙境的向往。康熙皇帝在避暑山庄诗中写道“瑶池芝殿老莱心，涌出新泉万籁吟”，借“云帆月舫”船舫式建筑表达“蓬莱别殿挂云霄，槃挥毫”，描绘了理想中的蓬莱仙境，并对“一池三山”进行了创造性地表达，将之定为第二景“芝径云堤”；御制诗文“谷神不守还崇政，暂养回心山水庄”“数丛夹岸山花放，独坐临流惜谷神”“妄言清静意，频望群生嘉”，体现了道家“致虚守静”的思想。

避暑山庄三十六景(见图 7-27)：

烟波致爽 芝径云堤 无暑清凉 延薰山馆 水芳岩秀 万壑松风
松鹤清樾 云山胜地 四面云山 北枕双峰 西岭晨霞 锤峰落照
南山积雪 梨花伴月 曲水荷香 风泉清听 濠濮间想 天宇咸畅
暖流暄波 泉源石壁 青枫绿屿 莺啭乔木 香远益清 金莲映日
远近泉声 云帆月舫 芳渚临流 云容水态 澄泉绕石 澄波叠翠
石矶观鱼 镜水云岑 双湖夹镜 长虹饮练 甫田丛樾 水流云在

图 7-27　冷枚《避暑山庄图》中的康熙三十六景

3. 清漪园(颐和园)

北京西湖历史悠久，据科学考证其水域约于 3000 年前就已进入稳定的湖泊时期，有史记载其于金代得到开发，自元代瓮山泊时期就已是北京西北郊著名的公共游览地。元人陈旅诗曰“茂柳垂密幄，层莎布柔毡。回风飒幽爽，有鸟声清圆。……芙蓉濯新雨，迴立方婵娟。”明代更有络绎不绝的文人在这里留下了众多诗文绝句。明初诗人王英咏“雨余亮雁满晴沙，风静花香霞麦荷。曾见牙桥牵锦缤，遥看翠浪接银河。秋光渺渺连天净，山势亭亭绕岸多。好是斜阳湖上景，芙蓉千叠映回波。”明代后期《长安客话》载“环湖十余里，荷蒲菱巧，与夫沙禽水鸟，出没隐见于天光云影中，可称绝胜。”可见西湖风景秀美、生态环境优良由来已久。乾隆七年(1742 年)，弘历途经青龙桥诗赞西湖“屏山积翠水澄潭，飒沓衣襟爽气含。夹岸垂杨看绿褪，映波晚蓼正红酣。风来谷口溪鸣瑟，雨过河源天蔚蓝。十里稻畦秋早熟，分明画里小江南。”历次往返于东西四处皇园的乾隆早已对这片水域有所属意。但因规模浩大的圆明园工程，乾隆一时不便再造苑囿(见图7-28)。

随着圆明园大举扩建完成之后，原本就已缩减的西北郊水源此时变得捉襟见肘，西北郊诸多大型园林、稻田用水与都城、漕运用水之间的矛盾日益凸显。在这种情况下，乾隆不得不考虑广开上源，而西湖如稍加改造恰可作为上游水库调蓄用水。但要行造园之实，则还需师出有名，因此弘历巧借为母祝寿，选择在畅春园的瓮山(后改名为万寿山)为钮祜禄氏依山修建刹宇祈福，而造园的主旨在名义上也就是为母祝寿了。加之此时玉泉山已被建为静明园，且西湖(昆明湖)水域较元明时代已经东移远离玉泉山。所以，在综合考虑到西湖的景观资源、生态环境、可作大型水库调蓄用水及瓮山建寺近便母后祈福等因素的基础上，初步的择址就划定在了西湖、瓮山一带。该址离乾隆居住的圆明园很近，又介于圆明园和静明园之间。三者形成平地园、山地园、山水园的多种形式的庞大园林集群。西湖从元、明以来已是京郊的一处风景名胜区。圆明园、畅春园、静宜园诸园大抵都是于上代的基础而扩建，园林规划难免受到以往既定格局的限制。而瓮山西湖的原始地貌几乎是一片空白，可以完全按照乾隆的意图加以规划建设。清漪园建园前后山水关系(见图 7-29)。

清漪园(见图 7-30)面积约为 2.95 平方千米，包括了万寿山和昆明湖。万寿山东西长约 1 千米，高度在 60 米左右，昆明湖南北长约 1900 米，东西最宽处为 1600 余米，水面面积约占全园的 75%。北边界文昌阁到贝阙一线设置了宫墙，东、南、西三面不设宫墙，昆明湖与园外乡野风景浑然一体。一条西北—东南走向的长堤与西堤及其支堤将昆明湖面分为三个部分，湖中分布着三大三小六个岛屿，三个大岛为南湖岛、藻鉴堂岛与治镜阁岛，三个小岛为小西泠、知春岛和凤凰墩。

清漪园的景观布局总体规划，以杭州西湖为蓝本，昆明湖的水域划分、万寿山与昆明湖的位置关系、西

图 7-28 清漪园《三山五园外三营地理全图》局部

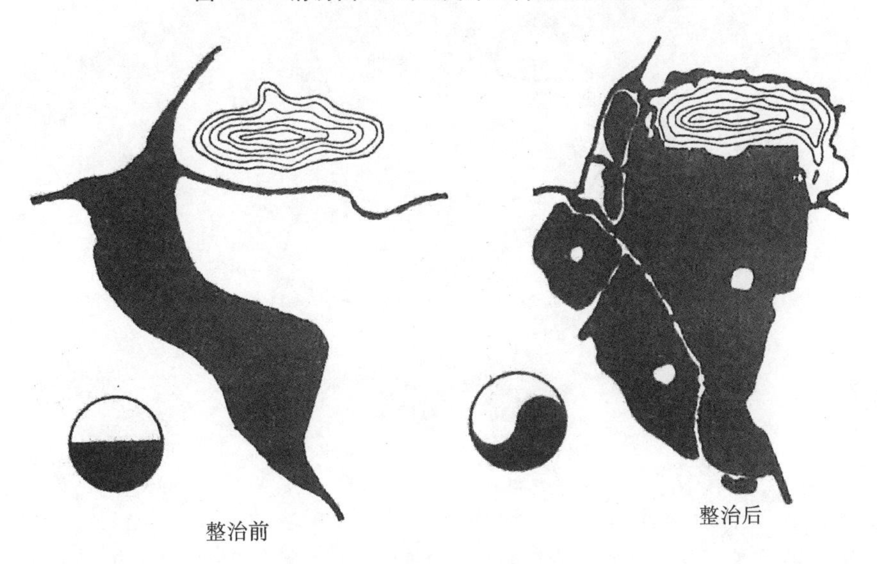

图 7-29 清漪园建园前后山水关系

（图片来源：周维权《中国古典园林史》）

堤在湖中的走向及周围的环境都很像杭州西湖。清漪园建设的时候，其东侧有皇家园林圆明园，可以处理政务，因此清漪园的功能主要是休闲游憩、寄情于山水。作为行宫御苑，清漪园总体布局按照宫苑分置的格局，设置独立宫廷区和苑林区。宫廷区在昆明湖东岸、清漪园的东北端，东宫门为正门，其前为影壁、金水河、牌楼，往东有御道通往圆明园。宫廷区包括外朝区与内寝区，外朝区正殿为勤政殿，与二宫门、大宫门构成一条东西向的中轴线。内寝区位于外朝区西侧、昆明湖东北岸，包括乐寿堂、宜芸馆、玉澜堂等，各自呈合院布局。玉澜堂建筑群位于勤政殿以西，包括两进院落，第一进院落正殿为玉澜堂，坐北朝南，东配殿为霞芬室，西配殿为藕香榭，回廊相连。第二进院落西侧为两层临湖的夕佳楼，院中为黄石假山。玉澜堂以北为宜芸馆，东配殿为近西轩，西配殿为道存斋。乐寿堂位于宜芸馆西北，背靠万寿山，正殿宽七楹，东西有配殿，前有门殿面宽五楹，直面昆明湖，悬挂匾额“水木自亲”。由于乾隆并不在清漪园处理政务，所以宫廷区规模较小。苑林区位于宫廷区以西，包括前山前湖景区和后山后湖景区，前山为万寿山南坡，前湖即昆明湖。

清漪园的园林建筑，继承了我国古代园林艺术的传统特点和造园手法，并且有所发展。清漪园主要建

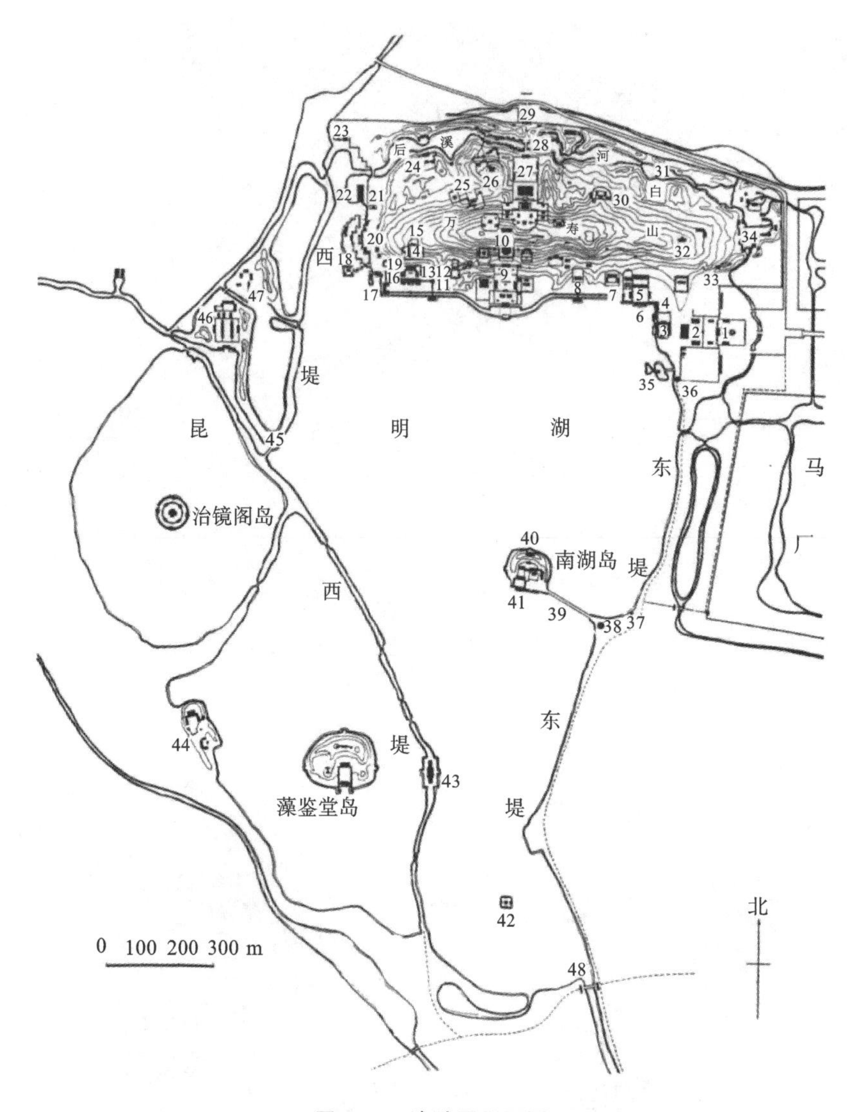

图 7-30 清漪园平面图

（图片来源：周维权《中国古典园林史》）

1. 东宫门；2. 勤政殿；3. 玉澜堂；4. 宜芸馆；5. 乐寿堂；6. 水木自亲；7. 养云轩；8. 无尽意轩；9. 大报恩延寿寺；10. 佛香阁；11. 云松巢；12. 山色湖光共一楼；13. 听鹂馆；14. 画中游；15. 湖山真意；16. 石丈亭；17. 石舫；18. 小西泠；19. 蕴古室；20. 西所买卖街；21. 贝阙；22. 大船坞；23. 西北门；24. 绮望轩；25. 赅春园；26. 构虚轩；27. 须弥灵境；28. 后溪河买卖街；29. 北宫门；30. 花承阁；31. 澹宁堂；32. 昙华阁；33. 赤城霞起；34. 惠山园；35. 知春亭；36. 文昌阁；37. 铜牛；38. 廓如亭；39. 十七孔石拱桥；40. 望蟾阁；41. 鉴远堂；42. 凤凰墩；43. 景明楼；44. 畅观堂；45. 玉带桥；46. 耕织图；47. 蚕神庙；48. 绣绮桥

筑群分为朝寝区和以佛香阁为首的万寿山南北中轴建筑群两部分，建筑功能上前者为朝寝、后者为祝寿祈福。乾隆曾就该园而讲“过辰而往，逮午而返，未尝度宵”，且乾隆修建清漪园之初为避非议，首先利用兴修水利、为母祝寿作为开端。在《万寿山清漪园记》中乾隆说道“盖湖之成，以治水；山之名，以临湖。既具湖山之胜概，能无亭台之点缀?”，成景得景的重点自然当选以佛香阁为首的万寿山南北中轴建筑群。然后从该园作为圆明园之属园及其地理与山水环境来看，清代帝后夏季多居圆明园、畅春园，而万寿山东端则正好居二园西侧，来路便捷。因此，作为该园入口之一的东宫口适宜布置朝寝区，背山面湖，沿山体最高点垂直于山脉大致的东西走向朝南布局，成为主景建筑最佳选址。此前曾有明代圆静寺位于该处。而不同的是，昆明湖经拓展之后额临万寿山，前山几乎完全面向湖面，整个前山前湖如众星拱月一般围绕佛香阁建筑群形成朝揖之势，具有一种主景突出的吸引力。而万寿山南北中轴建筑群中处于从属地位的后大庙则位列后山。

清漪园景点分布以万寿山山脊为界分南北两个景区，前山前湖景区和后山后湖景区。

前山前湖景区占全园面积的 88%，景观轴线突出。除中央建筑群构成的主轴线以外，还在两侧设置了四条辅助的轴线。五条轴线的安排控制住了整个前山建筑布局从严整到自由、从浓密到疏朗的过渡、衔接和展开，把散布在前山的所有建筑物统一为一个有机的整体。该区域是全园的中心，正中是一组巨大的建筑群，自山顶的智慧海而下是佛香阁（见图 7-31）、德辉殿、排云殿、排云门、云辉玉宇坊，构成一条明显的中轴线。琉璃砖瓦的无梁殿（智慧海）和高达四十一米的佛香阁，气势雄伟，色彩鲜丽。

图 7-31　万寿山佛香阁

（图片来源：中国摄影）

清漪园的北部万寿山耸立如翠屏，各种建筑物和风景点布满其间，而南部却是碧波粼粼的昆明湖。昆明湖水面广阔，由西堤及其支堤划分为三个水域。湖中有几处岛屿浮现水面，又以长堤、石桥加以联系。西堤六桥是仿照杭州西湖中的苏堤修筑的，垂杨拂水，碧柳含烟，人们漫步堤上，胸中倍觉轻松舒畅。其中东水域最大，中心岛屿南湖岛以十七孔石拱桥（见图 7-32）连接东岸。

清漪园“石舫”（见图 7-33）堪称中国园林建筑中的“舫之珍品”，其前身是明朝圆静寺的放生台。乾隆修清漪园时，改台为船，更名为“石舫”，每年四月初八浴佛日，乾隆皇帝都会陪他的生母崇庆皇太后来这里放生。其船体用巨石雕成，全长 36 米。船身上建有两层船楼，船底花砖铺地，窗户为彩色玻璃，顶部砖雕装饰。下雨时，落在船顶的雨水通过四角的空心柱子，由船身的四个龙头口排入湖中，设计十分巧妙。

在东宫门和东山区，清漪园原有水旱十三门，主要入口是东宫门，其次是北宫门。因此在东宫门里布置了许多组重要的建筑物。一进东宫门是仁寿殿，清代的封建帝后们夏天住在园中，就在这里“听政”。在仁寿殿前陈设着造型精美的铜龙、铜鹤，院中山石挺秀。

后山后湖景区，即万寿山北坡，山势起伏较大，后湖即界于山北麓与北宫墙之间的一条河道，称后溪河，占全园面积的 12%。后山后湖景区主要景点为惠山园（谐趣园）和苏州街。

（1）惠山园，嘉庆十六年（1811 年）改名为“谐趣园”（见图 7-34）。位于清漪园内东北角，是仿照江苏无锡著名的寄畅园而建的，在园中自成一局，故有“园中之园”之称。

景观特点：生趣，因地势低洼，山泉汇入其中；楼趣，屋顶设计别致，所有建筑屋顶均采用“黑活”布瓦；桥趣，共有五座桥，以知鱼桥最为著名。

（2）苏州街（见图 7-35）又称“后溪河买卖街”，地处后湖中心地带。

图 7-32　十七孔石拱桥

（图片来源：中国摄影）

图 7-33　“石舫”

（图片来源：中国摄影）

图 7-34　“谐趣园”

图 7-35　苏州街

清漪园的后山以曲折幽静著称。山路在山腰盘绕，路旁古松槎丫，犹如一幅图画。山脚是一条曲折的苏州河（也称后湖），时而山穷水尽，忽又柳暗花明，真有江南风景的意味。

清漪园的景观布局有以下几个特点。

1）以水取胜

广阔的昆明湖水面是园林布置极好的基础。全园面积约为 2.95 平方千米，其中陆地面积仅占四分之一。因此，设计者抓住了水面大这一特点，以水面为主来设计布置。主要建筑和风景点都面临湖水，或是俯览湖面。

2）湖山结合

清澈的湖水好像一面镜子，把万寿山映衬得分外秀丽。湖山景色紧密结合成为一个整体。古代的造园艺术家和工匠们，在设计和建造这座园林的时候，充分利用了这一湖山相连的优越自然条件，恰当地布置园林建筑和风景点。如抱山环湖的长廊和石栏，湖和山界限分明而又紧密结合。

3）鲜明对比的手法

建筑壮丽、金碧辉煌的前山，建筑荫蔽、风景幽静的后山；浩荡的昆明湖，怡静的苏州河；建筑密集的东宫门，景物旷野的西堤和堤西区，山穷水尽，柳暗花明。

4）“借景”的造园技法

设计时既考虑园里建筑和风景点的互相配合，又考虑四周的自然环境、附近的园林和其他建筑物的紧密结合。昆明湖的东岸，西山的峰峦，西堤的烟柳，玉泉山的塔影，都结合在了一起，构成了清漪园中的景色。这种园里园外都有景的“借景”手法，既扩大了园的范围，又丰富了园的景色。

5）“集景摹写”

清代北京西郊诸园和承德避暑山庄，着重运用这种手法。在清漪园建造之初，乾隆就派出许多画师和工匠，到全国各地去参观和摹写有名的风景和建筑物，把它们仿造在园里。清漪园中的景色，可以说是汇集全国各地有名的建筑物和胜景而成。但是，设计者和造园工匠只是仿其风格，而绝非生搬照抄。

咸丰十年（1860 年），清漪园被英法联军焚毁。光绪十四年（1888 年）重建，改称颐和园，作消夏游乐之地。光绪二十六年（1900 年），颐和园又遭“八国联军”的破坏，珍宝被劫掠一空。清朝灭亡后，颐和园在军阀混战和国民党统治时期，又遭破坏。

7.4 私家园林

7.4.1 江南私家园林

江南私家园林是以开池筑山为主的自然式风景山水园林。江南一带河湖密布，既有得天独厚的自然条件，又有玲珑剔透的太湖石等造园材料，这些都为江南造园活动提供了非常有利的条件。江南园林以扬州、无锡、苏州、湖州、上海、常熟、南京等城市为主，但主要集中在扬州和苏州两地。

1. 扬州园林

乾隆时期，是扬州园林的黄金时代。最具代表性的有个园、瘦西湖、小盘谷等。瘦西湖是园林集群，既是私家园林荟萃之地，又是一处具有公共园林性质的水上游览区。

1）个园

个园是清代两淮盐业商总黄至筠（1770—1838 年）在明代“寿芝园”的基础上扩建而成的住宅园林，因主人爱竹，且竹叶形似“个”，故名“个园”。全园分为四季假山园林区、南部住宅、北部品种竹观赏区，占地 24000 平方米。

个园是一处典型的私家住宅园林，南部的盐商豪宅，三纵三进，气势宏伟。从住宅进入园林，首先看到的是月洞形园门，门上石额书写“个园”二字。园门后是春景，夏景位于园之西北，秋景在园林东北方向，冬景则在春景东边。

个园中最大的特色便是“四季假山”的构思与建筑，在24000平方米的园子里，开辟了四个形态逼真的假山区，分别命以春、夏、秋、冬之称。叠石艺术高超，以石斗奇，融造园法则和山水画理于一体，令人叹为观止。园中古树参天，修竹万竿，珍卉丛生，随候异色，个园旨趣新颖，结构严密，被园林泰斗陈从周先生誉为“国内孤例”。整个园子以宜雨轩为中心，游人沿着顺时针的方向，可尽览四季秀景。从用石极奇的角度上讲，个园采用了不同质地的石料，笋石、太湖石、黄石、宣石叠成春、夏、秋、冬四季假山，体现不同的季节，以竹石为主体，以分峰用石为特色。笋石象征春天，太湖石象征盛夏的江南景色，黄石烘托秋天群山的挺拔，颜色洁白的宣石突出冬日里积雪未化的寒冷感觉，各具特色，表达出“春景艳冶而如笑，夏山苍翠而如滴，秋山明净而如妆，冬景惨淡而如睡”的诗情画意。

春景，竹丛中，插植着石绿斑驳的石笋，以“寸石生情”之态，状出“雨后春笋”之意。这幅别开生面的竹石图，运用惜墨如金的手法，点破“春山”主题，展现了“一段好春不忍藏，最是含情带雨竹”的画面。春山见图7-36。

夏景，夏景叠石以青灰色太湖石为主，叠石似云翻雾卷之态，造园者利用太湖石的凹凸不平和瘦、透、漏、皱的特性，叠石多而不乱。远观舒卷流畅，巧如云、奇如峰；近看玲珑剔透，似峰峦、似洞穴。夏山见图7-37。

图7-36　春山

图7-37　夏山

秋景，秋景用黄石堆叠而成，山势较高，面积也较大，整个山体分中、西、南三座。沿腹道攀援而上，至山顶拂云亭，顿觉心胸开朗，满园佳境，尽收眼底，正所谓“秋山宜登者也。”秋山见图7-38。

冬景，冬景用宣石(石英石)堆叠而成，石质晶莹雪白，每块石头几乎看不到棱角，给人浑然一体而又有起伏之感。人们在用宣石造山的同时，还着意堆塑出一群大大小小的雪狮子，或跳或卧，或坐或立，跳跃嬉戏，顾盼生情。这一幅似与不似之间的“狮舞瑞雪”图，使孤寂的雪山显得生机勃勃，趣味盎然。冬山见图7-39。

2）*瘦西湖*

瘦西湖(见图7-40)位于今扬州城西北郊，原名炮山河，亦名保障河、保障湖，又名长春湖。为唐罗城、宋大城的护城河，亦是蜀冈山水流向运河的泄洪渠道。沿河两岸，经历代造园家擘划经营，逐步形成湖上园林。《扬州鼓吹词序》有言，“城北一水通平山堂，名瘦西湖。”乾隆元年(1736年)，钱塘诗人汪沆慕名来到扬州，在饱览了这里的美景后，赋诗道：“垂杨不断接残芜，雁齿红桥俨画图。也是销金一锅子，故应唤作瘦西湖。”瘦西湖有着“园林之盛，甲于天下”之誉，是烟花三月时节，扬州最美的景致之一(见图7-41至图7-43)。

瘦西湖的文化景观中绝大部分园林造景是从康乾盛世开始的，尤其是乾隆皇帝多次下江南期间，两次驻足于扬州天宁寺。瘦西湖两岸的建筑景观及园林造景，都是盐商为博得皇帝欢心，而营造出来的山水楼

图 7-38 秋山

图 7-39 冬山

图 7-40 瘦西湖鸟瞰图

图 7-41 瘦西湖莲花桥

图 7-42 瘦西湖钓鱼台

图 7-43 瘦西湖小金山

阁，廊轩舫榭。因乾隆两次水线都是从天宁寺御马头上岸，终点至大明寺拜谒欧苏(欧阳修、苏东坡)，所以在 1757 年改水路由清二十四景之一的梅岭春深起沿河道向左，及至熙春台。这一举措促使盐商更是加快营造两岸的轩榭建筑来博得皇帝欢心，同时也体现了扬州当年漕运的繁荣及雄厚的财力，奠定了康乾盛世的基础。瘦西湖景观中的园林、风景、寺院、亭台楼阁以及从城北直通蜀冈的水道，是乾隆皇帝分别于 1751 年、1757 年、1762 年、1765 年、1780 年和 1784 年六次南巡，彻底改变扬州城北郊风貌格局的产物，反映了南巡所引发的园林景观建设风潮。

瘦西湖景观借鉴了北方皇家园林的手法，莲花桥和白塔的原型均来自北京的北海，春台祝寿景观颇具皇家园林富丽堂皇的宏大气派，是清乾隆年间扬州盐商和官绅为皇帝祝寿之所。瘦西湖园林景观突破了狭隘的私园范围，超越了江南园林的造园手法，将规模宏大的皇家园林景观要素组织成连贯的整体，突出体现了瘦西湖景观与帝王南巡之间不可分割的联系。瘦西湖水道沿途绚丽、殷实、富庶的风物，体现了帝王巡游在中国传统社会中给政权稳固、国家统一、经济繁荣、思想文化传播带来的重大影响，也反映出中国古代帝王陶冶性情、回归自然，对儒家人格修养和内圣外王境界的追求。

瘦西湖文化景观在宏观造景方面，依托了扬州城的历代城壕、瘦西湖历史河道及遗存等各个历史景观单元，通过山水、树木、建筑、亭榭、廊道等建筑要素及历史文化功能特征进行区域划分，并将各个分区巧妙地结合在一起，集中展现从御马头经由西园曲水，转向大虹桥，至四桥烟雨，再到熙春台，最后抵达蜀冈山麓的线性文化景观。“山水既有具体的、可感知的形象，又蕴含着无限的‘道’，蕴含着宇宙生命的生机。”园林整体风格以一幅次第展开的水墨山水长卷的形式予以表达，时显时隐，时开时合，时直时曲，恰当而独到地将绘画技法运用到中国古典园林的组织规律中。全篇景致严格遵循形式美中整齐一律、对比调和、多样统一等原则，既能从整体上体现瘦西湖的和谐性和统一性，又能彰显四段分区的连贯性和逻辑性，具有极强的艺术感染力，对我国湖上园林的造景艺术极具借鉴意义。

3）小盘谷

小盘谷位于扬州新城东南的大树巷，始建于清乾隆年间，面积约 3000 平方米，为小型宅院。总体分为三部分，西部为平方住宅区，中部为一大厅，大厅右为一火巷，巷东即花园。入口处花厅将小园分为南北两部分。南面是沿墙堆筑土石小型假山；北面为主要景观，假山水池互用，采用了收放对比的手法。

2. 苏州园林

清同治时期以后，江南地区的私家造园活动中心逐渐转移到太湖附近的苏州。苏州四大名园为留园、拙政园、网师园和狮子林。苏州古典园林分布图(见图 7-44)。

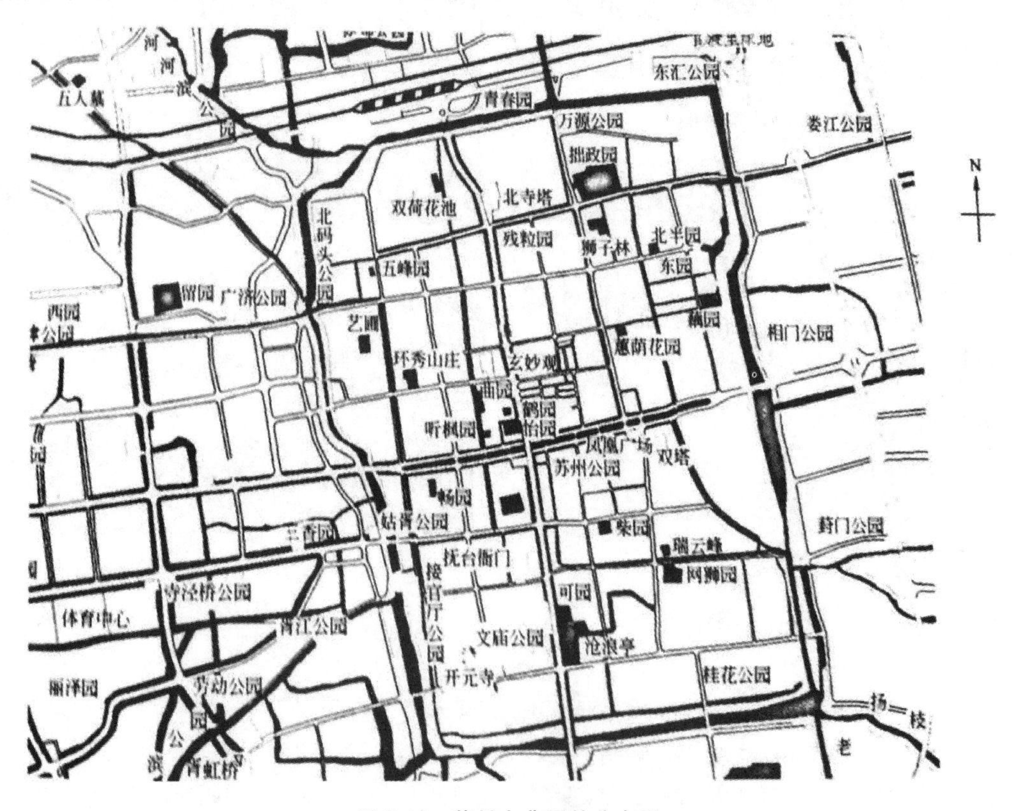

图 7-44 苏州古典园林分布图

（图片来源：苏州园林局）

1）留园

留园是中国一座久负盛名的江南私家名园，始建于明代嘉靖年间，位于江苏省苏州市城西阊门外的留园路 338 号，因景域丰富、建筑巧丽、院落曲折被称为“吴下名园之冠”，与苏州拙政园、北京颐和园、承德避暑山庄并称中国四大名园。明万历二十一年(1593 年),太仆寺少卿徐泰时遭人弹劾,罢官回乡,在旧时园址上修建了东园和西园为私家花园,以安度晚年。其时东园“宏丽轩举,前楼后厅,皆可醉客”。瑞云峰“妍巧甲于江南”,由叠山大师周时臣所堆之石屏,玲珑峭削“如一幅山水横披画”。徐泰时去世后,“东园”渐废,在屡遭易主之后,刘恕于清乾隆五十九年(1794 年)购入,历时四年,在修复旧园的基础上增地扩建。因园内多植白皮松和碧竹,园内色调清寒,故取名为“寒碧山庄”,俗称“刘园”,刘恕喜好书法名画,他将自己撰写的文章和古人法帖勒石嵌砌在园中廊壁。后代园主多承袭此风,逐渐形成今日留园多“书条石”的特色。刘恕爱石,治园时,他搜寻了十二名峰移入园内,并撰文多篇,记寻石经过,抒仰石之情,园内奇石以冠云峰为最胜(见图7-45)。

图 7-45　留园冠云峰

咸丰十年(1860 年),苏州阊门外均遭兵燹,街衢巷陌,毁圮殆尽,惟寒碧山庄幸存下来。同治十二年(1873 年),园为常州盛康(旭人)购得,缮修加筑,又扩建了留园的西部和东部,基本奠定留园的主要格局,于光绪二年(1876 年)完工,其时园内“嘉树荣而佳卉茁,奇石显而清流通,凉台澳馆,风亭月榭,高高下下,迤逦相属”(俞樾作《留园记》),比昔盛时更增雄丽。因前园主姓刘而俗称刘园,盛康乃仿随园之例,取其音而易其字,改名留园。盛康殁后,园归其子盛宣怀,在他的经营下,留园声名愈振,成为吴中著名园林,俞樾称其为“吴下名园之冠”。

留园占地两万多平方米,建筑占留园面积三分之一,并以建筑划分空间。留园整体划分为四个部分,即中部的假山池水区、东部的阁楼庭院区、西部的自然山林区、北部的悠然田园区。

中部是原来寒碧山庄的基址,以水为胜,池居中央,四周环以假山和亭台楼阁,长廊旋曲其中,廊壁上嵌历代书法家石刻 300 余方,为“留园法帖”。假山以土为主,叠以黄石,气势浑厚。山上古木参天,显出一派山林森郁的气氛。山曲之间水涧蜿蜒,仿佛池水之源。池南涵碧山房、明瑟楼是留园的主体建筑,楼阁如前舱,敞厅如中舱,形如画舫。楼阁东侧有绿荫轩,小巧雅致,临水挂落与栏杆之间,涌出一幅山水画卷。涵碧山房西侧有爬山廊,随山势高下起伏,连接山顶闻木樨香轩。山上遍植桂花,每至秋日,香气浮动,沁人心脾。此处山高气爽,环顾四周,满园景色尽收眼底。池中小蓬莱岛浮现于碧波之上。池东濠濮亭、曲溪楼、西楼、清风池馆掩映于山水林木之间,进退起伏,错落有致。池北山石兀立,涧壑隐现,可亭立于山冈之上,有凌空欲飞之势。

东部重门叠户,庭院深深,以建筑为主,多厅、堂、轩、斋,间以奇峰巨石。院落之间以漏窗、门洞、长廊沟通穿插,互相对比映衬,成为苏州园林中院落空间最富变化的建筑群。主厅五峰仙馆俗称楠木厅(见图 7-46),厅内装修精美,陈设典雅,厅内藏有《雨过天晴图》(见图 7-47)。其西,有鹤所、石林小院、揖峰轩、还我读书处等院落,竹石倚墙,芭蕉映窗,满目诗情画意。林泉耆硕之馆为鸳鸯厅,中间以雕镂剔透的圆洞落地罩分隔,厅内陈设古雅。厅北矗立着著名的留园三峰,冠云峰居中,瑞云峰、岫云峰屏立左右。冠云峰高 6.5 米,玲珑剔透,相传为宋代花石纲遗物,是江南园林中最高大的一块湖石。峰石之前为浣云沼,周围建有冠云楼、冠云亭、冠云台、伫云庵等,均为赏石之所。

西部以假山为奇,土石相间,堆砌自然,浑然天成。山上枫树郁然成林,盛夏绿荫蔽日,深秋红霞似锦。至乐亭、舒啸亭隐现于林木之中。登高望远,可见西郊名胜之景。山左云墙如游龙起伏。山前曲溪宛转,流水淙淙。水阁活泼泼地,横卧于溪涧之下,令人有水流不尽之感。北面以竹林和桃杏等植物景观为主。桃园称“小桃屋”“又一村”,建有葡萄架和紫藤架,颇有田园之意。园中小桥、长廊、漏窗、云墙,依势起落,形成无数幽深庭院。

留园运用借景的造园技法对空间进行巧妙处理,使四个部分布局紧凑、环环相扣。全园以回廊贯通,以粉墙相隔,形成隔而不断的有机整体,还借园外之景丰富园内之景,增加空间层次,扩大园内空间感。留园既有宜居宜游的山水布局,又有疏密有致的建筑空间。独具风采的石峰景观,成为江南园林艺术的杰出典范。留园平面图见图 7-48。

图 7-46　留园五峰仙馆

图 7-47　留园《雨过天晴图》

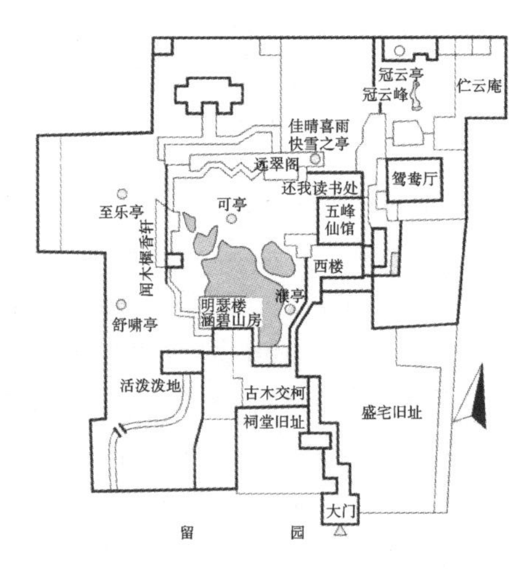

图 7-48　留园平面图

2）网师园

网师园位于苏州市姑苏区带城桥路阔家头巷，是苏州园林中型古典山水宅园代表作品。网师园始建于南宋时期，旧为宋代藏书家、官至侍郎的扬州文人史正志的“万卷堂”故址，花园名为“渔隐”，后废。至清乾隆年间，退休的光禄寺少卿宋宗元购之并重建，定园名为“网师园”。

网师园（见图 7-49）现面积约 10 亩（包括原住宅），是苏州园林中最小的一座，其中园林部分占地约 8 亩，内花园占地 5 亩，其中水池占地 447 平方米。网师园小中见大，布局严谨，主次分明又富于变化，园内有园，景外有景，精巧幽深。建筑虽多却不拥塞，山池虽小却不局促。网师园布局精巧，结构紧凑，以建筑精巧和空间尺度比例协调而著称。

网师园分为三部分，景色各异。东部为住宅，中部为主园。网师园按石质分区使用，主园池区用黄石，其他庭院用湖石，不相混杂。突出以水为中心，环池亭阁也与山水错落映衬。西部为内园（风园），占地约 1 亩。北侧小轩三间，名“殿春簃”。轩北略置湖石，配以梅、竹、芭蕉成竹石小景。轩西侧套室原为著名画家张大千及其兄弟张善子的画室“大风堂”。庭院采用周边假山布局，东墙峰洞假山围成弧形花台，松枫参差。南面曲折蜿蜒的花台，穿插峰石，借白粉墙的衬托而富情趣，与“殿春簃”互成对景。花台西南为天然泉水“涵碧泉”。北半亭“冷泉亭”因“涵碧泉”而得名，亭中置巨大的灵璧石。网师园东部为宅第，中部为主园，西部为内园。宅第规模中等，为苏州典型的清代官僚住宅。大门南向临巷，前有照壁，东西两侧筑墙，跨巷处设辕门，围成门前广场。场南对植盘槐，东西墙置拴马环。大门两边置抱鼓石，饰以狮子滚绣球浮雕，额枋

图 7-49 网师园全景图

上有阀阅 3 根，正门东侧设便门。网师园砖雕门楼见图 7-50。

图 7-50 网师园砖雕门楼

住宅区前后三进，屋宇高敞，有轿厅、大厅、花厅，内部装饰雅洁，外部砖雕工细，堪称封建社会仕宦宅第的代表作。由大门门厅至轿厅，东有避弄可通内宅。轿厅之后，大厅崇立，即万卷堂。其前砖细门楼为乾隆年间物，雕镂之精，被誉为苏州古典园林中同类门楼之冠。其后撷秀楼原为内眷燕集之所。楼后五峰书屋为旧园主藏书处。以上三处的家具陈设多为清式，富丽端庄。屋东北梯云室内黄杨木落地罩上镂刻双面鹊梅图，雕工极精。梯云室北为下房区及后门，1958—1980 年俱从该门出入。

主园在宅第之西，三进厅堂、后院和梯云室都有侧门或廊通往主园，正通道为轿厅西侧小门，楣嵌乾隆时期砖额“网师小筑”。入内建筑物较多，组成庭院两区，南面小山丛桂轩、蹈和馆、琴室为居住宴聚用的一区小庭院；北面五峰书屋、集虚斋、看松读画轩等组成以书房为主的庭院一区，居中为池。池北竹外一枝轩原为封闭式斜轩。池东南溪上置石拱桥名引静桥，为苏州园林最小石桥。竹外一枝轩后的天井植翠竹，透过洞门空窗可见百竿摇绿，其后面为集虚斋。西部为内园，由“潭西渔隐”月洞门（此处亦为何氏辟）入，占地 1 亩余，庭院精巧古雅，花台中盛植芍药名种，西北角院里轩屋名“殿春簃”便得于此。

网师园的主要景点有以下几个。

①殿春簃，“殿春”，即春末。楼阁边小屋称“簃”，旧为书斋庭院。此处为春末景点，庭中遍植芍药，故名。坐落在美国纽约大都会艺术博物馆的“明轩”即以此为蓝本而建。

②琴室，为主人操琴之所，是一处全封闭空间。庭中南面墙壁是气势峥嵘的嵌壁山，相传为清代著名叠山家戈裕良之手笔。室为歇山式半亭，面对青峰，焚一炉香，弹一曲“高山流水”，实为操琴之佳处。

③五峰书屋，该屋前后均有庭院，叠以峰峦。门前庭院山有峰，为庐山五老峰之写意。亦是主人藏书、读书之所。

④集虚斋，取《庄子 · 人间世》“惟道集虚，虚者，心斋也”。意即清除思想上的杂念，让心头澄澈明朗，为修身养性之所，是园主读书之处。

⑤竹外一枝轩，为园中春景景点，取宋代苏轼“江头千树春欲暗，竹外一枝斜更好”诗意而名。

网师园平面图见图 7-51。

图 7-51 网师园平面图

1. 引静桥；2. 云冈；3. 平石桥；4. 涵碧泉

3. 其他地区园林

浙西园林最具代表性的为海宁的安澜园。

安澜园俗称陈园，其雏形可追溯至南宋，建炎四年安化郡王王沆赐第盐官，营造此园。元初开始，该园逐渐废毁。明万历二十四年，戏曲家、太常寺少卿陈与郊在王氏故园遗址上理水叠山，修建园林，号“隅园”。清雍正十一年大学士陈元龙得之，更名“遂初园”。遂初园时期，园占地60余亩，其中池水面积占去一半，继承了隅园以水为主的布局风格。园中主要建筑有环碧堂、静观斋、天香坞、漾月轩、赐闲堂、九曲梁、十二楼等，堪称浙西园林之冠。乾隆二十七年，高宗南巡，驻跸遂初园，赐名安澜园，回到北京，将圆明园福海北的四宜书屋也改名为安澜园，景区略加改造，悉仿陈氏安澜园中的主要景点，安澜园由此名闻天下。此后乾隆三度南巡，均驻跸安澜园。陈氏屡次葺新，将安澜园面积扩至60余亩，新增景点、建筑达三十余所。

由于陈元龙深谙中国古典园林艺术美之精髓，他在对遂初园进行大规模的整修扩建工程中，精心保留并更加突出了该园林前期所具有的明代艺术风格。园林整体扩建至60余亩之广，其中一半为波光粼粼的清池碧水。特别是在扩建中着意去除了人工痕迹，整园无雕琢，无粉饰，但一草一木，一池一水，一堂一墅，一亭一轩，无不呈现出幽雅古朴的天然野趣。

纵观安澜园全貌，其皇家气势令人惊叹。从园门入内经乾隆御碑亭到军机处，北路有太子宫、天架楼、佛阁等，最终通向园林的主建筑“寝宫”，西路有十二楼、漾月轩、映水亭、群芳阁，其后与寝宫相连，中路还有御书房、古藤水轩、飞楼、环碧堂等。寝宫原名赐闲堂，楼中恭悬“林泉耆硕”赐匾。全园有景点四十余处，如“和风皎月”“沧波浴景”“石湖赏月”“烟波风月”“竹深荷静”“引胜奇赏”“曲水流觞”等。

7.4.2 北方私家园林

北京是北方造园活动的中心。北京私家造园活动兴盛的原因：一是在明代和清初汲取江南造园技艺的基础上，结合北方的自然条件和人文条件，所形成的地方风格已臻于成熟和定型。二是继康乾盛世之后，大量官僚、王公贵戚集聚北京，也大兴宅园。北京私家园林的类型有王府花园和会馆园林。

1. 半亩园

半亩园位于北京城内弓弦胡同，始建于清康熙年间，相传为著名文人造园家李渔参与规划。园林紧邻于邸宅西侧，园的南半部以一个狭长形的水池为中心，水中岛上建“玲珑池馆”。

2. 萃锦园

萃锦园即恭王府后花园，面积约2.7万平方米(南北长约150米，东西宽约170米)，花园呈坐北朝南方位。恭王府是我国保存最为完整的王府建筑群，分为府邸和花园两部分，府在前，园在后。王府占地约3.1万平方米，分为中、东、西三路布局，由严格的轴线贯穿着的、多进四合院落组成。中路呈对称严整的布局，其南北中轴线与府邸中轴线对位重合。东路和西路的布局较自由灵活，东路以建筑为主体，西路以水池为中心。

恭王府的主人先是清朝乾隆时期的权臣和珅，再是嘉庆皇帝的弟弟庆亲王永璘，后是恭亲王奕䜣，恭王府的名称也由奕䜣而来。奕䜣是清朝咸丰、同治、光绪三朝的重臣，是他在“辛酉政变”中把慈禧太后扶上了“垂帘听政”的宝座，也是他敏锐地捕捉到了世界潮流，立推洋务运动，使清王朝又苟延残喘了几十年。他是中国近代史上叱咤风云的人物，影响了中国近代史。

恭王府后半部的花园，颇有中国园林建筑的典范。后花园也呈中、东、西三路布局，中路的汉白玉拱形石门，为西洋建筑风格(见图7-52)，此是花园正门。一进门，康熙御书的“福”字碑居于中心，特别醒目。除此之外，信步游走，还可看见园中的戏楼、人工湖、城墙、长廊、假山、石林、曲廊、亭榭、蝠池、古树等，在有限的空间内尽情地铺展一幅美丽的“国画”。这画中山水相衔，开合有致，不拘一格，变化无穷。随便走进一个景致，就是触摸了一段历史，品味了一个文化元素。

图 7-52　恭王府西式门楼

恭王府把皇宫的气派与民居的田园风韵，水乳交融；把北方建筑、江南园林和西洋建筑融为一体，形成一座艺术宝库。徜徉其间，时时让人领略中国传统文化的魅力，这魅力包含着中国建筑艺术的美、雕刻艺术的精、造型艺术的奇、瓷器艺术的妙、漆器艺术的绝、服饰艺术的靓、绘画艺术的工。恭王府鸟瞰图见图7-53。

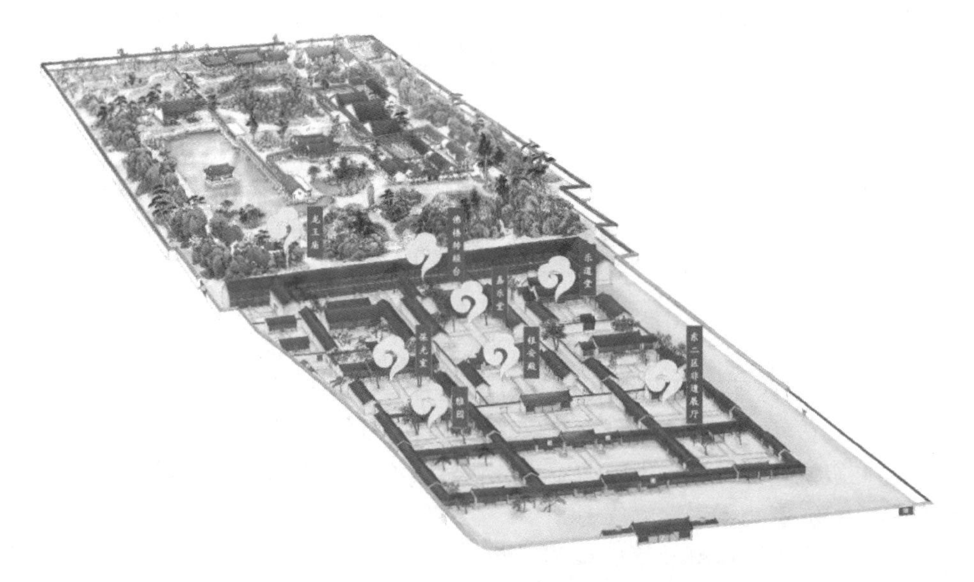

图 7-53　恭王府鸟瞰图

（图片来源：恭王府博物馆官方微博）

恭王府历经几百年风雨洗礼，见证了清王朝的潮起潮落，承载了丰富的历史文化信息，透过它让人触摸了中国近代史的波澜，感知了民族前进征途中的沧桑与磨砺。

7.4.3 岭南私家园林

“岭南”一词源于《晋书·地理志(下)》中将秦代南海、桂林、象郡称为“岭南三郡”;在地理上泛指中国五岭(越城岭、都庞岭、萌渚岭、骑田岭、大庾岭)以南地区,古称南岳。汉代,岭南地区已出现民间的私家园林;清初,岭南的珠江三角洲地区经济比较发达,私家造园活动开始兴盛,又逐渐影响潮汕、福建和台湾等地。清中叶以后造园活动日趋兴旺,在园林的布局、空间组织、水石运用和花木配置方面逐渐形成自己的特点,成为与江南、北方鼎峙的三大地方风格之一。粤中四大名园有佛山顺德的清晖园、东莞的可园、番禺的余荫山房、佛山禅城的梁园。

岭南地形西北高、东南低,山地、丘陵、台地、平原交错,地貌类型复杂多样;水系交错,珠江三路在此汇流形成三角洲流入南海。岭南在中国建筑气候区划中属于夏热冬暖地区,同时纬度较低,属于东亚季风气候区,受亚热带湿润季风气候影响。地理位置及地貌形态因素使岭南地区形成独特的气候条件,表现为全年高温多雨,一年中最典型湿热气候从5月持续到9月,常伴有雷雨与台风天气。春季2月至5月受沿海暖湿气流影响易出现“返潮”现象,秋季温湿度适宜,冬季较短暂且温度不低,但由于湿度较高导致人体感温度低,产生湿冷感受。岭南独特气候特征促使应对湿热气候的地域性设计手法形成与发展,是塑造岭南建筑文化特色的客观物质条件。由于区域内地理环境、气候条件的相似,形成人们相近的生活习惯与社会文化,发展至今“岭南”地区一般特指包括广东、广西、海南三省及香港、澳门地区。

1. 清晖园

清晖园(见图7-54、图7-55)始建于明代的岭南园林建筑,位于广东省佛山市顺德区大良镇清晖路。明朝万历丁未(1607年)状元黄士俊(1570—1661年)于明天启元年(1621年)建筑黄家祠、天章阁和灵阿之阁。清乾隆年间,大良进士龙应时(1716—1800年)购得旧址,修葺扩建,植花莳草,渐成规模。1805年,龙廷槐(1749—1827年)建小方园。1806年,其子龙元任扩建,称“清晖园”,请同榜进士、江苏书法名家李兆洛题写园名。后其子龙元僖(1809—1884年)建龙太常花园、楚芗园,几经周折转手,龙太常花园后改称“广大园”。此后,龙氏族人经年精修,逐渐形成了格局完整而又富有特色的岭南园林。

清晖园全园构筑精巧,布局紧凑。建筑艺术颇高,建筑物形式轻巧灵活,庭园空间主次分明,结构清晰。

清晖园的布局是园中有园。其三大块大体为:由原正门进入的东南区,中部的旧园区,西北部近年兴建的新园区。区域间虽有分隔,但却以游廊、甬道以及别出心裁的各式小门相互连接,融为一体。以旧园区为例,其西部以方池为中心;中部偏北的船厅等是该区的精华所在;南部的竹苑、小蓬瀛、笔生花馆等组成庭院,形成园中有园,即大园包小园的格局和韵味,委婉多姿。

清晖园没有刻意营造假山,这主要归因于地利之便。其三面环山,只要稍筑台阁,即可登高眺望远处山麓。以凤台为例,远处为凤山,凤山山麓绵延而来,经凤台接引而入园,而园内林木森郁,与远处山麓之青黛一脉相承。如此清晖园与凤山看上去融为一体,园内实无山胜有山。清晖园北端地势较低,傍池筑船厅,于船厅登高,东可远望太平、神步,西见梯云山也借景之妙法。山势远来,直引至园内池塘,则此池塘仿如远方山麓脚下的山塘,与山景浑然一体。

清晖园内水木清华,幽深清空,景致清雅优美,龙家故宅与扩建新景融为一体,利用碧水、绿树、古墙、漏窗、石山、小桥、曲廊等与亭台楼阁交互融合,造型构筑别具匠心,花卉果木葱茏满目,艺术精品俯仰即拾,集古代建筑、园林、雕刻、诗画、灰雕等艺术于一体,突显出中国古典园林庭院建筑中“雄、奇、险、幽、秀、旷”的特点。园内形成前疏后密、前低后高的独特布局,但疏而不空,密而不塞,建筑造型轻巧灵活,开敞通透。其园林空间组合是通过各种小空间来衬托突出庭院中的水庭大空间,造园的重点围绕着水亭作文章。

清晖园主要景点有船厅、碧溪草堂、澄漪亭、六角亭、惜阴书屋、竹苑、斗洞、狮山、八角池、笔生花馆、归寄庐、小蓬瀛、红蕖书屋、凤来峰、读云轩、沐英涧、留芬阁等,造型构筑各具情态,灵巧雅致,建筑物之雕镂绘饰,多以岭南佳木花鸟为题材,古今名人题写之楹联匾额比比皆是,大部分门窗玻璃为清代从欧洲进口经蚀刻加工的套色玻璃制品,古朴精美,品味无穷(见图7-56至图7-60)。

图 7-54 清晖园鸟瞰图

在花木配置方面，园内花卉果木逾百种，除了岭南园林常见的果树，还栽种了苏杭园林特有的紫竹、枸骨、紫藤、五针松、金钱松、七瓜枫、羽毛枫等，并从山东等地刻意搜集了龙顺枣、龙爪槐等北京树种，品种丰富，多姿多彩，其中银杏、沙柳、紫藤、龙眼、水松等古木树龄已百年有余，一年四季，葱茏满目，与古色古香之楼阁亭榭交相掩映，徜徉其间，步移景换，令人流连忘返。

2. 可园

可园(见图 7-61)于 1849—1850 年间兴工建造，至 1864 年(园主人张敬修故去)才基本建成，此间经历多次扩建与改建；在可园造园历程中，张敬修倾注心血、亲力亲为，并留下诗文以阐述其造园意境、寄景抒怀。通过张敬修撰《可园遗稿》中《可楼记》所述——“居不幽者，志不广；览不远者，怀不畅”，可知其造园重要理念为营造“幽”之意境与寄托“畅”之情怀；结合其诗文中“十万买邻多占水，一分起屋半栽花”，可知其选址的意向所在以及对庭园造景的重视。可园的兴修伴随着张敬修十几年“三起三落”的戎马生涯，其间不断汲取广西、江西园林之精华，并结合东莞实际，修建了可堂、可楼、可轩、邀山阁、问花小院、滋树台、擘红小榭、花之径、环碧廊、湛明桥、曲池、草草草堂、双清室、雏月池馆、绿脩楼、壶中天等，借景于北面可湖，形成了“连房广厦”的内庭园林空间，格局完整而富有岭南特色。

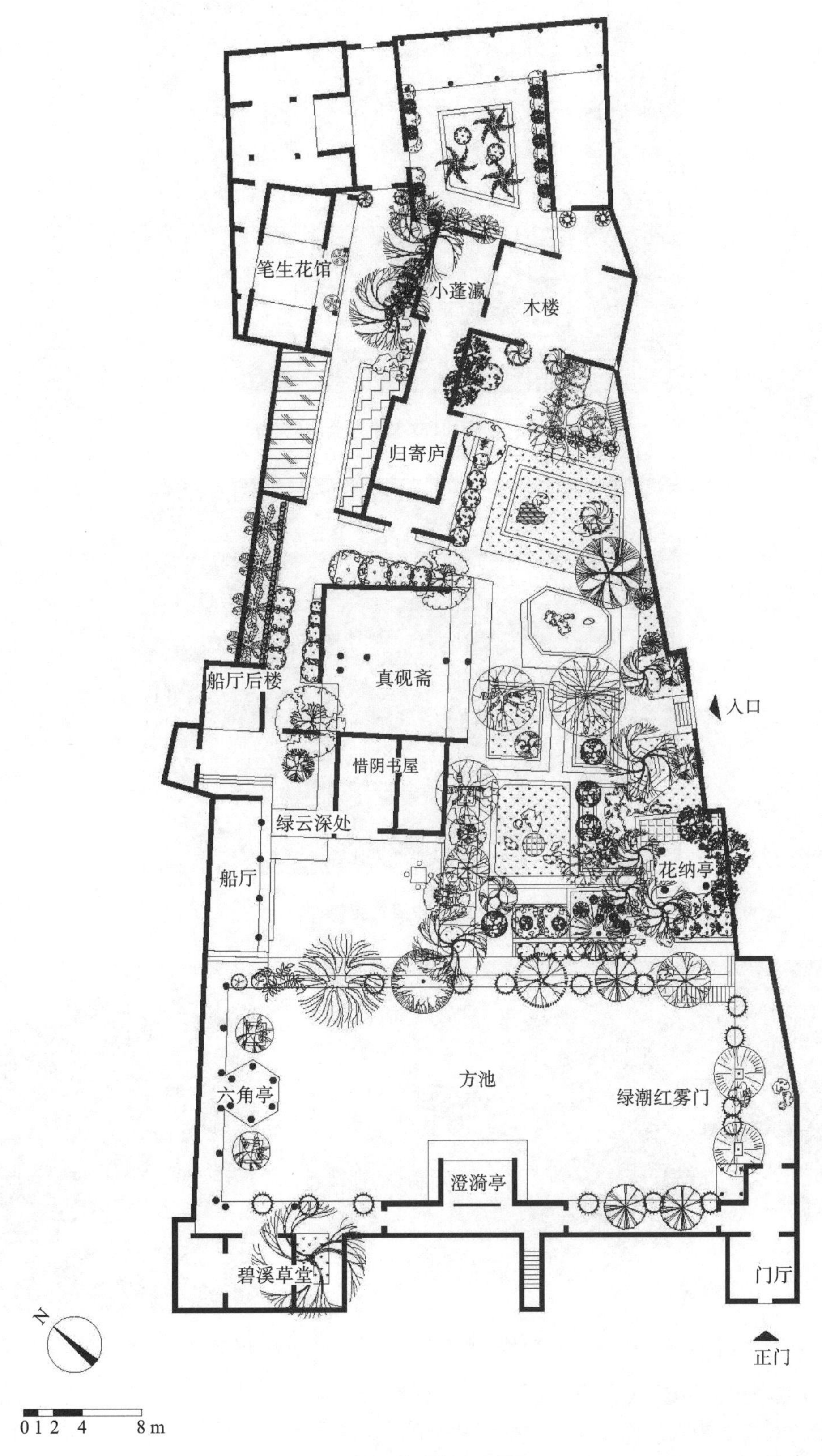

图 7-55　清晖园平面图

（图片来源：华南理工大学蔡倩仪）

图 7-56　清晖园白木棉九鱼图(灰塑)

图 7-57　清晖园竹苑(灰塑)

图 7-58　清晖园福临门金箔(漆木雕刻)

图 7-59　清晖园八仙法器(石湾陶瓷)

张敬修虽以武将身份起家,却颇有丹青风雅。大门上的“可园”二字就出自张敬修之手,以喻乐知天命、随遇而安,表达了对仕途和人生的理解。可园修建与园主人张敬修仕途起伏休戚相关。张敬修一生为武将戎马奔波,因清代战事频繁而屡次出征作战以慷慨赴国;仕途上多次起落,其间历经险恶与郁郁不得志,后期则到达乐知天命随遇而安的旷达境界,将私园命名为“可园”。

张敬修出身文人世家,为唐代宰相张九龄之弟张九皋后人。张氏一族自宋代迁居莞城,以诗文传家;张

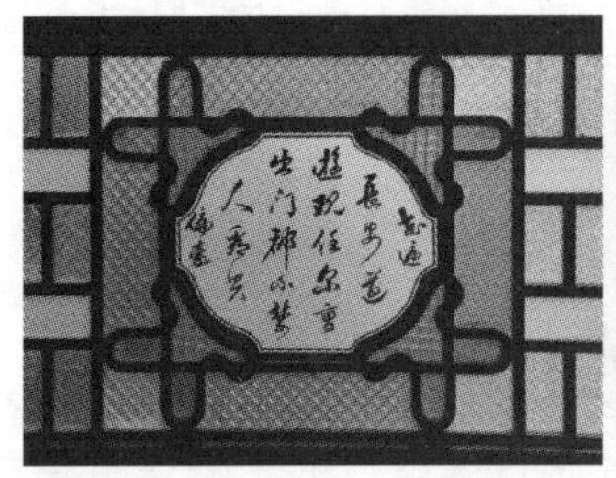

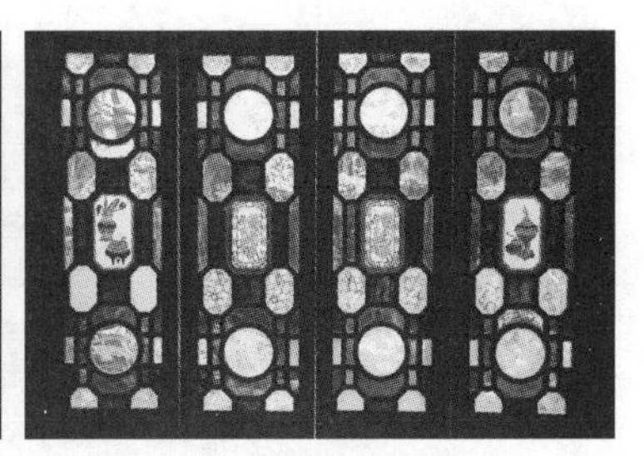

图 7-60　清晖园玻璃

图 7-61　可园全景

敬修二哥张熙元善经营，富甲一方，在张敬修 23 岁时为其捐得同知一职，自此张敬修出仕为官，以武将身份起家。1845 年受林则徐虎门销烟影响，张敬修参与修筑炮台、抵御外敌有功，受朝廷封赏并调至广西平定匪乱；平乱期间，张敬修仗义疏财“募勇购械以御贼”，却与当局招抚了事方略相违，满怀抱负而不得志。1849 年张敬修以弟亡母病为由罢归莞城，修葺宅园以奉养慈母，是为可园建园初衷。张敬修罢归故里后，本想建私园以诗画会友，将以终老；而后因 1851 年太平天国起义被朝廷召回重用上阵作战，其间张敬修作战英勇屡立战功。1856 年 5 月兵败重伤回乡养病，至同年 10 月第二次鸦片战争，再次受诏负伤作战取得大捷，复官江西按察使；1860 年初赴任，1861 年七月因病不得不退休归故里，回可园潜心于诗画造诣，至 1864 年正月卒。

根据文献记载，可园有过两次重要的改建：可园初次建成后，于北面临水可堂之上加建二层的“可楼”（后保护不当而毁，不复存在）；继可楼建成后，于西面桂花轩之上（双清室西侧）加盖三层，建成现今四层高的“邀山阁”。可园最初格局为南面入口接待、西面宴请消暑、北面游憩起居三个组群；经过加建竖向上的楼阁后，西面、北面建筑组群在二层通过檐廊、露台、蹬道以相互连通，将生活起居空间、游览观赏功能抬升至二层及以上，最终形成可园现有的独特的组群式竖向楼阁布局形式。

张敬修写文以描述园内竖向楼阁建造思路，文中表述“吾营可园，自喜颇得幽致。然游目不骋，盖囿于园，园之外，不可得而有也。既思建楼，而窘于边幅，乃加楼于可堂之上，亦名曰可楼”；而后“既营可楼，览仍不畅，乃度园西置杰阁，凡三层，期于见山而止"又再度加建园内四层的"邀山阁"，以达到可园既"幽致"又"畅达"的空间与意境。

张敬修以庭园意境营造作为其借景抒怀的重要表达方式，造园自1849年起历经十五年，其间他带兵在外仍不忘委托其侄张嘉谟辅助建造；直到1861年才得以返乡，定居可园休憩养病，以诗文会友，而这段理想生活在三年后随张敬修病逝而终结。

可园作为私家宅园，庭园营造主要受园主艺术素养与审美情趣的影响。可园除了作为私园之外，由于张敬修广邀文人雅士在可园雅集，在当时成为岭南地区文人雅集的重要场所；最重要的影响是其将居巢、居廉收为幕僚长住可园，以可园为教学、聚会主要场所而产生影响后世的岭南画派，这也成为东莞可园区别于其他私园的重要历史文化价值所在。因此，在了解可园张氏一族的人文历史背景之外，可园的历史背景还与岭南画派鼻祖"二居"与岭南文人雅集相关。

"二居"指清代画家居巢、居廉兄弟，其创造了撞水、撞粉中国画技法的居派花鸟画；"二居"对传统中国画的贡献除其独创技法外，在题材上以状写岭南风物为主，在当时岭南画坛独树一帜。"二居"早年为张敬修所赏识，居巢作为幕僚依附张敬修十七年，居廉先随张敬修，后与张嘉谟志趣相投，依附张嘉谟二十七年；"二居"早年创作生活与张氏家族、可园有紧密联系。可园、张氏为"二居"提供充裕的物质生活，可园、道生园为"二居"提供创作的诗意空间(张氏为其搜罗奇珍异草以观摩作画)，文人雅集为"二居"提供文化氛围，其技法在园内成熟，其精品在园内完成，且在园内进行传道受业；另一方面，"二居"与岭南画派为可园注入文化内涵与价值，两方相辅相成。

居巢与张敬修感情深厚，追随其数次出仕作战、出生入死，张敬修去世前嘱咐张嘉谟筹足费用送之归故里；后居巢、居廉回广州建"十香园"开馆授徒，在两广桃李甚众。居廉应张嘉谟之邀在之后十年中多次往返广州、东莞两地，客居道生园作画。"二居"在可园内创造撞水、撞粉技法，达到其绘画艺术巅峰时期，也留下最多绘画精品。因此，称可园为岭南画派重要的策源地不足为过。

张敬修作为当时一方名仕，家雄于财而性耽风雅，常接济本地文人，且广招文人雅集于可园；在其第二次归家闲居期间欲结孟山诗社，后因再次出征而未果。当时经常往来可园的有著名诗人番禺张维屏、东莞简士良、广西郑献甫等人，也留下较多诗篇以描述当年在可园赏菊咏梅观月夜的活动。继张敬修过世，其子张振烈仍以诗文会友进行雅集活动，留下《绿绮楼诗抄》《雏月池馆吟稿》(已失传)等诗集，绿绮楼"坛坫之盛"广为闻名("可作紫翁之柳堂观，可作树翁之啸剑山房观，亦可作余云根老屋观")。后可园与文人雅集随张家式微而没落，二十世纪六十年代的可园见图7-62。

可园(见图7-63)占地约2200平方米，建筑绕庭布局。虽然可园占地面积不大，但园中建筑、山池、花木等景物却十分丰富。造园时，运用了"咫尺山林"的手法，故能在有限的空间里再现大自然的景色。园北临村中大池塘，建筑物分西南、东北两组，中隔庭园。全园共有一楼、六阁、五亭、六台、五池、三桥、十九厅、十五房，左回右折，互相连通，通过130余道式样不同的大小门及游廊、走道联成一体，设计精巧，布局新奇。可园的特点是四通八达。把孙子兵法融汇在可园建筑之中，成为整座园林的一大特色。全园亭台楼阁，堂馆轩榭，桥廊堤栏，共有130多处门口，108条柱栋，整个布局有如三国孔明的八阵图，人在园中，稍不留神，就像进入八卦阵一般，极可能会迷路。

按功能和景观需要，可园大致划分为三个区，东南区为庭院主入口区，主要功能是接待客人和人员分流。东南区建筑包括建筑门厅、擘红小榭、草草草堂、葡萄林堂、听秋居及其骑楼，其中建筑门厅和擘红小榭与门厅门廊形成东南区建筑的中心轴线。西区建筑是主人接待设宴客人、远眺观景的地方。包括双清室、可轩以及建筑后巷的厨房、备餐室等。双清室主要用于设宴活动，其北侧小天井可通风纳凉，在双清室可观赏莲花池中的睡莲，享受后巷冷风。可轩位于双清室西侧，可轩上方便是庭院最高楼邀山阁。北区建筑是沿可湖而建的建筑，独具游湖观景的功能，园主人卧室以及书房等皆位于这组建筑中。可堂是这组建筑的主体，临湖设有游廊，博溪渔隐水面设有可亭与廊相对，人可以从曲桥上到可亭。可堂西面是壶中天，壶中天与可湖中间是船厅——雏月池馆，其二层是主人书房。雏月池馆西北角有观鱼簃及其平台。

可楼(见图7-64)高约17.5米，共四层，又名邀山阁，取"邀山川入阁"之意。曾是东莞县城最高建筑，也

图 7-62　二十世纪六十年代的可园

（图片来源：可园博物馆）

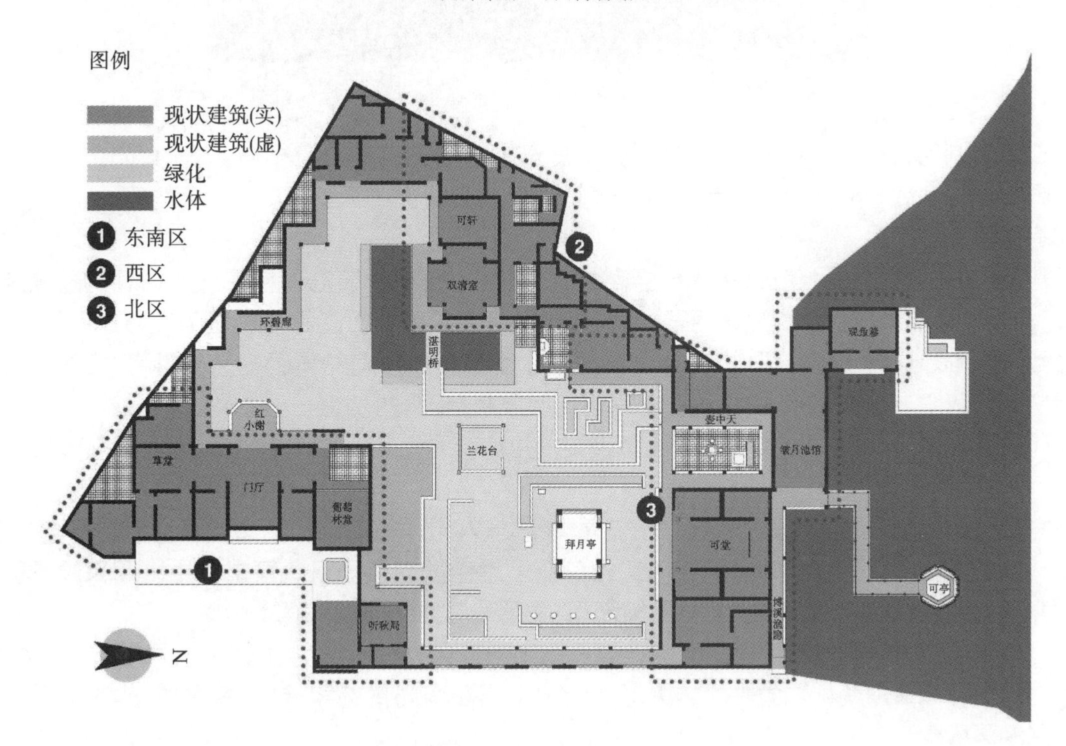

图 7-63　可园平面图

（图片来源：华南理工大学王平清）

是可园最有特色的建筑，平面近似方形，主体以青砖砌筑，体量坚实；外墙上窄窗点缀，以大阶砖出挑形成线脚，顶层再以木构架撑起歇山顶，四面通窗，可览远近之景。它是当年园主人休闲娱乐赏风景的最佳处，四面皆开窗，一阁豁然，可观八方之景。其立面造型是碉楼式，它是全庭的构图重心，体量虽大，但底层被遮挡，前有双清室烘托，侧有曲廊和平台陪衬，故感高而不威，挺而不孤，与园林简单轻松的气氛显得协调。邀山阁被老东莞人称为“定风楼”，因其四面通窗，仅以10根木柱筑于石墩之上，无一钉一铁。而东莞是台风常袭之地，邀山阁却经多次狂风、暴雨、地震仍安然无恙，体现了中国古建筑的高超技艺。

图7-64　可园可楼

可楼整体形制与材料选用与古代城门的角楼、岭南民居的碉楼有几分相似。同时，园主特意将双清室前位置边界明显的登阁主楼梯用墙体围合、遮蔽，仿似如军事堡垒的入口般，做消隐处理，也表现出园主人早年从戎的意境。

可轩是邀山阁的首层，是张敬修接待宾客之地。厅内门罩、地板装饰为桂花纹。可轩的地板加工十分精细，砖块由人工手磨而成。据说兴建可轩地板时，张敬修要求每个工匠每天加工不得超过两块，多了不但不赏，反而要罚，唯恐质量不佳。可见，琢磨之精细。在厅中央还设有一铜管口，它是用来送风送香的。当年在隔壁小房里放着一台鼓风机，由仆人在小房里用鼓风机鼓风，再加上一些香料，风由地下的铜管徐徐冒出，凉风阵阵，清香沁人，宾主无论是高谈阔论或细语密斟，都不会受到仆人的打扰。可见其设计巧妙，独具匠心。

双清室是可园的又一胜景，取“人境双清”之意，表达出人和环境之间的和谐。双清室结构十分奇妙，堂中的建筑、地板纹样、天花、窗扇皆为“亞”字形，相传亚字是吉祥之字。双清室是园主人用来吟风弄月的地方，堂前有湛明桥翠、曲池映月之景。此室结构奇巧，四角设门，便于设宴活动。

在这里普遍采用了岭南庭园惯用的套色玻璃。窗扇由红色、绿色、蓝色、黄色的玻璃镶嵌，色彩缤纷，令室内外景物增加了光影的变化。而大厅中央墙上的玻璃还制有居巢的字，更显其名贵，也由此可见园主人与居巢之间的深厚情谊。

3. 余荫山房

位于广州市番禺区南村镇的余荫山房，建于清同治十年（1871年），距今已有一百五十多年的历史。咸丰年间，余荫山房原园主人邬彬（1824—1897年），寒窗苦读近十载，于同治六年（1867年）乡试中举，后因捐纳得任内阁中书（官阶从七品京官文职），任职不久便在大选中被选用为司员外郎（从五品），抽签分为刑部主事。咸丰五年，因“克襄王事”（捐助军需）被咸丰皇帝诰授为通奉大夫，官至从二品。邬彬在京任职期间，正值中国古典园林艺术与创造的高潮时期，统治阶级盛行营造官署，江南文人、官僚富商皆兴造私园。邬彬对此感触颇深，逐渐有日后辞官返乡也有一座自己的小园子，过着归隐悠闲生活的心愿。在京任职期间，邬彬延聘苏杭画师绘制园林景观图纸，因缘又得贝勒王爷赠予的水粉画一幅。咸丰八年（1858 年），以母亲年迈为由，邬彬辞官归乡。在此期间，邬彬的两个儿子也先后中举。那时一家出三个举人，在乡里是一件非常荣耀的事，因而有“一门三举人，父子同登科”之说，邬氏同族便将建造善言邬公祠和潜居邬公祠所剩的不足三亩的土地赏其建造房屋。邬彬参考苏杭画师的图纸还有获赠的水粉画，又借鉴广州“海山仙馆”，对此地因地制宜规划建设。耗时五年，遣资白银三万两，余荫山房于同治十年（1871 年）落成。邬彬的后人于 1922 年在山房南面添建了一座瑜园，规模虽仅有余荫山房的一半，但无论在建筑外貌上还是在室内装饰上都与余荫山房融为一体。

余荫山房（见图 7-65）虽不足三亩之地，但容纳颇丰。余荫山房的格局是以浣红跨绿廊桥为界，东西方向是两个水池并排的双庭结构，余荫山房岭南建筑（见图 7-66）。庭园的轴线感非常明显，呈十字形布局，以水为布局中心，纵向由东至西为水池两口，横向桥廊飞架南北，建筑物分布于水池周边，好像“十”字加上方框，即呈“田”字状。内有红雨绿云、浣红跨绿廊桥、深柳藏珍三大景观和深柳堂、临池别馆、卧瓢庐、玲珑水榭（见图 7-67）四大建筑。廊桥西边是与深柳堂和临池别馆隔池相望的方庭，东庭则以玲珑水榭为中心，卧瓢庐、来熏亭、孔雀亭等构筑物环绕水庭依次坐落。庭园原入口在园子西南端，由入口到庭园需先经过门厅和小院，两者一暗一明，空间有开合之感。继而一条翠竹夹簇的小径与方庭交接，由此正式步入主人的居室与庭园。四方形水池是该桥东区域的中心与视线焦点，玲珑水榭则是西庭景观视线始发核心。两庭核心一实一虚，视线也呈一聚一散之势。四方水池与八角水庭间水体贯通，以浣红跨绿廊桥作为边界过渡。全园多以回廊曲槛划分空间，这样的处理方式，既不影响空间通透度，又使空间具有深远的层次感。

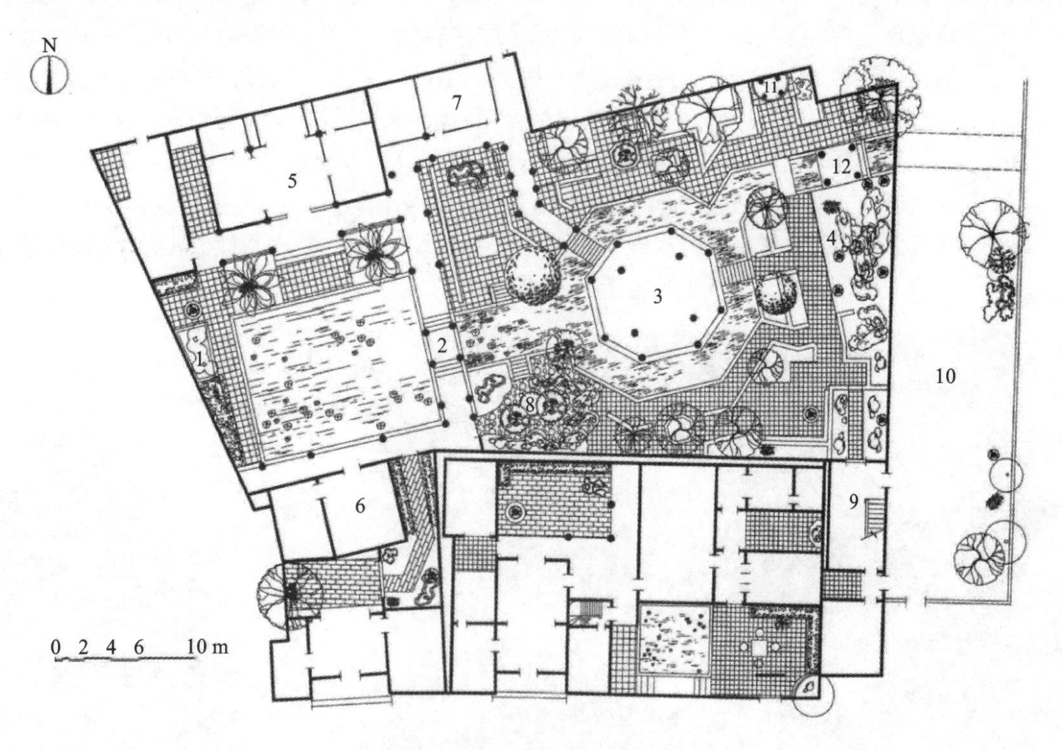

图 7-65 余荫山房平面图

1. 童子拜观音山；2. 浣红跨绿廊桥；3. 玲珑水榭；4. 狮山；5. 深柳堂；6. 临池别馆；7. 听雨轩；8. 鹰山；9. 杨柳楼台；10. 花圃；11. 来薰亭；12. 孔雀亭

余荫山房在设计上缩龙成寸、小中见大，绿树成荫，建园理水，廊亭分布，充分展现了岭南庭园丰富的空间层次和重遮阳的空间特点，绿化和人工遮阳兼顾，有利于发掘遮阳设计要素；余荫山房是岭南庭园保留最

图 7-66　余荫山房岭南建筑

完好的庭园之一，环境还原性高，还具有极强的地域文化特点。华南理工大学的邓其生教授认为，“余荫山房是四大名园中保存最完整、现状与原貌最符合的一个园林”。唐孝祥教授则认为其充分表现出岭南建筑“求真而传神，求实而写意”的艺术风格，体现了岭南人崇尚自然真趣的审美趣味；其建成作为私人居所，功能性强。虽园地不足三亩(约 1598 平方米)，但承担了居住、休闲、创作、社交等作用。其作为私家园林对舒适性的要求较高，造园智慧里包含了建造中对热环境回应的经验实践，其应对气候的设计手法值得学习。

文昌阁(见图 7-68)为一座江南风格的园林建筑，着意展示岭南园林文化具有多元和兼容的特点。文昌阁高 15.4 米，外观呈八角形，采用貌似四层实为三层的空间分隔，既加强了立面景观美，又符合阳数寓意吉祥。整座建筑高耸挺拔，直上凌空，飞檐优美，翼角起翘，气势不凡。每当风起，梵铃叮当，令人心旷神怡。殿内天花藻进绘有人物、花卉、鸟兽、山水等，画工精细，生动引人。文昌阁两侧，回廊天花，亦满布番禺地方风情彩绘和催人奋进的民间故事连环画，寓教育于园林中。

图 7-67　玲珑水榭

图 7-68　文昌阁

4. 梁园

佛山梁园是梁氏私家园林的总称，也是“清代粤中名园”。清嘉庆、道光年间，由内阁中书、岭南著名诗书画家梁蔼如及其侄梁九华、梁九章、梁九图等精心营造。梁氏家族虽以经商起家，但自从梁蔼如读书考取功名后，整个家族开始进入士大夫阶层。但与通常的士绅之家不同，梁蔼如的子侄虽读书，但都不乐仕进。据《佛山忠义乡志》记载，梁九章在四川任知州，深受上司器重，但“旋以亲老回籍，不复出”；梁九华“澹于仕宦，未及赴京师既丁外艰……治家严肃，玩好之物必禁”；梁九图“性淡雅，不乐仕进，唯喜山水”。由此可观梁氏家族的淡雅之风。梁园得名，本不是主人所命，而是当时友人(岑澂曾有诗“人原汾水无双士，诗是梁园自一家”)和后世人对梁氏家族园林的统称。由此可见，梁园本不是一人一家的园林，而是家族式园林。

元朝时期，梁氏先祖梁铭岳(字嵩山)，从南雄珠玑巷迁至顺德麦村。到梁国雄时期，因兄妹众多，为谋求生机，佛山正值康熙以来采取的休养生息政策，加上佛山经济发展，于是在清嘉庆时期，梁国雄就带领家人从顺德迁往佛山定居。他看到当地人拜神求佛的习俗很常见，于是就以贩卖香烛为生，由于做事勤劳，为人忠厚，很快便建立了梁氏家族发展基业，不久就在汾宁路开了间名为“兰香烛铺”的商铺。梁国雄注重教育，就让三个儿子进入社学学习，空闲时间让儿子帮忙打理生意。后来家族兴旺，生意越做越大，就在松桂里购置房产，长子梁玉成弃科举，管理家业。次子梁蔼如于嘉庆十四年(1809 年)中进士，供职朝廷。三子梁可成本打算进入仕途，由于大哥做生意需要人手，帮大哥打理生意。梁氏在短短几十年里，成为佛山大户。他们非常重视对后代的教育，最早造园者应是十四代梁蔼如，松桂里的“无怠懈斋”是其辞官归隐后对宅邸的改造。后来，梁九章在松风路西贤里修筑“寒香楼”“菊花楼”。道光年间，购得明代名仕程可则的故居“蕺山草堂”。在外游玩之时，在石滩看到九块异形黄蜡石，如获珍宝，于是花钱命人搬运家中，后来又购得三块黄蜡石，十二块异石藏于蕺山草堂。以奇石为主题营造成了“山斋傍水开玲珑，怪石秀成堆天留”的名园。因爱石成“痴”自号“十二石山人”，后来书斋更名“十二石山斋”。梁九华兴建了另一处园林群星草堂，与住宅、祠堂、景观浑然一体，是使用与观赏相结合的产物。道光时期，梁九图在群星草堂西面为他的爱妾陈姬建造了粉江草庐，利用大面积的水，营造出“几亩池塘几亩坡，一泓清澈即沧波；桥通曲径依林转，屋似鱼舟得水多”的景观。同治后期，由于受战乱影响，经济增长缓慢，好景不长，梁氏家族家道中落。风光已不再，人口增加使得生活贫困，梁氏家族有的变卖房产，背井离乡。梁九图在梁九华去世后，从粉江草堂搬回十二石山斋。粉江草堂因资金有限，年久失修，梁架林木遭到腐蚀，园林从此开始荒废。梁九华儿子梁思博把群星草堂变卖后，在外做官定居了下来。梁九图的后代大多留在了松桂里。宣统三年(1911 年)，爆发了“反酒捐”活动，梁九图儿子梁神隽因参与烟酒捐，阻碍了一部分人的利益，这些人便纠集人群，闯进梁氏园林，对梁家家产大肆破坏，一代名园残损不堪。由于梁九华的孙子梁冠澄在清末生意获得成功，后又把群星草堂赎买回来，对其进行修建。

梁园(见图 7-69、图 7-70)是清代岭南文人园林的典型代表之一，宅第、祠堂与园林浑然一体，岭南式“庭园”空间变化迭出，格调高雅；造园组景不拘一格，追求雅淡自然、如诗如画的田园风韵；园内果木成荫，富有岭南水乡特色。园林设计以置石石景和水景见长，搜罗英德、太湖等地奇石，有的如危峰险峻，有的似怪兽踞蹲，其中“苏武牧羊”“如意吉祥”“雄狮昂首”等更属石中之珍品。

园中亭台楼阁、石山小径、小桥流水、奇花异草布局巧妙，尽显岭南建筑特色。梁园素以湖水萦回、奇石巧布著称岭南；园内建筑玲珑典雅，绿树成荫，点缀有形态各异的石质装饰；不仅如此，梁园还珍藏着历代书法家帖。秀水、奇石、名帖堪称梁园“三宝”。

佛山旧为水乡，周边及街区内遍布溪流沟渠，因此梁园水景也是一大特色。汾江草庐内“缚柴作门，列柳成岸。两溪夹路，一水画堤。涧流潺潺……。沿涯遍植菡萏，参差错叠。……碧盖千茎，丹葩几色。月夜泛舟上下，足避暑焉。”“加以回浦烟媚，崎湾涨深，一地无尘，半天俱水。……伏流进响，渺渺乎，浩浩乎，足以聘游怀祛烦累已。”时人陈璞访问汾江草庐后，作诗对其水景多有赞颂。

梁园尤以大小奇石之千姿百态、设置组合之巧妙脱俗而独树一帜。梁园的山都不是“叠”出来的，而是与整个造园质朴的风格相统一的，不求恢宏的气势而求石的神态韵味，以小代大，表现山川之奇。梁九图在

图 7-69　梁园入口

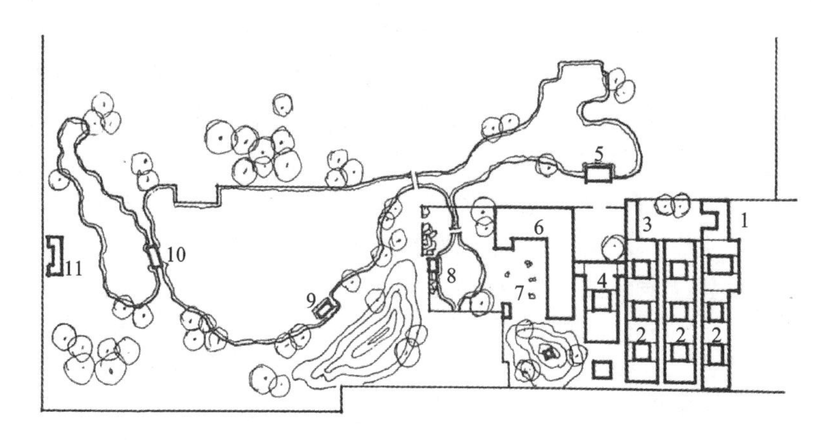

图 7-70　梁园平面图

1. 大门；2. 邸宅；3. 二门；4. 祠堂；5. 荷香水榭；6. 群星草堂；7. 石庭；8. 半边亭；9. 石舫；10. 韵桥；11. 西门

诗中描述到，“衡岳归来意未阑，壶中蓄石当烟鬟。”这种以石代山取代“叠山”的方法，摒弃了石块的积压堆砌，省却了石头纹理及形状的比照磨合，可以更灵活自由地表达不同思想情感。相传梁园奇石达四百多块，有“积石比书多”的美誉。群星草堂中最吸引人的莫过于“石庭”。它讲究一石成形、独石成景，在岭南私园中独树一帜。梁园的主人通过对独石、孤石的整理，突显个体特性，在壶中天地中表达了对人的个性和自由人格的追求。园内巧布太湖、灵璧、英德等地奇石，大者高逾丈、阔逾仞，小者不过百斤。在庭园之中或立或卧、或俯或仰，极具情趣，其中的名石有“苏武牧羊”“童子拜观音”“美人照镜”“宫舞”“追月”“倚云”等。景石间以竹木、绕以池沼。（岭南园林用石，石材有英石、黄蜡石、珊瑚石等。岭南理石不向上堆叠，而向水平展开，分为置石法、堆石法、挂壁法、塑石法。置石法分为黄蜡石、太湖石和花岗石，分平置、抛石和埋石三法。堆石法多是用太湖石或珊瑚石。叠石法主要用于英石的壁山做法，称“挂壁法”，最富岭南风韵，可用于室内室外。塑石法就是用灰泥和水泥仿石，节省石材，造型不受限制，玲珑多致，拳曲飞舞，是广州造石的代表。）

梁园主人自梁蔼如之后已无“白丁”，个个习文弄墨，骚客云集。诗句中的“叩门过访多生客，除却求书便寄诗”“垂老兄弟同癖石，忘形叔侄互裁诗”可谓生动写照。在梁氏兄弟中，梁九章“工画梅，人争购之，时论称其秀逸中见古劲，当与金冬生并驱争先。喜鉴藏古今法书名画，刻有寒香馆帖六卷。当时粤中鉴藏家，南海有叶氏（梦龙）《风满楼（法帖）》、吴荣光《筠清馆（法帖）》及梁氏《寒香馆（法帖）》而三”。“汾水为粤城上游要地，南北士大夫往来络绎，道过者多与订缟纻交，而应酬赠答，佳章镌句，又往往清丽缠绵。”梁九图“九弱冠工擘窠书，兼有平原玉局笔法，旁通篆隶，尤工画兰，索书画者，几至踏破铁门限”。梁九华“精湛舆，营坟建祠不借手他人，皆经理周密。生平喜书画，尝得宋拓十三行，颇快意”。“晚年又好石，辟群星草堂，以奇石环列左右，与其弟九图日相品题”。“九华子思溥工诗，与九图相唱和，故有叔侄互裁诗之句。天伦之乐事，不让桃李芳园，一时传为佳话”。

梁园是研究岭南古代文人园林地方特色、构思布局、造园组景、文化内涵等方面不可多得的典型范例，展现了古代佛山文人对远离大都会尘嚣、享受林泉之乐的追求，也体现了“广府文化”中对花园式宅第和自然的空间环境的向往。其典型丰富的历史文化内涵，又是反映佛山名人荟萃、文风鼎盛的重要实物例证。梁园中部景观(见图 7-71)。

图 7-71 梁园中部景观

7.4.4 对比江南、北方、岭南私家园林的风格

这三大地方风格主要表现在各自造园要素的用材、形象和技法上，园林的总体规划也多少有所体现。

1. 江南私家园林

叠山石料以太湖石和黄石为主；石的用量很大，大型假山石多于土，小型假山几乎完全叠石而成；植物以落叶树为主；建筑以高度成熟的江南民间乡土建筑作为创作源泉，园内有各种各样的空间。

2. 北方私家园林

叠山假山的规模比较小，但叠山技法深受江南影响，风格却显示出幽燕沉雄的气度；植物方面观赏树种比江南少；景观规划中轴线、对角线运用较多，园内空间划分比较少。

3. 岭南私家园林

叠山采用“塑石”的技法；植物方面园内观赏植物品种繁多，如老榕树大面积覆盖遮蔽的阴凉效果宜人，堪称岭南园林之一绝；建筑比重大，建筑的局部、细部很精致。

7.5 寺观园林

此时期的佛教和道教虽处于式微阶段，但由于政府的倡导，全国范围内新建、扩建的寺观仍有很多，城市及其近郊的寺观十分重视本身的庭院绿化，往往成为文人吟咏聚会的场所、群众游览的地方。杭州西湖是闻名海内外的风景名胜区，也是寺观园林集中荟萃之地。

1. 北京大觉寺

大觉寺(见图 7-72)又称西山大觉寺、大觉禅寺，位于北京市海淀区阳台山麓，始建于辽代咸雍四年(1068 年)，称清水院，金代时大觉寺为金章宗西山八大水院之一，后改名灵泉寺，明重建后改为大觉寺。大觉寺以清泉、古树、玉兰、环境优雅而闻名。寺内共有古树 160 株，有 1000 年的银杏、300 年的玉兰，古娑罗树，松柏等。大觉寺的玉兰花、法源寺的丁香花与崇效寺的牡丹花一起被称为北京三大寺庙花卉。大觉寺八绝是古寺兰香、千年银杏、老藤寄柏、鼠李寄柏、灵泉泉水、辽代古碑、松柏抱塔、碧韵清池。

图 7-72 大觉寺入口

①古寺兰香，它是指四宜堂内高 10 多米的白玉兰树，相传为清雍正年间的迦陵禅师亲手从四川移种，树龄超过 300 岁。玉兰树冠庞大，花大如拳，为白色重瓣，花瓣洁白，香气袭人。玉兰花于每年的清明前后绽放，持续到谷雨，因此大觉寺玉兰是北京春天踏青的胜景。

②千年银杏，在无量寿殿前的左右各有一株银杏树。北面的一株雄性银杏，相传是辽代所植，距今已有 900 多年的历史，故称千年银杏、辽代“银杏王”。银杏树高 25 米左右，直径 7.5 米。乾隆皇帝曾写诗赞誉：“古柯不计数人围，叶茂孙枝缘荫肥。世外沧桑阅如幻，开山大定记依稀。”

③老藤寄柏，大觉寺山门内的功德池桥边有一古柏，上有老藤从下部树干分支长出。

④鼠李寄柏，四宜堂院内，古玉兰的西面，有一颗大柏树，在 1 米多高分成两个主干，在分叉处长出一颗鼠李树，故称鼠李寄柏。

⑤灵泉泉水，寺院最高处的龙湾堂前有一方兴水，池山后的灵泉汇集到水池的龙首散水上，喷入池中。

⑥辽代古碑，在大悲堂的西北侧有一辽代古碑，刻有天王寺志延撰写的《阳台山清水院创造藏经记》。据碑上文字记载是奉辽朝道宗皇帝及萧太后之旨意于戊申年(1068 年)三月所立。

⑦松柏抱塔，迦陵舍利塔为松柏环绕，南面一棵松树，北面一棵柏树，松树和柏树的枝条向白塔生长，似

乎是要伸手将白塔抱住，因此得名松柏抱塔。

⑧碧韵清池，在北玉兰院中有一个用整块黑色大理石雕刻出的水池，上面流下的泉水蓄在池中，又从池中顺水道向下流淌。石头上刻有“碧韵清”三个大字。

除了八绝以外，寺内还有其他独特的风景，如独木成林的银杏树，树龄达500年的娑罗树，从龙王堂前分两路流下的泉水等。九子抱母也非常著名。迦陵舍利塔（见图7-73）又称迦陵和尚塔、大觉寺塔，是清代雍正年间寺内住持迦陵禅师的墓塔，建于乾隆十二年（1747年）。

图7-73 大觉寺舍利塔

2. 北京白云观

北京白云观为道教全真派十方大丛林制宫观之一，位于北京西便门外。始建于唐，名天长观。金世宗时，大加扩建，更名十方大天长观，是当时北方道教的最大丛林，并藏有《大金玄都宝藏》。金末毁于火灾，后又重建为太极殿。邱处机赴雪山应成吉思汗聘，回京后居太极宫，元太祖因其道号长春子，诏改太极殿为长春宫。及邱处机羽化，弟子尹志平等在长春宫东侧构建下院，即今白云观，并于观中构筑处顺堂，安厝邱处机灵柩。邱处机被奉为全真龙门派祖师，白云观以此称龙门派祖庭。今存观宇系清康熙四十五年（1706年）重修，有彩绘牌楼、山门、灵官殿、玉皇殿、老律堂、邱祖殿和三清四御殿等。

白云观前身系唐代的天长观。据载，唐玄宗为“斋心敬道”，奉祀老子，而建此观。观内至今还有一座汉白玉石雕的老子坐像，据说就是唐代的遗物。金正隆五年（1160年），天长观遭火灾焚烧殆尽。金大定七年（1167年）敕命重修，历时七载，至大定十四年（1174年）三月竣工。金世宗赐名曰“十方天长观”。泰和二年（1202年），天长观又不幸罹于火灾，仅余老君石像。翌年重修，改名曰“太极宫”。金宣宗贞祐二年（1215年），国势不振，迁都于汴，太极宫逐渐荒废。

元初，邱处机（号长春子）自西域大雪山觐见成吉思汗，东归燕京，赐居于太极宫。当时宫观一片凄凉，遍地瓦砾，长春真人遂命弟子王志谨主领兴建，历时三年，殿宇楼台又焕然一新。元太祖二十二年（1227年）五月，成吉思汗敕改太极宫为“长春观”。七月，邱处机仙逝于长春观。次年，长春真人高徒尹志平在长春观东侧下院建处顺堂藏邱祖仙蜕。元末，连年争战，长春观原有殿宇日渐衰圮。明初，以处顺堂为中心重建宫观，并易名为白云观。清初，在王常月方丈主持下对白云观又进行了一次大规模的重修，基本奠定了今日白云观之规模。白云观罗公塔和白云观窝风桥（见图7-74、图7-75）。

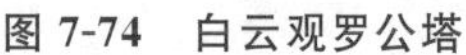

图 7-74　白云观罗公塔

图 7-75　白云观窝风桥

3. 承德普宁寺

普宁寺(见图 7-76),又称为大佛寺,位于河北省承德市双桥区普宁路 1 号,是一座藏传佛教格鲁派寺院,也是“外八庙”之一。外八庙是河北承德避暑山庄周围八座藏传佛教寺庙的总称,清康熙时期,北京、承德共有四十座直属理藩院的庙宇,其中的八座坐落在承德,而承德地处北京和长城以外,故将它们称为“外八庙”。这八座庙宇包括溥仁寺、溥善寺(现已不存)、普宁寺、安远庙、普陀宗乘之庙、殊像寺、须弥福寿之庙和广缘寺。

普宁寺始建于清朝乾隆二十年(1755 年),清朝军队平定了准噶尔蒙古台吉达瓦齐叛乱。冬十月,厄鲁特蒙古四部来避暑山庄朝觐乾隆皇帝,为纪念这次会盟,乾隆仿照康熙与喀尔喀蒙古会盟建立多伦汇宗寺先例,清政府依照西藏三摩耶庙的形式,修建了这座喇嘛寺。普宁寺是一座典型的汉藏合璧式的寺庙。整座寺庙平面布局严谨,以大雄宝殿为界,分为前后两部分,前半部分是汉族寺庙传统的伽蓝七堂式布局(伽蓝,即寺庙。七堂一般是以山门殿,天王殿,大雄宝殿为中轴线,左右对称建有钟楼、鼓楼,东西配殿)。后半部分是藏式形式,是仿西藏三摩耶庙的形式修建的曼陀罗——大乘之阁(见图 7-77),又称三阳楼。它依山就势,雄踞在青石须弥座台基上,面阔 7 间,进深 5 间,阁通高 37.4 米。南面 6 层檐,佛教意为空,对称“六合”。东西两侧出檐 5 层,佛教意为“五大”(地、水、火、风、空)。北面 4 层檐,佛教意为四曼,即四种“曼陀罗”。下设抱厦,前后檐下安装汉式三角六菱花窗,东西两侧下檐封以实墙,墙面涂红,饰有藏式盲窗,逐层向内收进。在第 5 层四角各置一座小方亭,中间再起一层,用大方亭压顶,这种手法既美观又牢固,是国内楼阁中仅见的一例,堪称建筑史上的杰作。

千手千眼观世音菩萨(见图 7-78)便供奉在主体建筑大乘之阁中,其通高 27.21 米,是金漆木雕千手千眼观世音菩萨。寺院主要建筑都在中轴线上,附属建筑则对称地分列两边。主体建筑大雄宝殿为双层歇山式,称为“九脊十龙”殿,内供三世佛与十八罗汉像,壁画环绕。前后两座主体建筑均建在 1.4 米高的石砌须弥台基之上,殿前的月台有雕刻精美的石栏杆环绕,台阶中央铺有石雕艺术精品“云龙石陛”,四角又称“螭”的龙头。寺庙中有“金龙和玺”与“六字真言和玺”彩画。

图 7-76 普宁寺入口

图 7-77 普宁寺大乘之阁

图 7-78　普宁寺千手千眼观音

7.6　其他园林

7.6.1　公共园林

公共园林除了提供文人墨客和居民交往、游憩场所的传统功能外，也与消闲、娱乐相结合，成为俗文化载体。农村聚落的公共园林更多地见于经济、文化较发达的地区。

公共园林形成的三种情况：

(1) 依托于城市的水系，或者利用河流、湖泊、水泡子以及水利设施而因水成景——此情况多见于城市近郊。如北京的什刹海、太平湖、陶然亭。各地一些大城市也多利用城区内或附廓的较大水面，开辟为城市公共园林。如大明湖(济南)、玄武湖(南京)、翠湖(昆明)、瘦西湖(扬州)等。

以什刹海为例具体介绍如下。

什刹海位于北京中轴线北端，是古都北京的一处天然湖泊，包括前海、后海、西海(又称积水潭)三块水域，是北京城内面积最大的一片历史文化保护区，占据了得天独厚的地理位置。

什刹海的悠久历史，可以追溯到东汉以前，最初是高梁河下游的古河道，辽金以后由于这里秀丽的风景和广阔的水域被皇室看重，在这里修建了大量的离宫，成为皇室郊游之地，辽代名为瑶屿，金代名为太宁宫。元代，元世祖忽必烈将都城迁往中原的燕京地区，摒弃金中都旧城建立元大都，大都的规划由刘秉忠主持设计，充分利用了积水潭这片城内的开放水域，紧邻积水潭东岸确立南北中轴线，以水域宽度为城市宽度的一半，形成城市的雏形。大都城的规划将积水潭分为南北两部分，南部被圈入皇城成为太液池，即现在的北海和中海，北部则成为海子，即现在的什刹海水域。后为解决漕运问题，元代科学家郭守敬对该水域进行了一系列的疏通和引流，使这里成为大运河的漕运码头。元代积水潭码头复原图如图 7-79 所示。自此，积水潭既是大都城中心，又是漕运码头，一时间“扬波之橹，多于东溟之鱼；驰风之樯，繁于南山之笋；一水即道，万货如粪”，什刹海周边也成为元大都最为繁华的地段，也体现了前朝后市的城市格局。据《顺天府志》记述，当时能够奉诏进入大都城的大都为富贵人家和达官显贵，每户可获得一份面积为八亩的土地用来建造宅院，若占地超过八亩还会被官府收回，另行分配给他人使用。由此可见，能够进入积水潭修建宅院的非富即贵，这项规定也成为北京四合院的起源。当时什刹海畔有一座远近驰名的万春园，大致位于如今火德真君庙的后方，进士登第后均会在园内相聚畅谈。丞相托克托的府邸旧址在今什刹海的护国寺。什刹海地区被大规模改造和利用就是从元代开始的，元代以后，这里日趋繁荣，府邸宅院比比皆是，初步形成什刹海地区的区域文化和建筑风格。

图 7-79 元代积水潭码头复原图

（图片来源：首都博物馆）

明代，明成祖迁都北京，对城市进行了大规模的改扩建。一是将元大都的北侧城墙南移切断了积水潭的上游，东西两侧城墙的扩建阻断了积水潭与京杭大运河，积水潭不再是漕运码头，昔日船舶林立的景象也不再；二是什刹海由于泥土淤积，由元代的一片水域变为三片水域，北段称积水潭，中段南段称什刹海；三是在太液池南部开挖新渠，并重新与积水潭连接起来，形成了“银锭观山水倒流”的景观。城市的改建和漕运的衰弱，再加上水域的干涸，使得积水潭出现了大量的土地，吸引了众多王公贵族在此修建宅院，名人雅士在此吟诗作赋，平民百姓在此游乐嬉戏，一时间水木明瑟，琳宇辉映成为城中第一胜地。如明朝开国元勋徐达的定国太师圃，“定国徐公别业，从德胜桥下，右折而入，额曰：太师圃”。还有著名的米仲诏（米万钟）的漫园，“在德胜门积水潭之东，米仲诏先生构，有阁三层”；刘百世的镜园，“堂三楹，南有广除，眺湖光如镜，故名镜园。下有路，委折临湖门，作一台，望山色遥清可鉴，台下地最卑，眺湖较远”。

清代，基本未对城市格局进行改变，沿用了明代的旧城。一方面清朝采取了满汉分城制度，内城由八旗驻守，而什刹海一带为正黄旗驻守，居住的均为满族权贵；另一方面，由于清代封诸王，不设郡国，赐建府邸集中居住在京城内，推动了清代王府建筑的发展，什刹海以其得天独厚的优势成为王府选址的理想之地。著名的王府还有前海西街的恭王府、庆亲王府，柳荫街的涛贝勒府，后海北岸的醇亲王府等。官邸有清末军机大臣张之洞的故居、邮船部大臣盛宣怀和光绪礼部侍郎斌儒的故居。著名的权臣和珅也曾在这里修建了宅邸，在前海修建了一条和堤，什刹海水面被分成了四片。自此，什刹海畔密布着清代新贵的王府花园，弥漫着富丽堂皇的满洲皇家气息。

（2）利用寺观、祠堂、纪念性建筑的旧址，或者与历史人物有关的名迹，在此基础上，就一定范围内稍加园林化的处理而开辟成公共园林。如：杜甫草堂、桂湖、百泉。

（3）农村聚落的公共园林（尤其在江南地区），既有建在村内的公园，又有建在村落入口处的水口园林（如安徽歙县的檀干园）。

以檀干园为例具体介绍如下。

檀干园（见图 7-80）位于歙县西 10 公里唐模村，是中国皖南最大的私家园林，充满了浓厚的古徽文化韵味。因园内遍植檀花，又有小溪缓缓绕流，便取《诗经》中“坎坎伐檀兮，置之河之干兮”之意，命名为“檀干园”。始建于清初，乾隆年间修葺。曾是本村许氏文会馆旧址，又因园内有人工湖，湖为清初唐模村一许姓富商所凿，有三潭印月、玉带桥、灵官桥、湖心亭、白堤等模拟杭州的风景，以供其母游乐，故当地民间俗称为“小西湖”。整个唐模村誉为“全村同在画中居”。

图 7-80　檀干园

7.6.2　衙署园林

衙署园林具有宅园的功能，即使在偏僻的地区，衙署内均少不了园林的建置。如今，衙署建筑很少有保留下来，衙署园林实例属凤毛麟角。河南内乡县衙是现存最完整的一座县衙之一，被誉为“天下第一衙”(见图 7-81、图 7-82)。

图 7-81　内乡县衙鸟瞰图

图 7-82　内乡县衙

7.6.3　书院园林

书院是中国古代的一种特殊的教育组织和学术研究机构，始建于唐代。清代的书院建筑和书院园林有不少保存了下来。典型代表有云南大理西云书院、安徽歙县竹山书院。

竹山书院（见图 7-83）位于安徽省黄山市歙县雄村，书院的园林规模虽小，但设计精致，是现存皖南名园之一，园林面积约 2000 平方米，相当于小型的游憩园。园林北面地势略高，建置八角形两层高的文昌阁，体量较大，既作为全园景观的主题以隐喻其作为书院附园的性质，又可登高远眺园外之景。园林的东面完全敞开，新安江的自然风景得以延纳入园的主庭院中，园内园外之景浑然一体，园林的主庭院的山水布置比较简约。此园选址极好，园林的规划亦能顺应基址的天然地势和周围环境，园林本身的山池仅稍事点缀，重点则放在收摄园外的山水借景作为主要的观赏对象，即所谓的延山引水的做法。以一幢楼阁作为园林的主体建筑物，这种布局也是比较少见的。

图 7-83　安徽歙县竹山书院

7.7 少数民族园林

通常所谓“中国古典园林”即指汉族园林而言，少数民族大部分由于本民族的经济、文化的发展一直处于低级阶段，尚不具备产生具有本民族特色的园林的条件。居住在边疆的一些少数民族受到外来文化影响较多，例如云南的傣族受到泰缅文化影响较多；新疆维吾尔族受到伊斯兰文化影响较深，民居表现为明显的伊斯兰建筑风格。只有居住在西藏地区的藏族至清代中叶就已经初步形成具备独特民族风格的园林，可分为庄园园林、寺庙园林、行宫园林三个类别。

7.7.1 庄园园林

庄园既是领主及其代理人的住所，又是领地的管理中心，有的还兼作行政机构。园林类似于汉族的宅园或者别墅园，庄园园林以栽植大量的观赏花木、果树为主，观赏植物丰富，小体量的建筑物疏朗地散布、点缀其间，有的园林还会引水。

7.7.2 寺庙园林

寺庙园林作为藏传佛教寺庙建筑群的一个组成部分，除了游憩之外也用作喇嘛集会辩经的户外场地，叫作辩经场。植物配置一般都是成行成列的栽植柏树、榆树，辅以红白花色的桃树、山丁子等。在场地一端坐北朝南建置开敞式的建筑物——辩经台，是园林里唯一的建筑点缀。

7.7.3 行宫园林

行宫园林是达赖和班禅的避暑行宫，分别建在前藏的首府拉萨和后藏的首府日喀则的郊外，在三类园林中，他们的规模最大，内容最丰富，也具有更多的西藏园林的特色。日喀则的行宫园林有两处——东南郊的功德林园林和南郊的德谦园林；拉萨的行宫园林只有一座，就是位于西郊的著名的罗布林卡，是藏族园林最完整的代表作品。

以西藏罗布林卡(见图 7-84)为例具体介绍如下。

当地人习惯性把东半部叫作罗布林卡，西半部叫作金色林卡，这座大型的别墅园林共经历了三次扩建。罗布林卡不仅是供达赖避暑消夏、游憩居住的行宫，还兼有政治活动中心的功能。园林的布局由于逐次扩建而形成园中有园的格局，三处相对独立的小园林建置在古树参天、郁郁葱葱的广阔自然环境里，每一处小园林均有一幢宫殿作为主体建筑物，相当于达赖的小型朝廷。

第一处小园林包括格桑颇章和以长方形大水池为中心的一区，通过园林造景的方式把《阿弥陀经》中所描绘的极乐国土的形象具体表现出来，这在现存的中国古典园林中是唯一的孤例。

第二处小园林是紧邻前者北面的新宫一区，两层的新宫位于园林的中央，周围环绕着大片草地与树林的绿化地带，其间有少量的花架、亭、廊等小品。

第三处小园林即西半部的金色林卡，主体建筑物金色颇章高三层，园林整体呈规整布局。庭园本身略呈方形，大片的草地和丛植的树木，除了园路两侧的花台、石华表等小品之外，别无其他建置。这个规整式园林的总体布局形成了由庭院的开朗自然环境渐变到宫廷的封闭建筑环境的完整的空间序列。金色林卡的西北部是一组体量小巧、造型活泼的建筑物，高低错落呈曲尺形随宜展开，整组建筑群结合风景式园林布局显示出亲切宜人的尺度和浓郁的生活气氛，与金色颇章的严整形成强烈对比。

罗布林卡以大面积的绿化和植物成景所构成的粗犷的原野风光为主调，也包含着自由式和规整式的布局，园路多为笔直，较少蜿蜒曲折，园内引水凿池，但没有人工堆筑的假山，也不做人为的地形起伏；园内也没有运用建筑手段来围合成景域、划分景区的情况。一般都是以绿地环绕着建筑或者若干建筑散置于绿化环境之中；园中之园的格局主要由历史上的逐次扩建而自发形成，三处小园林缺乏有机联系，也无明确的脉络和纽带，没有形成完整的规划章法和构图经营；园林的意境表现均为佛教主题；园林建筑一律为典型的藏族风格，某些局部的装饰、装修和小建筑如亭廊等受到汉族的影响，某些小品还能看到明显的西方影响的痕迹；罗布林卡是现存的少数几座藏式园林中规模最大、内容最充实的一座，不失为园林艺术百花园中一株独具特色的奇葩。

图 7-84　西藏罗布林卡

（图片来源：西藏自治区罗布林卡管理处）

下 篇

8 西方古代园林

埃及、希腊、巴比伦在诞生西方文明的同时,西方园林也萌芽于此。从最初满足温饱的作物、果蔬种植,到逐步满足生活乐趣的花、灌木栽植,见证了人类生产技术和生活水平的提升。与东方园林强调师法自然、天人合一的观念截然不同的西方园林从一开始就强调规则秩序,人工痕迹,这表明环境对园林有着决定性的影响,从几个古国的环境背景入手,将会更好地理解四大古代园林的延续性和差异性。

8.1 古埃及园林

8.1.1 古埃及概况

埃及位于非洲大陆的东北角,干旱少雨,全年日照强度很大,在埃及国土中央,尼罗河贯穿南北,每年的定期泛滥使土壤肥沃,适宜谷物的生长。但是炎热的埃及不适宜森林的生长,这让急需绿荫的古埃及人十分热衷于植树造林,从而带动了园艺事业的发展。

据史料壁画记载,古王国时期的古埃及人在农业生产上已经有了引水灌溉技术,不过那时的种植园以实用为主,主要种植树木、蔬菜、葡萄等,面积狭小,空间封闭。

随着生产力提高,受宗教、政治等因素影响,新王国时期开始出现具有享乐和宗教意义的庭园。起初园中只种植乡土树种,后来开始引进石榴、无花果等观赏性植物。造园类型也由最初的以实用为主的种植园发展为宅园、圣苑、墓园三种。

8.1.2 古埃及园林类型

1. 宅园

宅园大多出现在王公贵族的宅邸旁。一般地势平展,围有高墙。园内呈方形或矩形,采用对称布局。入口为塔楼,大门与住宅之间的甬道为中轴线,甬道两侧及围墙边种植椰枣、棕榈、埃及榕等,两侧对称布置凉亭、水池。水池为沉床式,以台阶连接上下。园中以矮墙分割成若干小空间,相互渗透和联系。总体布局严谨有序。力求创造凉爽、湿润、舒适的小环境。宅园复原鸟瞰图如图 8-1 所示。

2. 圣苑

埃及法老们十分尊崇各种神祇,大量神庙应运而生。因埃及人视树木为神灵的献祭品,一般神庙周边会有大片林木围合,形成神庙的圣苑。圣苑里面还有大型水池,驳岸用花岗岩或斑岩砌造,池中有荷花、纸莎草,并放养作为圣物的鳄鱼。巴哈利神庙复原图如图 8-2 所示。

3. 墓园

埃及人相信人死后灵魂不灭,因此法老和贵族们都会为自己建造巨大而显赫的陵墓,陵墓周边还有供死者享受的户外场地,即墓园。墓园中一般有笔直的圣道,周围成行对称地种植椰枣、棕榈、无花果等树木,林间设有小型水池。

图 8-1　宅园复原鸟瞰图

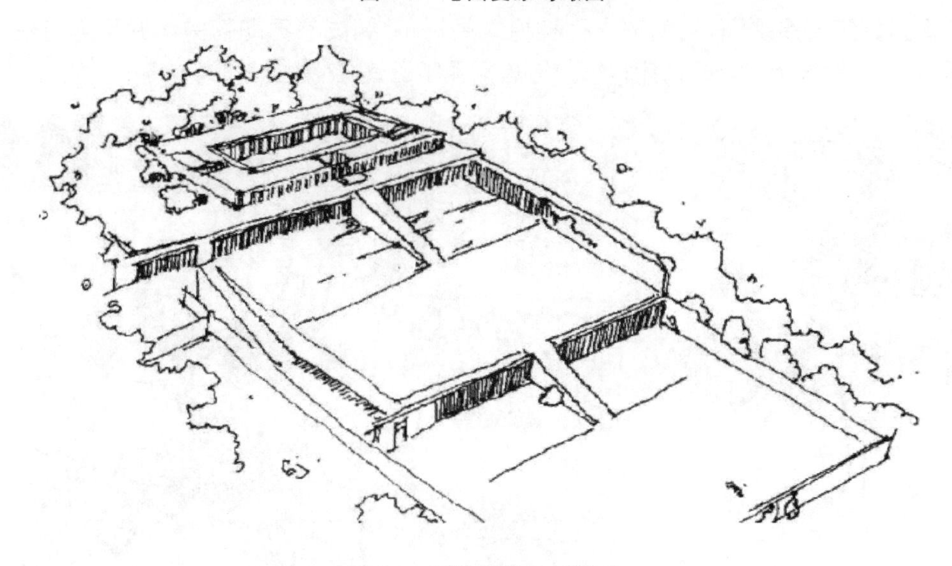

图 8-2　巴哈利神庙复原图

8.1.3　古埃及园林特征

古埃及园林的风格与特征是其自然条件、社会生产、宗教风俗和人们生活方式的综合反映。

第一，古埃及人重视园林小气候的改善。在干燥炎热的气候条件下，阴凉湿润的环境能给人以天堂般的感受。因此，庇荫成为园林的主要功能，树木和水体成为园林的最基本要素，水体既可增加空气湿度，又能提供灌溉水源，水中养殖水禽鱼类、种植荷花睡莲等，为园林平添无限生机与情趣。

第二，花木互相搭配，种类丰富多变，如庭荫树、行道树、藤本植物、水生植物及桶栽植物等。甬道覆盖着葡萄棚架形成绿廊，桶栽植物通常点缀在园路两旁。早期园林花木品种较少，在埃及与希腊文化接触之后，花卉装饰才形成一种园林时尚，普遍流行起来。

第三，农业生产发展导致引水及灌溉技术的提高，土地规划也促进了数学和测量学的进步，加之水体在园林中的重要地位，使古埃及园林具有强烈的人工气息。园地多呈方形或矩形，总体布局上采用中轴对称的规则布局形式，给人以均衡稳定的感受。

第四，园林受宗教影响较大。

8.2 古巴比伦园林

8.2.1 古巴比伦概况

古巴比伦地处两河流域，雨量充沛、气候温和，茂密的天然森林广泛分布，得天独厚的气候环境使得古巴比伦美丽富饶。然而，两河流域受上游地区雨量影响很大，同时平原地带无险可守也使战争频繁。不同民族文化对古巴比伦侵袭的同时在某种程度上也使其文明得到了融合，进而催生出古巴比伦各种类型的园林。

8.2.2 古巴比伦园林类型

1. 猎苑

两河流域气候温和，森林茂盛，进入农业社会后，人们仍然眷恋过去的狩猎生活，进而出现了以狩猎为目的的猎苑。猎苑是天然森林的人工改造。

从史料中看出，猎苑除原始森林外，还人工种植大量树木，苑内豢养动物供贵族狩猎，并引水形成水池供动物饮用，苑内还设有祭坛、神殿等，如科尔萨巴德猎苑中的壁画(见图 8-3)。

图 8-3　科尔萨巴德猎苑中的壁画

2. 圣苑

古巴比伦人对树木非常尊崇，常常在庙宇周边呈行列式种植树木形成圣苑，与古埃及圣苑十分相似。

3. 宫苑

所谓的宫苑(又称空中花园)并非悬于空中的花园，而是由金字塔形的数层平台堆叠而成的花园。每一台层的边缘都有石砌拱形外廊，其内有卧室、洞府、浴室等，台层上覆土以种植花草树木，各台层之间有阶梯联系上下。据推测，种植土层由重叠的芦苇、砖、铅板和泥土组成，台层角落安置提水的辘轳，将河水提升到顶层平台，逐层向下浇灌。这些覆盖着植物逐层升高的台层，宛如绿色金字塔耸立在平原上，远远望去仿佛立在空中，空中花园以此得名。空中花园复原图如图 8-4 所示。

图 8-4　空中花园复原图

8.2.3　古巴比伦园林特征

同古埃及园林一样，古巴比伦园林的风格与特征是其自然条件、社会生产、宗教风俗和人们生活方式的综合反映。

（1）由于两河流域多为平原，人们热衷于在园内堆叠造山。猎苑中的土丘可用来登高瞭望，观察动物行踪；高地设建筑，既可突出主景，又能开阔视野，洪水泛滥时还能登高逃生。

（2）宫苑宅园采用类似今天的屋顶花园的结构和形式。屋前建有宽敞的走廊，起通风和遮阴作用；屋顶设灌溉设施，建筑具有良好的防水技术和承重结构。

（3）园林受宗教影响较大。

8.3　古希腊园林

8.3.1　古希腊概况

希腊位于欧洲东南部，半岛多山，山峦之间形成平原和谷地，交通不便。但是，希腊海岸曲折，港湾很多，为海上交通提供了良好的条件，海中诸岛的航海事业非常发达。

希腊虽由众多城邦组成，却创造了统一的希腊文化。希腊是多神论的国家，希腊神话文学也是文学艺术中的重要组成部分。为了祭祀活动需要，古希腊建造了众多庙宇。祭祀的同时，还有音乐、戏剧、诗歌朗诵等活动。在著名的阿多尼斯节中，雕塑周边围绕植物成为欧洲园林中雕塑周边配花坛的由来。

因战争、航海的需要，希腊人酷爱体育竞技，产生了古代奥林匹克运动会；因民主思想的发达，公共集体活动的需要，促进了公共建筑和设施的发展；古希腊的音乐、绘画、雕塑、建筑等艺术都取得了非常高的成就；古希腊的哲学、美学和数理学也取得了巨大的成就，对古希腊园林乃至整个欧洲园林产生了重大影响，使西方园林朝着有序、协调均衡的方向发展。

8.3.2　古希腊园林类型

1. 廊柱园

公元前 5 世纪，希腊出现了繁荣的局面，希腊人开始追求生活上的享受，兴建园林之风随之兴起。此时的住宅采用四合院式的布局，一面为厅，两边为住房，厅前及另一侧常设廊柱，当中为中庭，之后逐渐发展成四面环绕廊柱的庭院。早期的中庭全是铺装地面，装饰雕塑、大理石喷泉等。后来，中庭开始种植花草，常见的有蔷薇、三色堇、番红花、风信子等等，此外，芳香植物也饱受欢迎。廊柱园对古罗马、欧洲中世纪寺庙园林都有明显影响。廊柱园遗址如图 8-5 所示。

图 8-5　廊柱园遗址

2. 圣林

古希腊人同样对树木怀有崇敬心理，因而在神庙外围种植树林，称为圣林。起初圣林内只用庭荫树，后来也开始使用果树。圣林既是祭祀场所，也是祭奠活动时人们休息、散步、聚会的地方；同时大片林地也增加了神庙神圣的气氛。

3. 公共园林

公共园林具体代表有竞技场和文人园。

竞技场

公元前 776 年，古希腊举行了第一次奥林匹克运动会，杰出的运动员会被誉为民族英雄，因此进行体育训练和比赛的场地纷纷建立起来，如德鲁非体育场遗址（见图 8-6、图 8-7）。最初，场地只是一块开阔的裸露地面，之后在场旁种了遮阴树种，供运动员休息，最后逐渐发展成大片林地，除了林荫道外，还有祭坛、亭、座椅等设施，并巧妙利用地形布置观众看台。这即是后世欧洲体育公园的前身。

文人园

希腊哲学家最初常常喜欢在优美的公园露天讲学，后来学者们开始另辟自己的学园。园内有供散步的林荫道，还有覆满攀缘植物的凉亭，学园中还设有神坛、祭坛、雕塑和座椅，以及纪念杰出公民的纪念碑、雕像。哲学家伊壁鸠鲁的学园被认为是第一个把田园风光带到城市的人。

8.3.3　古希腊园林特征

(1) 受当时数理学、哲学的影响，园林布局采用均衡稳定的规则式，确保美感的产生，这也奠定了西方规

图 8-6　德鲁非体育场遗址鸟瞰图

图 8-7　德鲁非体育场遗址

则式园林的基础。

(2) 古希腊园林类型多样，后世的体育公园、校园、寺庙园林等都有古希腊园林的痕迹。

(3) 植物运用丰富。在泰奥弗拉斯托斯的《植物研究》一书中，记载了 500 多种植物，蔷薇当时已培育出重瓣品种，雅典卫城的悬铃木行道树是欧洲历史上最早记载的行道树。

8.4　古罗马园林

8.4.1　古罗马概况

古罗马包括北起亚平宁山脉，南至意大利半岛南端，为多山丘陵地带、山间有少数谷地。气候条件温和，夏季闷热，但山坡上比较凉爽。这种地理、气候对园林的选址和布局有一定影响。

早期罗马尚武，对艺术和科学不重视，自公元前 190 年征服希腊并全盘接受希腊文化后，才逐渐继承和发展了古希腊园林艺术。

8.4.2　古罗马园林类型

1. 宫苑园林

在古罗马共和国后期，罗马皇帝和执政官选择山清水秀之地，建立许多避暑宫苑。其中，哈德良山庄(见图 8-8)最具影响，是一座大型宫苑园林，也是罗马帝国的繁荣和品味在建筑和园林上的体现。哈德良山庄建于 118—138 年，是哈德良皇帝周游列国后，将希腊、埃及的名胜与园林的布置方法、名称搬来组合的一个实例。山庄占地 760 英亩，位于两条狭窄的山谷间，地形起伏大。山庄中心区为规则式布局，其他区域如图书馆、画廊、剧场等建筑顺应自然，随山就水布局。园林类型丰富，风格多样，既有附属于各种建筑的庭园，也有环绕在建筑四周的花园。整座山庄以水体统一全园，有溪、河、湖、池及喷泉等。

图 8-8　哈德良山庄

2. 庭园—柱廊园

古罗马庭园通常由三进院落组成，第一进为迎客的前庭，第二进为列柱廊式中庭，第三进为露坛式花园，是对古希腊中庭式庭园的继承和发展。与古希腊柱廊园不同的是，古罗马中庭往往有水池、水渠，渠上架桥；木本植物种于大陶盆或石盆中；草本植物种于方形花池中；廊柱墙面上绘有风景画。柱廊园如图 8-9、图 8-10所示。

图 8-9 柱廊园

图 8-10 柱廊园遗址

3. 古罗马庄园园林

古罗马庄园园林选址常在山坡上或海岸边，一般采用规则式布局，尤其是在建筑附近，严整对称，但是在远离建筑的地方则保持自然面貌。庄园内既有供生活起居的别墅建筑，也有宽敞的园地，园地一般包括菜园、果园和花园。花园又可划分为供散步、骑马及狩猎三部分。在一些奢华的庄园，还建有温水游泳池或者开展球类运动的草地。

4. 公共园林

古罗马人从希腊接受了体育竞技场的设施，将其变为公共休憩娱乐的园林，公共园林如图 8-11 所示。在椭圆形或半圆形的场地中心栽植草坪，上有小路，有的甚至设有蔷薇园和几何形花坛。场地边缘为宽阔的散步马路，路旁种植悬铃木、月桂，形成浓郁的绿荫。

古罗马生活奢靡，浴场、剧场遍布城郊，除建筑造型独具特色外，规模大的还设有音乐厅、体育场等，也有相应的室外花园。实际上已成为公共活动场所，人们借此消磨时间。

古罗马的公共建筑前大多布置有广场(见图 8-12)，它既是公共集合的场所，也是美术展览之处。人们在此休憩、娱乐、社交等，可以看成后世城市广场的前身。

图 8-11 公共园林

图 8-12 广场

8.4.3 古罗马园林特征

(1) 古罗马园林多选在山地,辟台造园,也为文艺复兴后意大利台地园的发展奠定了基础。

(2) 古罗马园林在规划上采用类似建筑的设计方式,地形处理上也是将自然坡地切成规整的台层,园内的水体、园路、行道树等都有几何外形,无不展现井然有序的人工艺术魅力。

(3) 古罗马园林非常重视园林植物造型,把植物修剪成各种几何形体、文字和动物图案,称为绿色雕塑或植物雕塑。黄杨、柏树是常用的造型树木。

(4) 古罗马园林中花卉种植形式有花台、花池、蔷薇园、牡丹园等专类植物园,还有图案设计复杂、迂回曲折、娱乐性强的"迷园",后在欧洲园林中流行。

(5) 古罗马园林后期盛行雕塑作品,从雕刻栏杆、桌椅、柱廊到墙上浮雕,为园林增添艺术魅力。

(6) 古罗马园林中植物管护技术进一步提升。如冬季为喜温植物建造"暖房",运用芽接和裂接技术培育植物等。

西方古代园林史是一个园林技艺不断改进提升的过程,四个古国在历史进程中相互影响相互制约,遭受了战争的磨难,但也促进了文明的融合,园林作为人类文明的一部分,也在这样一个漫长的岁月中开花结果。古代园林是西方园林的思想基石,只有认真了解它、掌握它才能更好地服务于今天千姿百态的园林世界。

9 中世纪西欧园林

9.1 中世纪西欧概况

中世纪是指西欧历史上从西罗马帝国灭亡的 5 世纪到文艺复兴开始的 14 世纪期间。因这 1000 年里社会动荡，生产落后，政治腐化，战争频繁，经济穷困，而占主导文化的基督教仇视一切世俗文化，崇尚禁欲主义，反对追求美观和娱乐，古代文化被泯灭殆尽，这段时期被学者们称为“黑暗时期”。

在美学思想上，中世纪与宗教紧密联系，把“美”看成是上帝的创造，提倡“神性”压倒“人性”，因此美学思想在中世纪基本处于停滞状态。中世纪园林在这个大环境下，必然受到基督教文化的影响，园林艺术发展不大，使用上注重实用性、功能性。

9.2 中世纪园林类型

欧洲的中世纪教权统一而政权分散，国际事务和商业贸易被破坏，城市规模作用较小，因此欧洲中世纪园林只有寺庙园林和城堡园林两种。

1. 寺庙园林

在战争频繁的中世纪，教会所属的寺院较少受到干扰，教会人士的生活相对稳定，这促进了寺庙园林的发展。早期寺庙多建立在人迹罕至的山区，僧侣过着清贫的生活，不需要园林相伴，随着寺庙进入城市，寺庙园林才逐渐发展起来。

基督徒们最初利用罗马时代的公共建筑作为宗教活动会所，后来开始用长方形大会堂形式来建造寺院，被称为巴西利卡寺院(见图 9-1)。

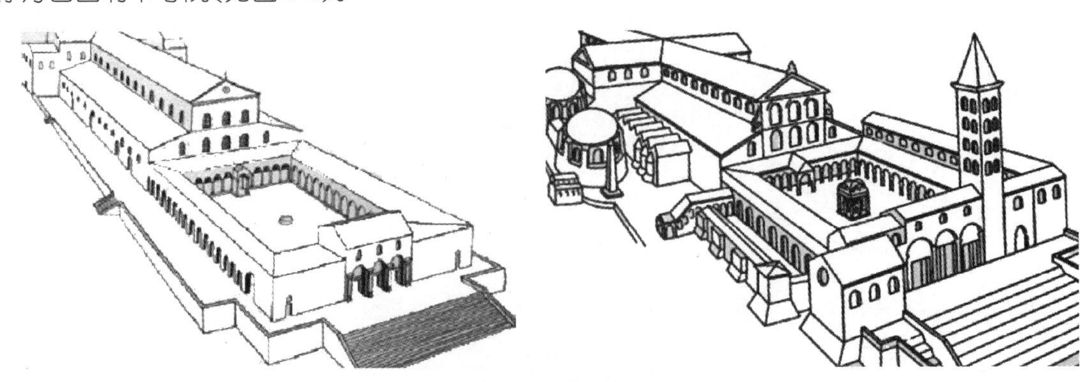

图 9-1　巴西利卡寺院

在罗马的巴西利卡寺院中，建筑物前面有连拱廊围成的露天庭园“前庭”，前庭中央有喷泉或水井，供人们进入教堂前用水净身。这是寺院庭园的雏形。后期成熟的寺院庭园从布局上看，面向中庭的建筑前为拱券式柱廊，柱廊的墙上绘有各种壁画；庭园主要部分是建筑围绕的中庭，中庭内由十字交叉的道路分成四块，交叉处为喷泉、水池或水井，四块园地以草坪为主，点缀果树、灌木、花卉。

此外，寺院中还会专设果园、药园、菜园等，如罗马圣保罗教堂和意大利米兰巴维亚修道院(见图 9-2、图 9-3)。

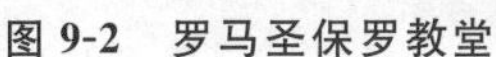

图 9-2 罗马圣保罗教堂

图 9-3 意大利米兰巴维亚修道院

2. 城堡园林

在中世纪动荡不安的年代中，王公贵族只有在带有防御工事的府邸中才有安全感。同样城堡园林的建造首先考虑的是实用，其次才是美观。

中世纪前期战乱动荡，城堡多建于山顶，带木栅栏土墙，内外由壕沟围绕，园林布置较少。11 世纪后战乱平息，石墙开始替代木栅栏，城堡外有护城河，庭园开始布置，同时受东方文化的影响，开始出现贵族花园。13 世纪后，城堡结构显著变化，宅邸更加开敞，防御功能减弱，变为专用住宅。此时庭园不仅限于城堡内，还扩展到了城堡周边。法国的比尤甲城堡庭园和蒙塔尔吉斯城堡庭园是这一时期典型代表。

从各种史料来看，中世纪城堡园林布局简单，由栅栏或矮墙围护。除了方格形花台外，最重要的造园元素就是一种三面开敞的龛座(见图 9-4)，上面铺草皮做为坐凳。庭园内有泉池，树木修剪成几何形。树木造型如图 9-5 所示，较大的庭园会设有水池放养鱼、天鹅等动物。

图 9-4 龛座

图 9-5 树木造型

9.3 中世纪欧洲园林特征

(1) 中世纪欧洲园林总体来讲偏实用性,布局简单,装饰和娱乐功能较弱。

(2) 园林要素以植物为主。园林布局流行结园和迷园(见图 9-6)。结园分开放型和封闭型,两者均用低矮绿篱组成图案,空隙不种植植物为开放型,空隙种植物为封闭型。迷园一般用大理石或草皮铺路,以修剪的绿篱围在道路两侧形成图案复杂的通道。

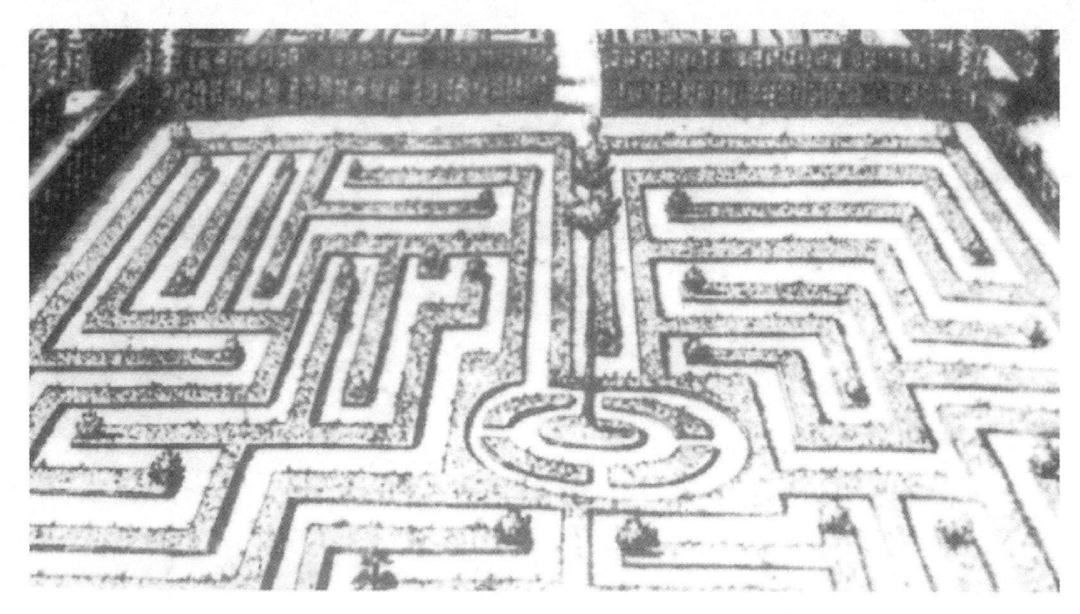

图 9-6 迷园

(3) 水是中世纪欧洲园林另一个要素,多以水池和喷泉的形式出现,成为庭园的视觉中心。

(4) 围墙是中世纪欧洲园林中最常见的元素。除寺庙园林和城堡园林外,后期出现的小型猎园,也是在土地上围以墙垣,内种树木,放养小型动物供狩猎。

10 意大利园林造园艺术

10.1 基本概况

意大利是个三面环海的半岛国家，海域边境线远长于陆地边境线(见图 10-1)。亚平宁半岛周围的大岛屿有西西里岛和撒丁岛等，在地中海海域中又有着星罗棋布的小岛屿。境内山地、丘陵丰富，占国土面积的 80%；河流众多，河网密布形成肥沃的冲积平原；阿尔卑斯山脉的冰雪融化成的众多小溪，汇集成波河后再自西北向东南流入地中海。

图 10-1 意大利地图

意大利大部分地区属亚热带地中海型气候。由于北部阿尔卑斯山阻挡住寒流对半岛的影响，气候温和宜人。冬季温暖多雨，夏季凉爽少云。四季温度适中，气温变化较小。

因地形狭长、境内多山，且位于地中海之中的缘故，意大利南北气候的差异很大。根据地形和地理位置的差异，全国分为三个气候区：南部半岛和岛屿区、马丹平原区和阿尔卑斯山区。南部半岛及岛屿区是典型的地中海气候。大部分地区年降雨量在 500～1500 毫米，冬季雨水较多；西西里岛和撒丁岛等地年降雨量在 500 毫米以下。马丹平原区属于亚热带和温带之间的过渡性气候，具有大陆性气候的特点；气压较低，气候潮湿；夏季炎热，冬季寒冷。年降雨量在 600～1000 毫米，雨季集中在夏季。阿尔卑斯山区是气温最低的地区，气候有明显的垂直分布特点。降雨量达 1000 毫米以上，局部地区超过 3000 毫米，降雨主要集中在夏季，冬季也多雪。该地区多奇花异草，可种植多种南方作物，如橄榄、葡萄、柑桔等。

10.2 文艺复兴运动概况

文艺复兴运动是指 14 世纪发生在欧洲的资产阶级在思想文化领域中反封建、反宗教神学的运动，前后历时三百多年。文艺复兴运动兴起于意大利，在意大利文艺复兴前期的政治舞台上，上演的是教宗党与保皇党这两大势力的斗争，保皇党的支持者是旧贵族势力，教宗党依赖的是城市中的新兴商人阶级。利用教皇与皇帝的矛盾是意大利城市斗争的一大高招。意大利诸城市尤其是佛罗伦萨在时势的演进中，时而利用教会，时而受皇帝的保护，以蓄积文艺复兴飞跃发展的力量。他们利用教会的力量打倒旧贵族阶级，待自身的势力稳固后，又利用皇帝来反抗教会对思想的压制，最终建立了城市共和国，同时也开创了文艺复兴时代。

文艺复兴运动不仅是希腊、罗马古典文艺的再生，也不单纯是意识形态领域的运动，更重要的是欧洲社会经济基础的转变，是促使欧洲从中世纪封建社会向近代资本主义社会转变的一场思想解放运动。文艺复兴运动在精神文化、自然科学、政治经济等方面都具有重大而深远的意义（见图 10-2）。

其中，薄伽丘在《十日谈》（见图 10-3）中描述了青年男女摆脱城堡生活，在佛罗伦萨乡村的山上欢笑自

图 10-2 《雅典学院》拉斐尔

图 10-3 《十日谈》插图与薄伽丘

由的场景。意大利的文艺复兴，激励出了一个伟大的意大利园林时期。之前黑暗的中世纪长期的禁欲主义麻痹了人们的思想，意大利园林发展极缓慢，而一旦释放这种压迫，人们便会更迫切地希望获得新生，这个迫切追求人性的时代来了，空前繁荣的园林艺术时代也随之来了。

10.2.1 历史背景

11 世纪末开始的十字军东征、新大陆的发现和新航线的开辟，客观上促进了东西方贸易的兴盛和工商业的发展。到 14 世纪，意大利得益于优越的地理位置，一些城市成为欧洲最繁华的地方。对外贸易促进了对外文化交流，改变了过去闭关自守的状态，转向对外部世界的探索，进而要求脱离中世纪的愚昧落后。文艺复兴运动既是资本主义社会和经济发展的需要，也是新兴资产阶级大力提倡的结果。人文主义是文艺复兴的核心思想，是一场新思想、新文化运动，其形成的基础是对希腊、罗马古典文化的推崇与追求以及对罗马天主教神学的批判。

人文主义的积极意义表现在两个方面：一是确立既有别于传统神学、又有别于新兴自然科学的学科体系，产生人文学科；二是铸就以人为价值原点的信念体系，认为人本身是最高价值的体现，也是衡量一切事物的价值尺度。无论是人文主义文学先驱对自然的赞美、歌颂及对隐逸生活的向往，还是绘画艺术所表现出的鲜明特征，均深刻地影响了文艺复兴时期的建筑及造园艺术。其中，著名的建筑师和建筑理论家莱昂·巴蒂斯塔·阿尔伯蒂在《建筑十书》中提出的“理想城市”模式，引发了意大利的城市规划、建筑及风景园林等设计实践对几何形态的偏爱。同时，阿尔伯蒂在书中所流露出的对自然的喜爱及对郊野别墅的推崇，也深刻地反映出人文主义者消遣娱乐、陶冶性情、追求恬静的生活情趣。

在人文主义思想、文化、艺术、建筑等的影响下，文艺复兴时期意大利风景园林设计的风格也变得更加自由和灵活，追求静谧、隐逸、亲切的生活意趣。16 世纪中期，意大利的造园活动兴盛，手法日趋成熟，揭开了西方近代风景园林艺术发展的序幕。文艺复兴时期意大利园林的空间布局方式和造园要素继承了古罗马时期郊野别墅花园的特征。例如，古罗马哈德良山庄依据地形变化布局建筑和园林的方式，以及轴线控制手法、水景的表达方式、修剪整齐的植物等。古罗马学者老普林尼在《自然史》中曾表述：柏树经过修剪成为厚厚的墙，或者收拾得整整齐齐、精精致致，园丁们甚至用柏树表现狩猎的场景或者舰队，用它的常绿的细叶模拟真实的对象。这种对称式的布局，以及喷泉、雕塑、修剪整齐的植物等均在意大利文艺复兴时期的园林中得以继承和发展，以体现古典美学的复兴。

同时，文艺复兴时期的园林也从一个侧面反映了当时人们的审美理想。毕达哥拉斯和亚里士多德均将美等同为和谐，而和谐的内部结构即为对称、均衡和秩序，对称、均衡和秩序可以用简单的数和几何关系来加以确定。古罗马建筑理论家维特鲁威和文艺复兴时期的建筑理论家阿尔伯蒂均将这样的美学观点视为建筑形式美的基本规律，而园林作为建筑构图的延续，其布局自然而然地被几何等数学关系所影响，体现出构图的明确、比例的协调和形式的匀称(见图 10-4)。

10.2.2 文化艺术

中世纪的意大利，古代文化并没有完全泯灭殆尽，成为人们心中潜在的文化意识。欧洲文艺复兴运动在继承希腊、罗马古典文化的同时也吸收了阿拉伯、印度、中国的东方文化。

由人文主义者掀起的新文化高潮，表现出更加旺盛的创作力，使意大利在建筑、绘画、文学创作，以及新的哲学思想方面率先进入全面繁盛的时期，此后又影响到整个欧洲，在法、英、德、荷兰和西班牙等国先后出现文艺复兴文化热潮，代表作有彼得·保罗·鲁本斯的《三美神》和列奥纳多·达·芬奇的《蒙娜丽莎》(见图 10-5、图 10-6)。

13 世纪后半叶，以意大利中部的佛罗伦萨为中心，出现了新的美术动向，意味着中世纪美术向文艺复兴美术的过渡，佛罗伦萨画派成为新美术运动最主要的流派。代表作有多纳泰罗的《祖孔》和米开朗基罗·博纳罗蒂的《大卫》(见图 10-7、图 10-8)。从 15 世纪开始，意大利文艺复兴美术进入蓬勃发展阶段，佛罗伦萨仍然是最主要的中心。随着意大利国内政治、经济形势的动荡不安，人们的宇宙观和民族意识也发生了根本性变化。昔日城市共和国的革命精神发挥出比以往任何时候都更加显著的作用。

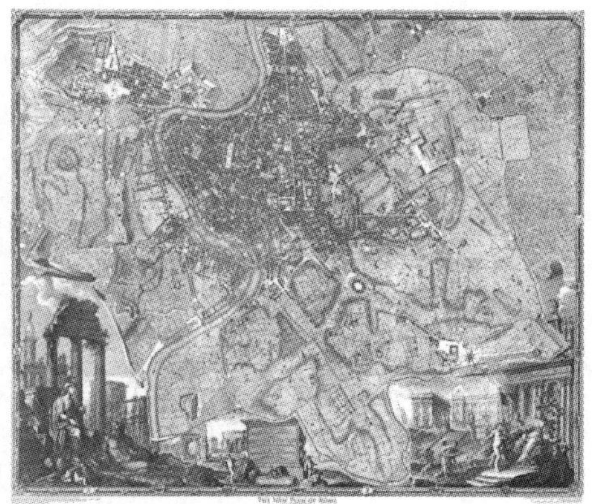

图 10-4　意大利人文主义的建筑与艺术相结合

图 10-5　彼得·保罗·鲁本斯的《三美神》

图 10-6　列奥纳多·达·芬奇的《蒙娜丽莎》

图 10-7　多纳泰罗的《祖孔》

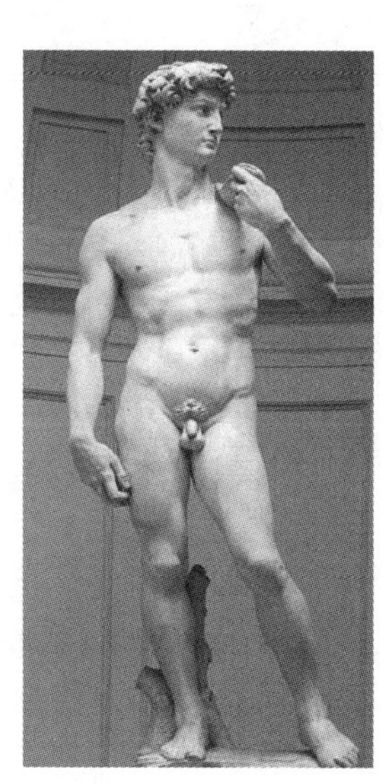

图 10-8　米开朗基罗·博纳罗蒂的《大卫》

美第奇家族(见图 10-9、图 10-10)是意大利佛罗伦萨著名家族,创立于 1434 年于 1737 年因为绝嗣而解体。美第奇家族在欧洲文艺复兴中起到了非常关键的作用,其中科西莫·美第奇和洛伦佐·美第奇是代表人物,是站在历史上的富豪。

图 10-9　科西莫·美第奇

图 10-10　洛伦佐·美第奇

佛罗伦萨随处可见美第奇家族象征的盾牌标志(见图 10-11),所见之处皆其家族昔日产业,美第奇家族产业繁盛程度可见一斑。美第奇家族在 13 世纪末期就出现在佛罗伦萨市,此后家道渐盛并进入了市政府机构,文艺复兴时期富可敌国。意大利文艺复兴的心脏是佛罗伦萨,那些最为人熟知的艺术家,多半与这座城市有着千丝万缕的联系。文艺复兴时期艺术家创作设计的作品都由委托人定制化,美第奇家族成为最大的金主,在雄厚资本的支持下,拉斐尔、达芬奇、米开朗基罗、波提切利、多纳泰罗、提香等大师,才能源源不断地创作出大量优秀的作品。我们不能说没有美第奇家族就没有意大利文艺复兴,但没有美第奇家族,意大利文艺复兴肯定不是今天我们所看到的面貌。美第奇家族银行从一个佛罗伦萨的地区银行,发展成一个资产遍布欧洲的超级大财团。美第奇家族虽然不担任政府里面的任何职务,但依靠它的财富实力,却可以让政府里面几乎所有官员都听命于他们。美第奇家族成为佛罗伦萨真正的实际控制人。以君主的姿态荣登统治地位,美第奇家族断断续续统治了佛罗伦萨长达三个世纪。然而,财富的增加却让科西莫 · 美第奇倍感不安。因为《圣经》中对于他这种靠放贷而吃利息的行为,有明确的罪责规定,认为这种不劳而获的行为,死后需要进到第七层地狱中接受惩罚。为了给自己和子孙后代赎罪,科西莫 · 美第奇在教皇大人的建议下,开始捐钱修建修道院,抵消他在地狱当中的罪孽。后来又发展到资助绘画和建筑,这样一来,他慢慢也就真的喜欢上了艺术。

图 10-11 美第奇家族象征的盾牌

美第奇家族(见图 10-12)的造园活动如下。

(1) 卡雷吉奥别墅:美第奇家族最古老的别墅。

卡雷吉奥庄园是美第奇家族所建的第一座庄园,柯西莫请著名建筑师和雕塑家米开罗佐设计别墅建筑和饰和凉亭,凉亭周围绕着绿廊和修剪的黄杨绿篱,庭中设座椅,规划整齐对称。

风格特点:保留中世纪城堡建筑风格,建筑开窗很小,并有雉堞式屋顶,显得封闭而且厚重;文艺复兴时期的建筑特点仅仅反应在开敞的走廊处理上;庄园地势较高,可一览托斯卡纳地区的田园风光。花园布置在别墅建筑正面,采用几何对称式布局,园内饰有花坛和水池,缀有瓶饰,并设有内置座椅的休息凉亭;高篱划分出绿廊,设有整形的黄杨绿篱植坛。园内设有果园,观赏植物品种数量也很多。

(2) 卡法鸠罗别墅:柯西莫命米切罗兹设计的有壕沟、吊桥的城堡园。

(3) 费索勒的美第奇别墅:是米开罗佐为柯西莫的儿子设计的,也是美第奇家族最著名的别墅。庄园由

图 10-12 美第奇家族

三层台地构成，位于费索勒山丘的斜坡上，视野开阔，依山就势，建筑与平台密不可分。

花之圣母大教堂（又名佛罗伦萨大教堂，圣母百花大教堂）（见图 10-13），是文艺复兴时期第一座伟大建筑。佛罗伦萨在意大利语中意为花之都，大诗人徐志摩把它译作“翡冷翠”，这个译名远远比另一个译名“佛罗伦萨”来得更富诗意，更多色彩，也更符合古城的气质。教堂位于意大利佛罗伦萨历史中心城区，教堂建筑群由大教堂、钟塔与洗礼堂构成，1982 年作为佛罗伦萨历史中心的一部分被列入世界文化遗产。

在狭窄的街道里，仿佛还能听到文艺复兴时期那辉煌的马蹄声。建筑和绘画也还闪耀着文艺复兴时代的光芒。世界上庄严雄伟的教堂很多，但很少有教堂能如此妩媚。这座使用白、红、绿三色花岗岩贴面的美丽教堂将文艺复兴时代所推崇的古典、优雅、自由诠释得淋漓尽致，难怪会被命名为“花之圣母”。花之圣母教堂原址是建于 4 世纪的圣·雷帕拉塔教堂。1296 年，科西莫·迪·乔凡尼·德·美第奇出资建造新的教堂，花了 175 年时间才最终建成。天才建筑师布鲁涅内斯基仿造罗马万神殿设计的教堂圆顶，是古典艺术与当时科学的完美结合，连教皇也惊叹为“神话一般”，一位音乐家专门为它作了一首协奏曲。后来米开朗基罗又模仿它设计了梵蒂冈圣彼得大教堂，却不无遗憾地感叹：“可以建得比它大，却不可能比它美”。最不可思议的是，布鲁涅内斯基没有画一张草图，也没有写下一组计算数据，仿佛整座圆顶已经在心里建好了。他的墓就在教堂地下，教堂广场上他的塑像手指着心爱的圆顶。圆顶内部是瓦萨里所绘制的穹顶画《末日审判》（见图 10-14），大厅墙壁上有壁画《乔凡尼·阿古托纪念碑》和为纪念但丁诞辰 200 年所绘的《但丁与神曲》，浮雕比比皆是。登上教堂北侧的 463 级台阶到达圆屋顶，可以俯瞰整个佛罗伦萨老城区的街景。

10.3 园林发展概况

13 世纪末欧洲封建社会生产力的发展，为经济繁荣与社会变革奠定了基础。在意大利的佛罗伦萨，经济在这一时期开始起飞，其中毛织工业与银行业为其两大经济支柱，为资本主义的产生积累了原始资金。随着社会劳动分工的日益分化与城市经济的繁荣，在生产力提高的基础上，生产关系也发生了变革，封建行会与封建庄园趋于解体，传统的农奴制关系转化为租佃制关系，新兴资产阶级开始形成。在自由市场经济的驱动下，土地也成为商品，有钱有势的人开始投资土地以获得更大的经济利益。于是土地集中到少数人手里，他们对景观的新想法则影响到欧洲景观的变革。

意大利台地园林在继承西方古典园林的基础上，通过丰富台层、形成中轴、加深进深等策略构建了基础布局，其造景元素可谓是欧洲园林发展的源头。所谓台地园林，即主建筑位于山坡地段最高处，前面沿山势开辟多层平台，分别配置堡坎、花坛、水池、喷泉及雕像，各层台地间以蹬道相联系，轴线两旁栽植植物作为庄园与周围环境的融合过渡。意大利台地园是以规整式为主并与风景式相结合的一种园林形式。

(a)

(b)

图 10-13　花之圣母大教堂

10.3.1　意大利台地园形成的背景

台地园是意大利文艺复兴时期最具代表性的园林类型，多建造于山坡地段上，就坡势而分成若干台地的园林，也叫作别墅园。

特殊的地理环境和气候条件成为台地园形成的重要因素。意大利位于欧洲南部亚平宁半岛，属亚热带

图 10-14　瓦萨里的穹顶画《末日审判》

地中海气候，境内山地和丘陵占国土面积的 80%。平原和谷地夏季闷热，但山丘白天有凉爽的海风，晚上有来自山林的冷气流，因此成为建造别墅的首选。温和的气候与政治的安定吸引了大量贵族、主教和资本家在郊外经营别墅，由此意大利造园出现了适应山地、丘陵的布局方式。14 世纪欧洲的商业资本发展迅速，因海上交通和贸易的逐渐发展，意大利佛罗伦萨成为欧洲最先进的地方。在这种政治经济背景下，它成为文艺复兴的发源地和中心，而且人性的解放和科学的发展引领了欧洲美学造园进入新时代。

台地园给人的最大空间尺度感是舒适，这种舒适有别于豪宅和皇宫的仪式感，给人的心理感觉是悠然安静的，这样的空间不能是无限延伸的空间，而需要一定的节制。台地恰是控制空间感的一个很好的手段，因为高度合理的台地可以通过造园师的思考利用将上层的部分隐藏起来，藏匿着"惊喜"，又露出了希望被看到的景象，以这样的手段造成奇妙的视觉效果。这种手法的典型案例体现在兰特庄园。兰特庄园的设计者维尼奥拉是当时著名的建筑师，他对于庄园内的每一个台地的高度，及观赏视线都进行了严格的控制。兰特庄园平面图如图 10-15 所示。

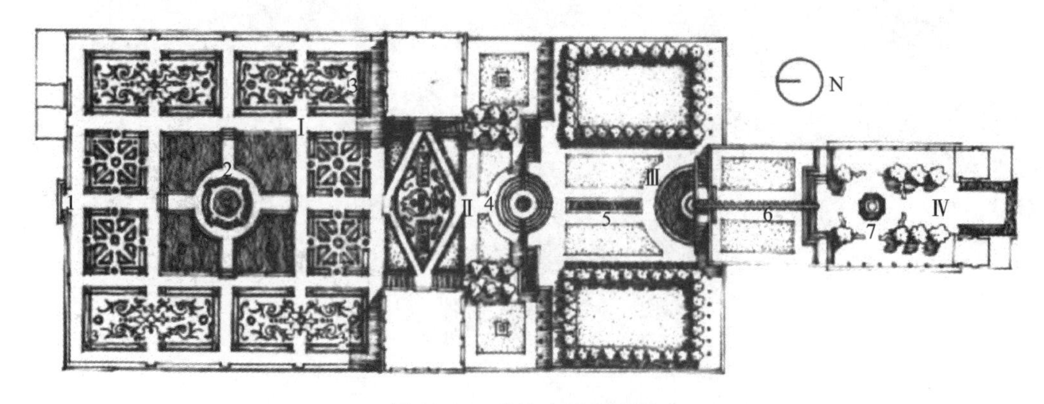

图 10-15　兰特庄园平面图

Ⅰ底层台地　Ⅱ第二层台地　Ⅲ第三层台地　Ⅳ顶层台地

1. 入口；2. 底层台地上的中心水池；3. 黄杨模纹花坛；4. 圆形喷泉；5. 水渠；6. 龙虾状水阶梯；7. 八角形水池

以兰特庄园为例，我们来解读维尼奥拉利用高差隐藏空间的手法。庄园的一层台地到二层台地直接是

通过一个个坡面来解决高差的。当我们站在一层台地欣赏模纹花坛时，是无法透过坡面观赏二层台地的景象的，展现在眼前的是坡面上的菱形模纹花坛和一层台地的模纹花坛，两者相得益彰，形成一层台地整体的开阔空间及优美的绿篱构图。

意大利园林一般附属于郊外别墅，与别墅一起由建筑师设计，布局统一，但别墅不起统率作用。它继承了古罗马花园的特点，采用规则式布局而不突出轴线。园林分两部分：紧挨着主要建筑物的部分是花园，花园之外是林园。意大利境内多丘陵，花园别墅造在斜坡上，花园顺地形分成几层台地，在台地上按中轴线对称布置几何形的水池和用黄杨或柏树组成花纹图案的剪树植坛，很少用花。重视水的处理。借地形修渠道将山泉水引下，层层下跌，叮咚作响，或用管道引水到平台上，因水压形成喷泉。跌水和喷泉是花园里很活跃的景观。外围的林园是天然景色，树木茂密。别墅的主建筑物通常在较高或最高层的台地上，可以俯瞰全园景色和观赏四周的自然风光。意大利园林常被称为"台地园"。

10.3.2 文艺复兴不同时期台地园的特征

意大利的山地和丘陵占国土总面积的80%，是一个多丘陵的国家。台地园正是在特殊的地理条件下，融合意大利的哲学思想和造园理念形成的伟大产物。台地园的通常布局是主要建筑物位于山坡坡地段的最高处，在它的前面沿山坡引出一条中轴线开辟一层层的台地（见图10-16），配置花坛、水池、喷泉、雕像等。各层台地之间以蹬道相联系，中轴线两旁栽植高耸的寺杉、黄杨、石松等树丛作为与周围自然环境的过渡，特点是以植物配景为主，讲究纯天然要素所带来的自然。

图10-16 意大利台地园多层台地

台地园另一特色为丰富的理水手法。将高处汇聚水源处做贮水池，顺着坡势往下引注成水瀑或流水梯，在下层台地则利用水落差的压力做出各式喷泉，最后水于最低一层平台地上汇聚成水池。水风琴就是利用流水落差压力产生的激水之声交织成优美的旋律（见图10-17）。埃斯特庄园极为注重水的应用，园内喷泉极多（见图10-18）。

台地园是西方园林早期的一种表现形式，它讲究的是一种规则式与自然式相结合的美，不与自然相违和，但也不绝对地"顺从自然"。除此之外，我们还可以看到它对于植物配景的重视。在广阔的自然环境中的台地园，其空间向自然敞开、延伸，人工化的园林与其周围的自然景观相互渗透。这种自然环境中的人工园林，力求以园林来美化和丰富自然景观，并起到在自然环境中限定自然本身的作用，反映了自然美与人工美并行不悖的观点。在文艺复兴的初期(起始)、中期(鼎盛)及后期(衰落),意大利台地园相应地处在简洁、丰富、装饰过分三个阶段,折射出文艺复兴运动在园林艺术领域从兴起到衰落的全过程。

文艺复兴初期佛罗伦萨是文艺复兴发源地,人文主义者的实践唤起人们对别墅生活的向往,佛罗伦萨郊外肥沃的土壤、郁葱的林木与丰富的水源为建造庄园提供了理想的场所。初期台地园多建在丘陵坡地上,选址时注意周围环境,要求前面有可远眺的景色。园地顺山势辟成独立的多级台层,无贯穿中轴线。建筑位于最高层以借景园外,风格保留中世纪园林的痕迹。喷泉、水池常作为局部中心,并与雕塑结合,形式简洁。绿丛植坛是常见装饰,多设在下层台地上。快速兴建起的植物园既丰富了园林植物的种类,又加强了游憩功能。

图 10-17　水风琴

14 世纪初,以佛罗伦萨为中心的托斯卡那地区聚居了大量的新兴富裕阶层,随后建立了独立的城市共和国。他们以罗马人的后裔自居,醉心于古罗马的一切。西塞罗提倡的乡村别墅生活以及田园生活情趣重新成为时尚。人们对自然有了新的认识,开始欣赏自然之美。

图 10-18　埃斯特庄园喷泉

15 世纪中叶到 17 世纪中叶,以文艺复兴时期和巴洛克时期的意大利园林为代表。意大利的台地园被认为是欧洲园林体系的鼻祖,对西方古典园林风格的形成起到重要作用。

16 世纪,罗马继佛罗伦萨之后成为文艺复兴运动的中心。接受了新思想的教皇尤里乌斯二世提倡发展文艺事业,支持并保护一批从佛罗伦萨逃亡的人文主义者。然而教皇倡导的艺术首先是为宣扬教会的光辉和权威,艺术大师的才华更多体现在教堂建筑和主教的花园上。

欧洲的园林和园艺是密不可分的,新的造园热潮带来园艺学的兴盛。古罗马有关园艺学的书籍成为人们的重要参考文献,它们不仅传授园艺知识,也促进人们对别墅生活的憧憬,加速了别墅建造风气的流行。中世纪庭园论著也对意大利园林的发展产生了一定影响。此后的人文主义启蒙思想者都热衷于花园别墅生活,对园林发展起到极大的推动作用。

在别墅花园建造热潮的影响下,造园理论的研究也逐渐兴起。建筑理论家阿尔贝蒂在《论建筑》一书中,以小普林尼的书信为主要蓝本,对庭园建造进行了系统地论述。阿尔贝蒂被看作是园林理论的先驱者,对意大利园林的发展具有十分重大的影响。

16 世纪 40 年代以后,意大利庄园的建造以罗马为中心进入鼎盛时期。具有代表性的作品有教皇尤里乌斯二世的望景楼园、拉菲尔建造的玛达玛庄园、建筑师李毕建造的罗马美第奇庄园、法尔奈斯庄园、埃斯特庄园、兰特庄园、卡斯特罗庄园,以及佛罗伦萨的波波利花园等。最著名的是法尔奈斯、埃斯特和兰特这三大庄园。

10.4 意大利兴盛时期的园林实例

16 世纪中期是意大利园林的兴盛时期。这时期普遍以整个园林作统一的构图,突出轴线和整齐的格局,别墅渐起统率作用。基本的造园要素是石作、树木和水。石作包括台阶、栏杆、挡土墙、道路以及和水结合的池、泉、渠等,还有大量的雕像。树木以常绿树为主,经过修剪,形成绿墙、绿廊等。台地上布满一方方由黄杨或柏树构成图案的植坛。花园里常有自然形态的小树丛,与外围的树林相呼应。水以流动的为主,都与石作结合,成为建筑化的水景,如喷泉、壁泉、溢流、瀑布、叠落等。注意运用光影的对比,表现水的闪烁波光和水中倒影。有意利用流水的声音作为造园题材。

这个时期比较著名的有法尔奈斯庄园、埃斯特庄园和兰特庄园,三者并称文艺复兴三大名园。

1. 法尔奈斯庄园

法尔奈斯庄园(见图 10-19)大约建造于 1547 年,是红衣大主教亚历山德罗 · 法尔奈斯(即保罗三世)委托建筑师吉阿柯莫 · 维尼奥拉为他的家族建造的一座庄园。后来又在庄园内建造了建筑和上部的庭园。

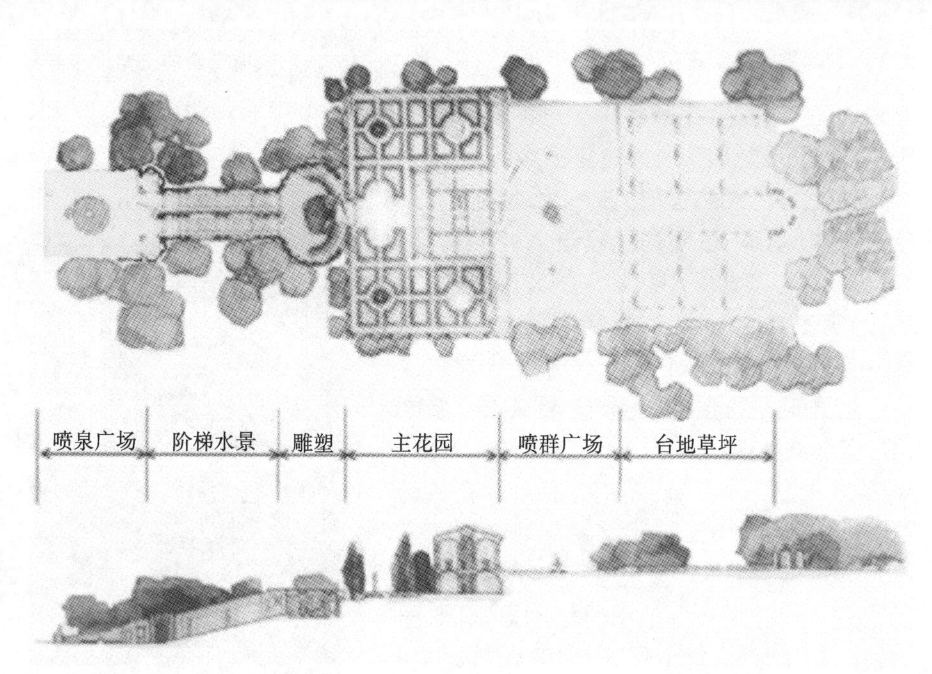

图 10-19 法尔奈斯庄园平立面图

造园师贾科莫 · 维尼奥拉(见图 10-20)是继米开朗基罗之后罗马最著名的建筑师,曾在法兰西王宫中供职,三大名园中的法尔奈斯庄园和兰特庄园都是他的手笔。法尔奈斯庄园是他的第一个大型作品。贾科莫 · 维尼奥拉,意大利文艺复兴时期著名的建筑师与建筑理论家,1507—1573 年,青年时代的他曾在波洛尼亚尼重学习绘画与建筑,1590 年定居于罗马。1562 年,他发表了名著《五种柱式规范》成了文艺复兴晚期以及后来古典复兴、折衷主义建筑的古典法式。晚年,他到法国工作,对法国文艺复兴建筑产生了很大的影

响。维尼奥拉是一位多才多艺的建筑师，他不仅擅长建筑设计，也从事过许多园林创作。他的代表性作品有卡普拉罗拉的法尔奈斯庄园（1550 年）、罗马教堂尤利乌斯三世别墅（1550—1555 年）、巴尼亚亚的兰特别墅与水景园（1555 年）等。

法尔奈斯庄园分五角大楼府邸（见图 10-21）与主花园两部分，于 1547—1558 年建在风景优美、空气清

图 10-20　贾科莫·维尼奥拉

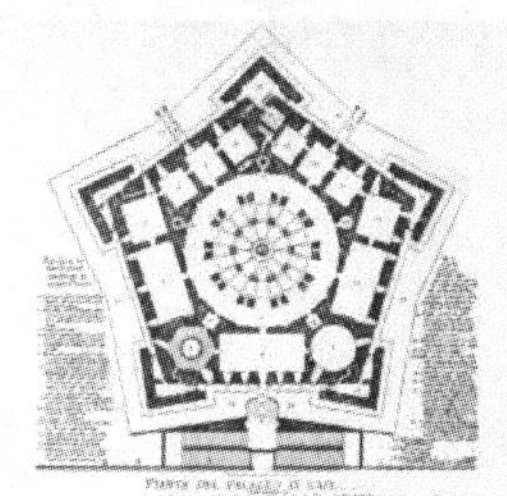

图 10-21　法尔奈斯庄园的五角大楼府邸

新、可以鸟瞰 Caprarola 的山岗上，是教宗保罗三世（1534—1549 年在位）办公、休憩的城堡花园。五角形的城堡是文艺复兴时期杰出的建筑之一，通过狭窄壕沟上的小桥有与大楼相连的两个花园：V 字形花园、法尔奈斯主花园。庄园的花园部分和城堡部分被一部分林园分离，当穿过这片自然不加人工修饰的林园后，眼前出现美丽的喷泉、草地、建筑，让人有穿越进入仙境之感。花园部分的入口是一个由左右两侧洞穴相夹的坡道，通往上层台地。这样缓缓抬高的坡面，两侧的洞穴将视线框住，形成深远透视，最终将视线牵引向尽头的河神喷泉和主建筑立面，烘托出视线交点的建筑和雕塑的神圣、庄严氛围。坡面的中间是一个水渠，有水从上缓缓流下，因为这样使用坡面，水渠没有因为透视而消失在一点处，而是完整地展示在人们的视线内，并且随着视线的抬升，最后和尽头的河神喷泉形成了水的序列，如图 10-22 所示。

图 10-22　法尔奈斯庄园的链式水体

V 字形花园（见图 10-23）是典型的绿色植物雕塑园，已成为挂满橘子的果园。法尔奈斯主花园比 V 字形花园更加远离五角大楼，是法尔奈斯庄园成为文艺复兴三大园的精彩所在。

从主楼出发，穿过幽静的林荫道，来到主花园的入口——中心有圆形喷泉的方形草坪广场，意大利台地园标签之一的链式水体跃入眼帘，第二层迎宾前庭的椭圆形广场上以河神为主体的雕塑喷泉，是文艺复兴雕塑艺术的完美呈现。

两座弧形台阶环抱着椭圆形小广场，中央是贝壳形水盘，上方有巨大的石杯，珠帘式瀑布从中流出，溅

落在水盘中(见图 10-24)。

图 10-23　法尔奈斯庄园的主花园和 V 字形花园

图 10-24　法尔奈斯庄园石杯喷泉

第三层台地花园上的小楼是教宗精修的住所，法尔奈斯主花园就是以小楼的中轴线来控制各级台地、层层递进、贯穿全园的。围绕住所的雕塑廊柱中庭精美、优雅，雕琢出园主显赫、精致的生活画卷。

花园的后部(露台式花坛后庭)是规整、对称的台地草坪，其中轴线上有一个镶嵌着精美的雨花石图案的园路和简洁的水盘，台地草坪的挡土墙也由精美的石质雕刻装饰着，中轴线终点是由自然植被围合的一组半圆形的凯旋门式石碑廊柱。廊柱呈半扇六角形，设置了四座石碑，下为龛座、坐凳，上有半身神像、雕刻及女神像柱。园外高大的自然树丛，衬托得柱廊更加精美。精致耐看的局部处理，令人流连忘返。与休憩坐凳结合的矮墙、壁龛，体现出美观与实用相结合的设计原则。庭园建筑设在较高的台层，便于借景园外。虽然用地狭长，但各个空间比例和谐、尺度宜人。台层之间的联系精心处理，平面和空间上的衔接自然巧妙。精美的雕刻、石作，既丰富了花园的景致，又活跃了园林气氛，同时也使得花园的节奏更加明确。

2. 埃斯特庄园

埃斯特庄园(见图 10-25)把山坡、树木、水景用一种极致的方式组合起来，具有强烈的艺术感染力，是意大利园林中的一个经典作品。这个庄园被称作“是所有罗马别墅中的珍珠”“世界上最美的水花园”“红衣主教的隐秘府邸”“文艺复兴风格园林的经典”。

埃斯特庄园位于意大利首都罗马东郊的蒂沃利，坐落在一处面向西北落差近五十米的陡坡上，成为一个令人津津乐道的“悬挂着的花园”。整个花园由山麓到山顶分为五层台地，一道纵轴贯通全园，左右各有一条次轴，再用几条横向道路，把全园分割成大小不等的方块。利戈里奥将原来朝向西北的地形作了较大的改造，将西边的地形垫高，兴建了高大的挡土墙，使庄园在整体上向北面倾斜。利戈里奥吸收了布拉曼特、拉斐尔的设计思想，运用几何学与透视学原理，将庄园设计成一个建筑式整体，追求均衡与稳定的空间格局。园内不以繁花取胜，全园沉浸于郁郁葱葱的绿色植物中，配合各种水景和精美的雕塑，组成一幅美不胜收的图卷。

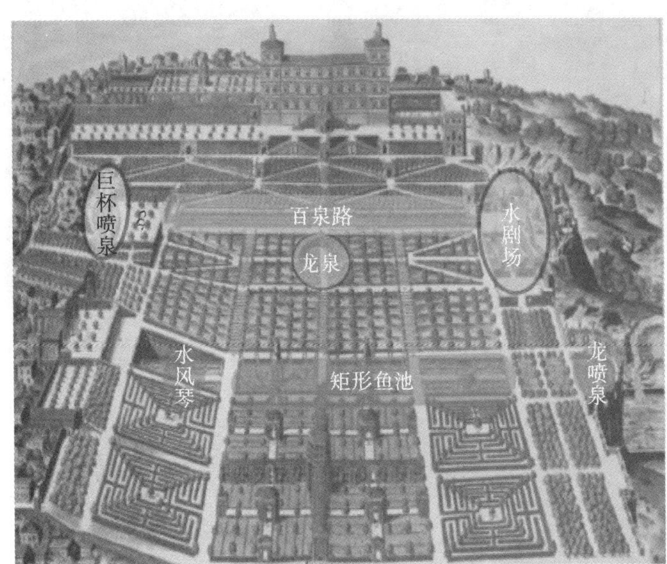

图 10-25　埃斯特庄园平面布局图

进入埃斯特庄园，迎面而来的是一个规规矩矩的四方形院落。通过一旁的长廊走到阳台上，才会有美轮美奂的喷泉花园映入眼帘。一出一进，让人不由感叹设计师的苦心设计。阳台所在的主建筑物是全园的最高点，可以俯瞰整个园林。

这里最有名的喷泉包括据传是艺术大师贝尔尼尼设计的“巨杯喷泉”（见图 10-26），利戈里奥的作品“椭圆形喷泉”“龙泉”（见图 10-27）、“管风琴喷泉”（见图 10-28）和“猫头鹰与小鸟喷泉”。人们可以一边欣赏喷泉层叠的水流，一边聆听文艺复兴时期的四段音乐。

图 10-26　巨杯喷泉

图 10-27　龙泉

埃斯特庄园把山坡、树木、水景用一种极致的方式组合起来，具有强烈的艺术感染力，是意大利园林中的一个经典作品。园林史专家称这个庄园“是所有罗马别墅中的珍珠”。中轴线的左右还有次轴。在各层台地上种满高大茂密的常绿乔木。一条“百泉路”横贯全园，林间布满小溪流和各种喷泉。庄园用地呈方形，面积约 4.5 公顷。1549 年，红衣主教埃斯特竞选教皇失利后被保罗三世任命为蒂沃利守城官。1550 年埃斯特委托利戈里奥建造府邸。建筑师波尔塔和水工技师奥利维埃里参与了建园。该园坐落在面向西北的陡坡上。意大利夏季气候炎热，出于营造相对适宜的小气候环境的目的，花园布局都尽量朝向北面。后来，在巴洛克时期又增建了大型的水风琴和有各种机关变化的水法。这座园林因此得名为“水花园”，园的两侧还有一些小独立景区，从“小罗马”景区可以远眺三十公里外的罗马城。花园最低处布置水池和植坛。

长达 130 米的百泉路(见图 10-29)给人留下深刻的印象，在路的一侧修建有一条同等长度的水渠。百泉台的东北端地形较高，依山就势筑造了水量充沛的水剧场，高大的壁龛上有奥勒托莎雕像，中央是以山林水泽仙女像为中心的半圆形水池及间有壁龛的柱廊，瀑布水流从柱廊上方倾泻而下。栩栩如生的石雕、清澈的水流加上碧绿的青苔、古树，让人流连忘返。

图 10-28 埃斯特庄园管风琴喷泉

图 10-29 埃斯特庄园百泉路

3. 兰特庄园

兰特庄园(见图 10-30)位于意大利拉齐奥首府维泰博郊外，是一座完美文艺复兴郊区别墅。16 世纪著名的造园大师维尼奥拉为这个庄园精心打造的巴洛克风格花园，就像盛放在美丽山坡上的一朵奇葩，令人惊艳叫绝。

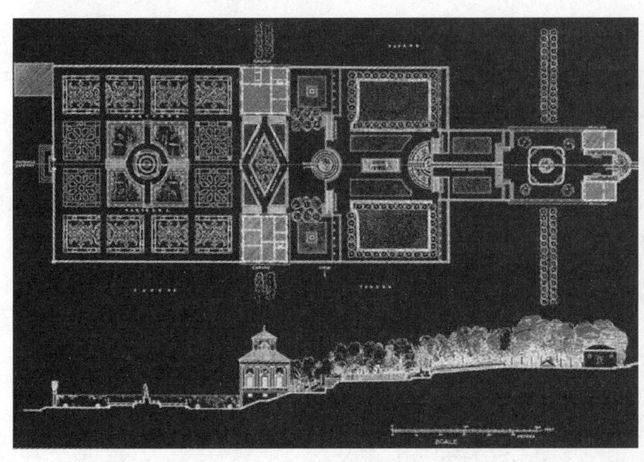

图 10-30 兰特庄园平立面图

兰特庄园充分体现了意大利文艺复兴园林的特色，地处一个风景优美的山坡，在整体设计上追求戏剧效果。依山而建的台阶，是许多意大利园林通常都运用的布局，喷泉和流水也是意大利花园必有的元素，但兰特庄园将台阶、喷泉、流水用一个戏剧性的主题来贯穿其中。兰特庄园的丛林部分很具有古罗马花园的意味，丛林中分布着五个喷泉，还有一个方形的水池，水池中矗立着一座雕塑。丛林中古树参天、草坪如茵，充满了古典、野趣的氛围，与几何型花园构成不同的对比效果。

一层台地园路为石铺道路，并布置大面积花坛；二层台地建筑占据一半面积；三层台地植被为大型乔木，配有圆形水池；四层台地有大面积草地。各层台地均以台阶连接水景过渡，绿篱成为重要的分隔物，将各空间分割开来的，中央水池由四周黄杨模纹花坛环绕。随着层次的变化，兰特庄园的植物也渐渐从雕塑感向自然形态回归，而到了制高点以环绕充满野趣的园林森林结束，实现了完全的人工向自然的过渡，这也是花园作为建筑和自然过渡的最好阐释。兰特庄园在罗马以北 96 公里的巴尼亚亚，它以水从岩洞发源到流泻入海的全过程为基本题材。花园最高处的树林中，从岩洞里流出的一股泉水，顺坡而下，形成喷泉、链形叠落水渠、瀑布、河流等，构成中轴线。最后在底层平地形成水池，池中央有出色的雕像群，四周有绣花图案的植坛(见图 10-31)。主体建筑位于中层台地上，为一对小别墅，分居中线两侧，保持了中轴线的完整。

图 10-31　黄杨模纹刺绣花坛环绕中央石砌的方形水池

兰特庄园充分体现了意大利文艺复兴园林的特色，“推敲一块好地方”是意大利别墅花园的首要。司汤达在《罗马漫步》中感叹：在意大利天堂般的山水里，贵族们决不会选一块次地、一块没有任何优点的地，来消磨时光、消耗财富。兰特庄园地处一个风景优美的山坡，“花园覆盖在上面，就像给人穿上一件合身的衣服”，这样，花园不是造出来，而是长出来。台地是意大利园林不可或缺的特征，兰特庄园由四个层次分明的台地组成：平台规整的刺绣花园、主体建筑、圆形喷泉广场、观景台(至高点)。维尼奥拉对丘陵地带变化丰富的地形进行了灵活巧妙的利用，在三层平台的圆形喷泉后，用一条华丽的链式水系穿越绿色坡地，使得渐行渐高的园林中轴线终点落在了整个庄园的制高点上，并在此修筑亭台，方便从这里俯瞰庄园全景。

文艺复兴时期意大利巴洛克园林的盛行，实际上是由像维尼奥拉这样的造园风格大师推动的，维尼奥拉等用他们的作品征服了人们，于是大家纷纷采用这种形式建造花园。在兰特庄园里，维尼奥拉就把意大利巴洛克园林的优势发挥到一种极致的境界。追求戏剧性、雕塑感，大量的对称、透视所营造的幻觉等因素令人一走进花园就感受到一种惊艳。兰特庄园的飞马如图 10-32 所示。

4. 菲耶索勒美第奇庄园

菲耶索勒美第奇庄园建于 1458—1462 年，由建筑师米开罗佐设计，坐落在距离佛罗伦萨老城 5 公里的阿尔诺山腰的陡坡上。整个庄园坐落于东北山体，面朝西南山谷，依山就势展现出开阔的优美风景。得天独厚的地理优势将冬季寒冷的东北风阻隔，夏季清凉的海风自西而来，从而拥有四季如春的宜人气候。

庄园由三层台地构成，受地势所限上下两层稍宽，中间层狭窄。入口设在台地东端，进门后有小广场，西侧是半扇八角形水池，背景是树木和绿篱组成的植坛，导向明晰。建筑前庭是开敞的草地，点缀大型盆栽。四面有独立而隐蔽的花园，当中为椭圆形水池，围着四块植坛。建筑与花园相间布置的方式既削弱了台地的狭长感，又使建筑被花园环绕，四周景色各异。下层台地采用图案式布置方式，便于居高临下欣赏。庄园虽无豪华的装饰，却以杰出的设计手法、简洁的空间布局，形成与周围景色和谐的整体(见图 10-33)。

5. 塔兰托别墅

塔兰托别墅是苏格兰人 Neil McEacharn 精心营造的园艺佳作，欧洲著名的植物园，位于意大利境内马

图 10-32　兰特庄园的飞马

图 10-33　菲耶索勒美第奇庄园

焦雷湖畔的帕兰扎。这个地处湖边岬角的植物园，占地 16 公顷，背靠阿尔卑斯山，面朝清澈的马焦雷湖，风景如画，魅力无限。塔兰托别墅和谐地融入了英国和意大利两种园林风格。步入花园，以一条浪漫的林荫散步道为主线，散布周边的首先是充满自然趣味的英国花园，山坡上茂密的植物和花卉。深入之后，则是意大利花园，整齐的台地和花床，布局成严谨的几何形状。园内里种植了 Neil McEacharn 花费十六年时间从世界各地搜集来的珍贵植物，包括有 2 万种珍稀植物，8 万棵开花球茎植物标本，以及种植在花床上的 15000 株边缘植物。许多植物，在此之前从来没有登陆过欧洲。塔兰托别墅代表着一个乌托邦式的理想——全世界植物聚集生长在同一个特定的空间里，它既具有科学内涵，同时又有艺术的园林形式。

6. 波波利花园

波波利花园位于佛罗伦萨阿诺河南岸，是美第奇家族比提宫的花园（见图 10-34～图 10-36）。佛罗伦萨南岸被佛罗伦萨人称之为奥尔特拉诺，意为阿诺河的另一端。美第奇家族买下比提宫之后，不仅扩建了宫殿建筑本身，还把周围土地开发成一个完美的私家庭园，这就是波波利花园。花园占地 30 公顷，是佛罗伦萨最大的花园，是一座完美的意大利文艺复兴式园林。

对于托斯卡纳的统治者美第奇家族而言，波波利花园不仅仅是美第奇宫殿的私人庭园，还是佛罗伦萨主要的仪式举办场所。起初，在花园举办的一些音乐会和派对还只是容纳一些贵族参与，18 世纪以后，花园向佛罗伦萨市民开放，成为市民节庆活动、焰火晚会和娱乐集会的重要地点，波波利花园因此成为佛罗伦萨人民最喜爱的后花园。

图 10-34　波波利花园景观

图 10-35　波波利花园的喷泉

图 10-36　波波利花园的雕塑

10.5 意大利巴洛克时期的园林实例

16 世纪末至 17 世纪，建筑艺术发展到巴洛克式，园林中的建筑物体量一般相当大，显著居于统率地位。林荫道纵横交错，甚至应用了城市广场的三叉式林荫道。植物修剪的技巧有了发展，“绿色雕刻”的形象更复杂。绿墙如波浪起伏，剪树植坛的各式花纹曲线更多，修剪的高大绿篱作天幕、侧幕等的露天绿色剧场也很普遍。流行用绿墙、绿廊、丛林等造成空间和阴影的突然变化。水的处理更加丰富多彩，利用水的动、静、声、光，结合雕塑，建造水风琴、水剧场(通常为半环形装饰性建筑物，利用水流经一些装置发出各种声音)和各种机关水法，是这时期的一大特点。比较著名的实例有阿尔多布兰迪尼庄园、伊索拉・贝拉庄园、加尔佐尼庄园和冈贝里亚庄园。

1. 阿尔多布兰迪尼庄园

阿尔多布兰迪尼庄园(见图 10-37)位于佛罗伦萨，近邻美第奇家族的波波利庄园。庄园内的主建筑在山坡的最高点，可以俯瞰佛罗伦萨，是绝佳的观景点。山坡的坡度较大，不适合做过多台层的处理，设计师将陡坡处理成坡面的观赏草坪。竖向上形成很大的观赏面，并将视线引导到天空，当沿着中间的台阶向上走时，主体建筑会慢慢在视野中浮现，给人惊喜。

阿尔多布兰迪尼庄园先由建筑师波尔塔在 1598 年开始建造，1603 年由建筑师多米尼基诺完成，水景工程由封塔纳和奥利维埃里负责。庄园坐落在阿平宁山半山腰的小镇上，府邸前庭视野开阔，两侧平台上是小花园，布局十分华丽而巧妙。厨房的烟道移至平台两侧，成为装饰性小塔楼，与府邸融为一体。由于具备山林和乡村环境中庄园重要的标识性作用，府邸建造在山坡上，充分利用了环境条件。

图 10-37 阿尔多布兰迪尼庄园

2. 伊索拉・贝拉庄园

伊索拉・贝拉庄园(见图 10-38)又称贝拉岛花园，是文艺复兴后期意大利台地园的经典之作，也是现存的唯一一座意大利文艺复兴时期的湖上庄园。1632 年庄园由卡尔洛博罗梅奥第三代伯爵始建，园名源自其母伊索拉・伊莎贝拉姓名的缩写。1671 年第四代伯爵维塔利阿诺将庄园建成。设计师有建筑师卡尔洛封塔纳和水工师莫纳，维斯玛拉和西蒙奈塔负责雕塑和装饰工程。小岛东西最宽处约 175 米，南北长约 400 米，庄园用地长约 350 米。岛的西边 50 米宽、150 米长的用地上有座小村庄，建有教堂和码头。花园规模约为 3 公顷，堆砌出九层台地。

图 10-38　伊索拉·贝拉庄园

3. 加尔佐尼庄园

17 世纪初，罗马诺·加尔佐尼委托出生于吕卡的人文主义建筑师奥塔维奥·狄奥达蒂为其在小城柯罗第附近建造一座庄园，以期成为这个地区的代表作。加尔佐尼庄园(见图 10-39)设计将四周的乡村景色，文艺复兴时期佛罗伦萨地区的“吕卡式花园”风格，以及渐渐兴盛的巴洛克风格三者相融汇，造园手法独特。其结构简洁、空间质朴，四季花开不断的盛花花坛起重要装饰作用。在造园要素和细部处理方面，都表现出巴洛克风格的影响，在一定程度上反映出轻浮暧昧甚至矫揉造作的时代特征。模纹花坛以色彩鲜艳的各种矮生性、多花性的草花或观叶草本为主，在一个平面上栽种出种种图案来；看去犹如地毯，又称毛毡花坛。

图 10-39　加尔佐尼庄园

4. 冈贝里亚庄园

冈贝里亚庄园(见图 10-40)布局巧妙、尺度适宜、气氛亲切、光影平衡。含蓄的象征性手法、简洁而均衡的构图，深远的透视画面，使其成为托斯卡纳地区众多花园中非常宜人的一个。

17 世纪下半叶，意大利造园逐渐走向没落，造园风格背离了最初的人文主义，反映出巴洛克艺术的非理

图 10-40　冈贝里亚庄园

性特征，此后与巴洛克艺术同期的法国古典主义园林登上历史舞台。园林艺术出现追求新奇、表现夸张的倾向，园内充斥着繁杂的装饰小品，建筑物体量偏大，占有统率地位。水景新颖别致，绿色雕塑的形象和植坛的花纹日益精细，同时暴露出滥用整形树木的特点，形态不自然。花园形状变为矩形，并在四角加上各种形式的图案。花坛、水渠、台阶多设计成流动的曲线型，林荫道纵横交错，整体用透视术造成幻觉效果。

10.6　意大利园林的特征

10.6.1　文艺复兴时期意大利园林的特征

16 世纪后半叶庭园多建在郊外的山坡上，构成若干台层，形成台地园。①有中轴线贯穿全园；②植物造景日趋复杂；③景物对称布置在中轴线两侧；④建筑有时作为全园主景位于最高处；⑤迷园、花坛、水渠、喷泉等日趋复杂；⑥各台层上常以多种理水形式，或理水与雕像相结合作为局部的中心；⑦理水技术成熟，如水景与背景形成明暗与色彩的对比，注重光影与音响效果（水风琴，水剧场），出现跌水，喷水、秘密喷泉、惊奇喷泉等。

10.6.2　意大利巴洛克时期园林的特征

巴洛克一词的原意是畸形的珍珠，古典主义者用它来称呼这种被认为是离经叛道的建筑风格。这种风格在反对僵化的古典形式、追求自由奔放的格调和表达世俗情趣等方面起了重要作用，对城市广场、园林艺术以至文学艺术部门都产生影响，一度在欧洲广泛流行。

巴洛克古典园林是 17—18 世纪在意大利文艺复兴建筑基础上发展起来的一种建筑和装饰风格。其特点是外形自由，追求动态，喜好富丽的装饰和雕刻，充满强烈的色彩，常用穿插的曲面和椭圆形空间。

特征：①常有一种庄严隆重、刚劲有力却又充满欢乐的气氛；②炫耀财富。大量使用贵重的材料，充满了华丽的装饰，色彩鲜丽；③趋向自然。在郊外兴建了许多别墅，园林艺术有所发展。在城市里造了一些开敞的广场。建筑也渐渐开敞，并在装饰中增加了自然题材；④追求新奇。建筑师们标新立异，前所未见的建筑形象和手法层出不穷。而创新的主要路径是：首先，赋予建筑实体和空间以动态，或者波折流转，或者骚乱冲突；其次，打破建筑、雕刻和绘画的界限，使他们互相渗透；再次，不顾结构逻辑，采用非理性的组合，取得反常的幻觉效果。

意大利文艺复兴晚期著名建筑师和建筑理论家维尼奥拉设计的罗马耶稣会教堂是由手法主义向巴洛克风格过渡的代表作，也有人称之为第一座巴洛克建筑。

10.6.3 意大利造园艺术的特征

1. 园林的选址

意大利庄园一般建于河流周边风景秀丽的丘陵的山坡上。山坡上特殊的气候特点和地理条件，使台地园成为意大利庄园的主要布局形式。

2. 园林的布局

文艺复兴时期意大利园林的总体布局是中轴对称、均衡稳定、主次分明、变化统一、比例协调、尺度适宜的构图方式，反映着古典主义的美学原则。台地园的平面一般是严整对称的，建筑与自然环境通过园林中的廊架、喷泉、植物、丛林等元素相互渗透，既具有人工性又具有自然性。此时的风景园林被视为建筑与自然之间的“折中与妥协”，是协调两者关系的媒介。建筑常位于中轴线上，有时也位于庭园的横轴上，或在中轴线的两侧对称排列。庭园轴线有时只有一条主轴，有时分主轴、次轴，甚至也有几条轴线或直角相交、或平行、或呈放射状。台地园的设计将立面与平面结合考虑。一般愈接近城市，坡度愈缓，台层少，高差小；距离城市愈远，坡度愈大，台层多，高差较大。园内的主体建筑府邸设在庄园最高处则控制全园，显示权贵；设在中间台层上使出入方便，给人亲切感；设在庄园最底层适合面积较大、地形较平缓的庄园。这一时期的风景园林蕴含的气氛是宁静、祥和的，介于法国古典主义园林与英国自然风景园林之间。它不仅为人们的生活及享乐服务，还展现了人们的审美理想、对自然的欣赏与热爱，以及对隐逸生活的渴望。16 世纪末 17 世纪初，人文主义文化逐渐衰退，意大利风景园林设计在经历了“手法主义”的无拘无束、独特新颖的艺术潮流和巴洛克装饰风格的影响之后，逐渐呈现出追新求异、自由奔放、装饰繁复的倾向。

3. 园林的要素

(1) 建筑性要素。

在意大利台地园林中，挡土墙、台阶、栏杆、雕像等多种建筑性要素用来形成和限定空间，同时，作为台地园中重要的组成部分及建筑向花园的延伸，它们本身也是台地园林艺术的表现载体，园内存在的高差使它们呈现出丰富而变化多端的构图。

挡土墙内会设有神龛，常与水体结合，墙上也常常布置有材料不同、图案各异、色彩对比强烈的栏杆。除此之外，栏杆也用于园中的台层边、台阶旁、池边、供眺望的广场边，常常与雕塑、瓶颈等相结合。台阶的设计在台地园中也占有十分重要的位置，台阶的式样变化丰富，一般根据高差和场地面积的不同，以及上下台层构图上的需要而定，也有根据不同主题的要求来设置。

雕塑作为重要的修饰硬景，几乎是每个台地园林中都不可或缺的元素，在造型上，多以“人”为蓝本，塑造宗教、神话传说中的雕像，以点缀庭院、烘托园林气氛，是古代意大利人朴实敦厚的自然观以及宗教背景的体现。

(2) 水体。

意大利台地花园比较紧凑，高差大，很容易利用地形来建造各种跌水和喷泉，从而形成气氛活跃的动水景观。

在台地园林的顶层常设贮水池，有时以洞府的形式作为水的源泉，洞中有雕像或布置成岩石溪泉而具有真实感，并增添些许的山野情趣。沿斜坡可以形成水阶梯，在地势陡峭、落差较大的地方则形成汹涌澎湃的瀑布。在不同的台层交界处有溢流、壁泉等多种形式。在下层台地上，往往利用水位差形成喷泉，或与雕塑结合，或形成各种优美的喷水图案和花纹；又可在喷水技巧上大做文章，创造了水剧场、水风琴等具有音响效果的水景；此外，还有种种取悦游人的魔术喷泉。

低层台地也可以汇集众水形成平静的水池，或成为宽广的运河。通过良好的比例和适宜的尺度，水池与周围环境相互融合，喷泉与背景的色彩、明暗方面的对比也都恰到好处。

(3) 植物。

意大利砖石结构建筑封闭、沉重，与自然元素难以协调，植物就成了协调二者之间关系的过渡环节。

台式园林中的植物作为过渡，兼有建筑和自然双方的特点，设计中把自然元素建筑化，即把植物图案化、模型化，服从于规整的几何图形，从而产生独具特色的植物景观。

意大利台地园林将植物材料的运用发挥到淋漓尽致的同时，也充分运用植物来组织、围合空间。如用修剪整齐的绿篱围在道路两侧，形成图案复杂的通道，甚至将植物作为建筑材料来对待，用植物代替了砖、石、金属等，起着墙垣、栏杆的作用。

11 法国园林

欧洲三大园林体系之一的法国园林，主要以 17 世纪法国古典园林为代表。17 世纪下半叶，古典主义成为法国文化艺术的主导潮流，在园林景观设计中也形成了古典主义理论。

古典主义突出轴线，强调对称，注重比例，讲究主从关系，理性感表现强烈。由著名法国造园大师勒·诺特尔主持设计的凡尔赛宫花园是这一时期的代表作之一，亦称为勒·诺特尔式园林，勒·诺特尔式园林标志着法国园林艺术的成熟和真正的古典主义园林时代的到来。

11.1 法国自然地理条件

法国位于欧洲大陆的西部，濒临地中海、英吉利海峡、北海、大西洋四大海域。其平面呈六边形，三边临海，三边靠陆地。国土总面积约为 55 万平方千米，为西欧面积最大的国家。其大部分为平原地区，间有少量盆地、丘陵和高原。国土约 60％的土地适合耕种，25％的土地为森林覆盖。在境内河流众多，地势东南高西北低，河水多数向西流(见图 11-1)。

此外，由于法国位于中纬度地区，境内除山区和高原外，气候温和，冬季温暖湿润，雨量适中，呈明显的海洋性气候。

这样独特的地理位置和气候条件，增加了法国与周边地区的交流和联系，也为多种植物的生存繁衍创造了有利的条件，更对法国园林的发展有着重要的影响。

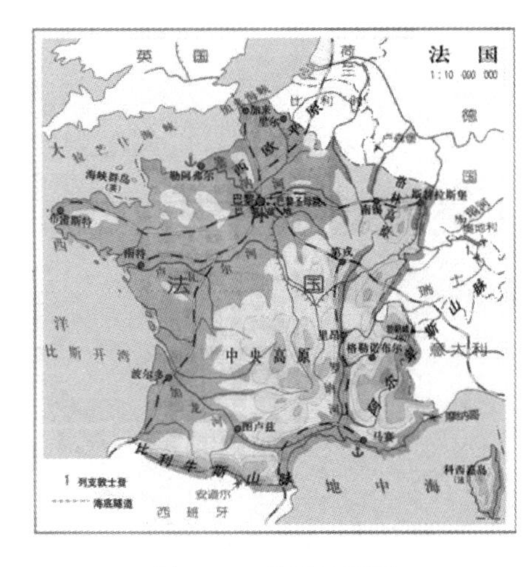

图 11-1 法国地形图

11.2 文艺复兴前的法国园林

大约在公元 460 年，法国就已经有了关于游乐型花园的简单描述。这些花园的主人以王公贵族居多，园林以实用性为主，具有一定的娱乐性，会栽种果树、蔬菜、草药等植物以供生产生活。这种最初的园林形式被看作是法国园林发展的萌芽阶段。

中世纪初期，修道院庭园和王公贵族的花园大多在高大的墙垣或壕沟的包围之中，空间封闭，规模狭小，形式简单。此后，在这类花园中观赏植物逐渐增加，并开始出现修剪的观赏树木。但总体来说，由于受到整个社会经济和文化因素的制约，12 世纪以前的法国园林造园艺术尚处于较低水平。

大约在腓力二世(1165—1223 年)统治时期，法国领土开始扩大，巴黎渐渐成为全国的经济中心，手工业和商业的繁荣发展促进了造园艺术的蓬勃发展。

1337 年，爆发了英法“百年大战”(1337—1453 年)，法国瘟疫蔓延，人口锐减，经济发展极为缓慢，造园艺术基本处于停滞状态。战争于 1453 年以法国胜利而告终，国家经济随后进入复苏期。

路易十一(1423—1483 年)统治时期，基本完成国家统一。在此时期，王族安茹大公瑞内除了建造豪华的宫廷外，还建造了拉波麦特花园。该花园打破法国的传统格局，运用了中国园林中借景的手法，采用自然式布局，注重自然和野趣。

11.3 文艺复兴时期的法国园林

11.3.1 文艺复兴时期的法国园林发展概述

1494—1495 年国王查理八世发动那波里远征，法国军队失败而归，元气大伤。但是，查理八世及其贵族们却接触到了文艺复兴初期意大利的文化艺术，并将意大利的书籍、绘画、雕刻、挂毯等文化战利品及 22 位艺术家和数位那波里造园师带回国。随之法国民众开始倾慕意大利文化，年轻的建筑设计师都热衷于前往意大利学习。从此，意大利造园风格传入法国。

而此时法国园林仍然保持着中世纪城堡的高墙和壕沟，花园与建筑间缺少构图上的联系，各个台层间也缺乏联系。花园位置随意，空间分割非常拘谨。但在造园要素和手法上表现出了意大利园林的特征，如园中出现了石质的亭子、廊子、栏杆、棚架、雕塑、岩洞等石作，水体除了瀑布、喷泉、泉池之外，还应用水渠和运河的形式，创造壮观的镜面似的水体景观，这些元素进一步丰富了园林的内容。比较有代表性的园林像东阿府邸的园林、迦伊翁的园林等等。总的来看，这时期园林的功能除了增加游憩、观赏的功能外，仍保留着种植、生产的功能，总体规划很粗放。

16 世纪中叶，随着中央集权的加强，法国园林艺术在园林的整体布局上发生了新的变化。园林布局呈现出规整对称的特征，且将花园与府邸作为一个整体进行规划设计。将花园置于主体建筑后面，建筑和花园中轴线重合。建筑上形成庄重、对称的格局，且与植物的关系较为密切。这些特点主要是受意大利造园的影响，比较有代表性的园林有阿内府邸花园、凡尔耐伊府邸花园。

16 世纪下半叶至 17 世纪上半叶，法国园林已不再是简单的造园要素和形式的模仿，在学习意大利文艺复兴园林的过程中试图结合本土特点，寻求创新性发展。法国地域辽阔，平原、丘陵占比较大，加之点缀其间的郁郁葱葱的森林，形成了典型的法国地域景观特征，这为规模宏大、广袤无垠的古典主义园林提供了生长环境。

这一时期的法国造园艺术理论也得到了发展，理论家和艺术家纷纷著书立说。他们在借鉴中世纪和意大利文艺复兴时期园林的同时，努力探索真正的法国式园林。如埃蒂安 · 杜贝拉克(1935—1604 年)于 1582 年出版了《梯沃里花园的景观》，他提倡发展适合法国平原地形的规划布局方法。雅克 · 布瓦索在 1638 年出版了《依据自然和艺术的原则造园》，被誉为法国园林艺术的真正开拓者。

此外，园艺世家莫莱家族，在理论著作与设计实践领域也为法国古典主义园林发展巅峰的到来奠定了坚实基础。

克洛德 · 莫莱(1563—1650 年)是刺绣花坛设计手法的开创者，他率先采用黄杨做花纹，除了保留花卉外，还使用彩色页岩细粒和砂子做底衬，有较好的装饰效果。花坛成为法国园林中最重要的构成要素之一。他与儿子安德烈 · 莫莱的著作《植物与园艺的舞台》提到了花园的布局和花坛的实例。

安德烈 · 莫莱成功创作花境，他的著作《愉快的花园》完善了花园总体布局的规划模式。我国学者陈志华将这一时期称为“法国早期的古典主义时期”。

随着几何学和透视学在欧洲的发展，以及理性主义哲学在欧洲哲学领域的盛行，法国古典主义园林在倡导人工美，提倡有序的造园理念影响下，造园布局注重规则有序的几何构图，运用植物以绿墙、绿障、绿篱、绿色建筑等形式，充分反映了唯理主义的思想。

16 世纪下半叶起，法国园林经过将近一个世纪的发展，取得了一定的进步，直到 17 世纪下半叶，勒 · 诺特尔式园林的出现，法国古典主义园林艺术才成熟起来。

11.3.2 文艺复兴时期的法国园林实例

文艺复兴时期，法国园林全面学习意大利台地园造园艺术，在借鉴中世纪要素的基础上结合本国的地形、植被等条件，发展并形成了本土特色的法国园林艺术。

法国园林主要有城堡花园、城堡庄园和府邸花园3种类型，分别以谢农索城堡花园、维兰德里庄园、卢森堡花园为代表。法国文艺复兴时期的花园，大多都被改造，完整保留下来的极少，从一些改建的作品中还能看到当时的痕迹。

1. 谢农索城堡花园

谢农索城堡花园位于西北部安德尔-卢瓦尔省，坐落在卢瓦尔河的支流谢尔河畔(见图11-2、图11-3)。谢尔河发源于法国中央高原北部的孔布雷伊山，在图尔以下约18公里注入卢瓦尔河。谢尔河在谢农索城堡呈东西流向，城堡主体建筑采用廊桥形式依南北走向横跨在谢尔河上(见图11-4)。该城堡建筑既是廊亦是桥，水上城堡也由此得名，被认为是法国最美丽的城堡建筑之一。

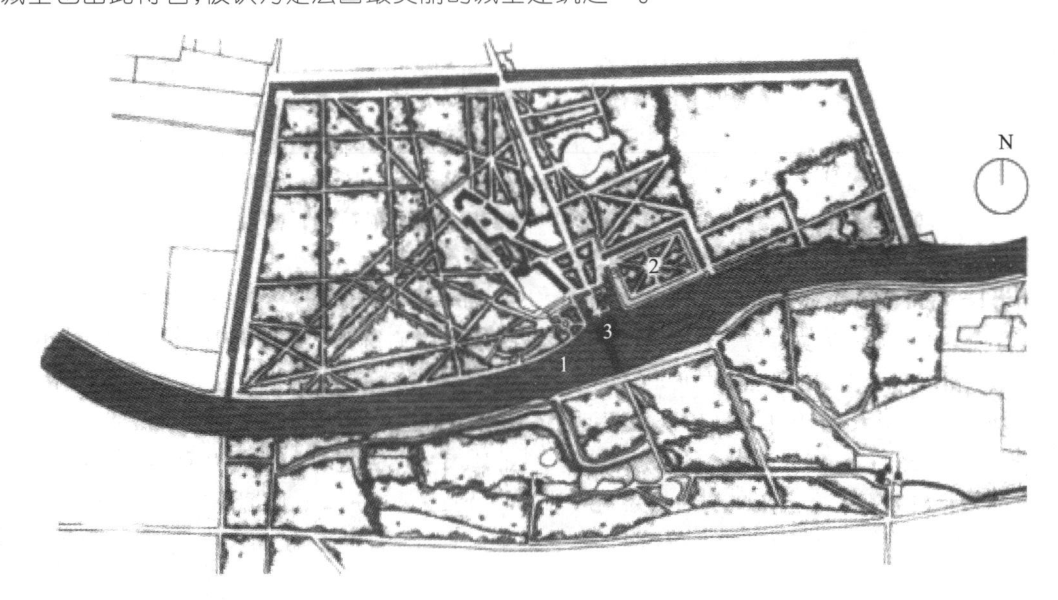

图11-2 谢农索城堡花园平面图

1.谢尔河；2.狄安娜花坛；3.廊桥式城堡

图11-3 谢农索城堡花园整体鸟瞰图

图11-4 谢农索城堡花园主体建筑

11世纪末，谢农索庄园只有一座小村庄。1230年，纪尧姆·德·马尔克在河床上建了一座中世纪小城堡，1432年，让·德·马尔克重建了城堡和带有防御工事的磨坊。

1512年，法国国王查理八世的财务大臣托马斯·伯耶(1479—1522年)收购了谢农索庄园，拆毁了城堡和磨坊，只留下城堡的小塔楼，即马尔克塔楼。伯耶夫妇按照文艺复兴的风格对塔楼进行了改造。在磨坊的石基上兴建了一座方形主楼，并将府邸建筑向谢尔河延伸。伯耶去世后，他的遗孀凯瑟琳·布里索娜(？—1524年)和儿子完成建设。谢农索城堡立面图如图11-5所示。

后来，这座庄园归亨利二世(1547—1559年在位)所有，并将庄园送给他的宠妃狄安娜·德·普瓦捷

图 11-5 凯瑟琳·布里索娜时期的谢农索城堡立面图

(1499—1566 年)。从 1551 年开始,普瓦捷在谢尔河北岸一块长 110 米、宽 70 米的台地上兴建花园,周围环以水渠。由于防洪的需要,花园高出水面很多,以石块砌筑高大的挡土墙。园中种有大量的果树、蔬菜和珍稀花卉;中心是喷泉,以卵石筑池底,并在 15 厘米大小的卵石上钻出 4 厘米的孔洞,再插入木塞,从孔隙中喷出的水束高达 6 米。19 世纪,花园改建成草坪花坛,装饰着花卉纹样,点缀整形紫杉球,称为狄安娜花坛花园(见图 11-6)。狄安娜还利用地理优势种葡萄,酿造葡萄酒。在狄安娜的打理下,谢农索城堡成为当时最时尚,且最具有艺术色彩的人文建筑(见图 11-7)。

图 11-6 狄安娜花坛花园

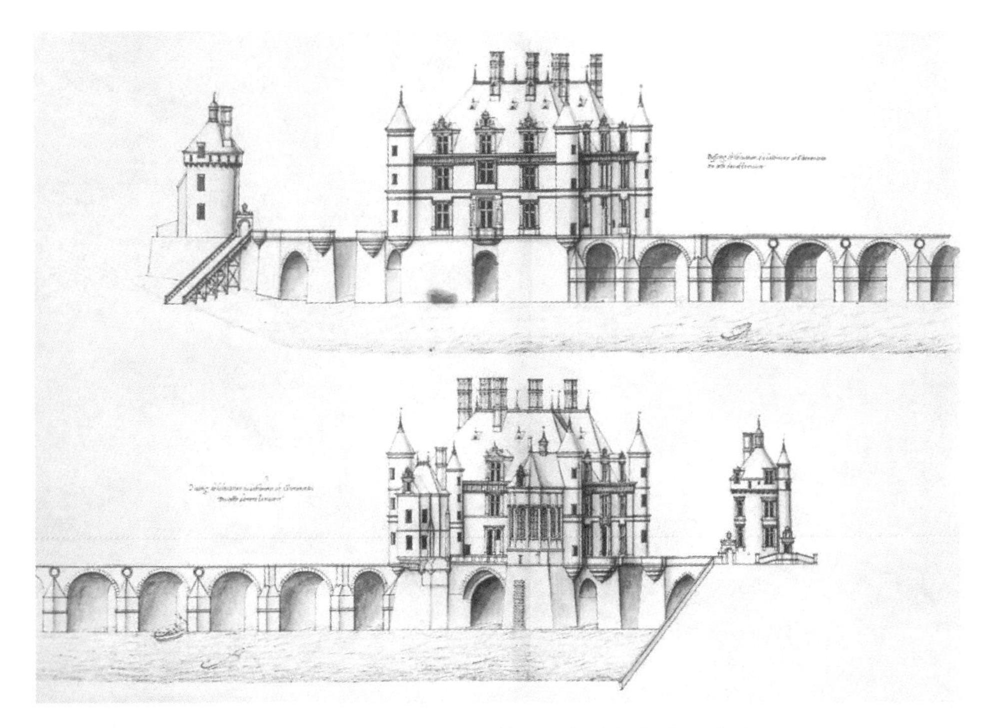

图 11-7　狄安娜·德·普瓦捷时期的带桥的谢农索城堡

1559 年，弗朗西斯二世（1544—1560，1559—1560 年在位）加冕，王太后凯瑟琳·德·美第奇（1519—1589 年）从普瓦捷手中强取了谢农索城堡。随后，王太后建筑了一座带有画廊的桥梁，并命名为“贵妇之屋”。王太后后来在城堡前庭的西侧，以及谢尔河南岸各建了多处花园。现只留下前庭西侧的花坛，构图十分简洁，十字形园路中心有圆形水池，典型的意大利文艺复兴时期样式。

谢农索城堡花园有着很浓的法国特色，采用水渠包围府邸前庭、花坛的布局，以及跨越河流的廊桥建筑。谢农索城堡花园水景如图 11-8 所示。近处的花园，周围的林园以及流水的动景，共同绘成和谐、亲切、宁静的整体。在城堡前的草坪上，现在布置有一组牧羊犬及羊群的塑像。园内还饰有大量的电动铸铁动物塑像，起着点景或框景的作用，并为这座古老的园林增添了一些现代气息。城堡的四周有护城河。城堡有一个很大的前院，院子中间有一座马尔克塔。

图 11-8　谢农索城堡花园水景

2. 维兰德里庄园

维兰德里庄园始建于 1532 年，园主为当时的财政部长勒布雷东(Lean Le Breton)，曾任法国驻意大利大使，他热衷于意大利园林，回国后在旧城堡基础上修建了维兰德里庄园。18 世纪时，庄园被改建成英国风景式园林。1906 年由卡尔瓦洛按照法国文艺复兴时期园林特点重新仿造，庄园完整地反映出 16 世纪上半叶法国园林的特征。维兰德里庄园平面图如图 11-9 所示。

维兰德里庄园坐落在谢尔河汇合处附近的一座山坡上，从整体上看，庄园布局集中，结构紧凑，从花园中可以欣赏到四周的景象。东面是建在山坡上的观景台，比花园高出 50 米，绿阴满台，形成制高点；西面是村庄，古老的教堂与府邸相呼应，构成中世纪的风貌；北面有家禽场，高墙用于抵御吹向菜园的寒风；南面的山坡有果园，成为庄园向田野的过渡。维兰德里庄园鸟瞰图如图 11-10 所示。

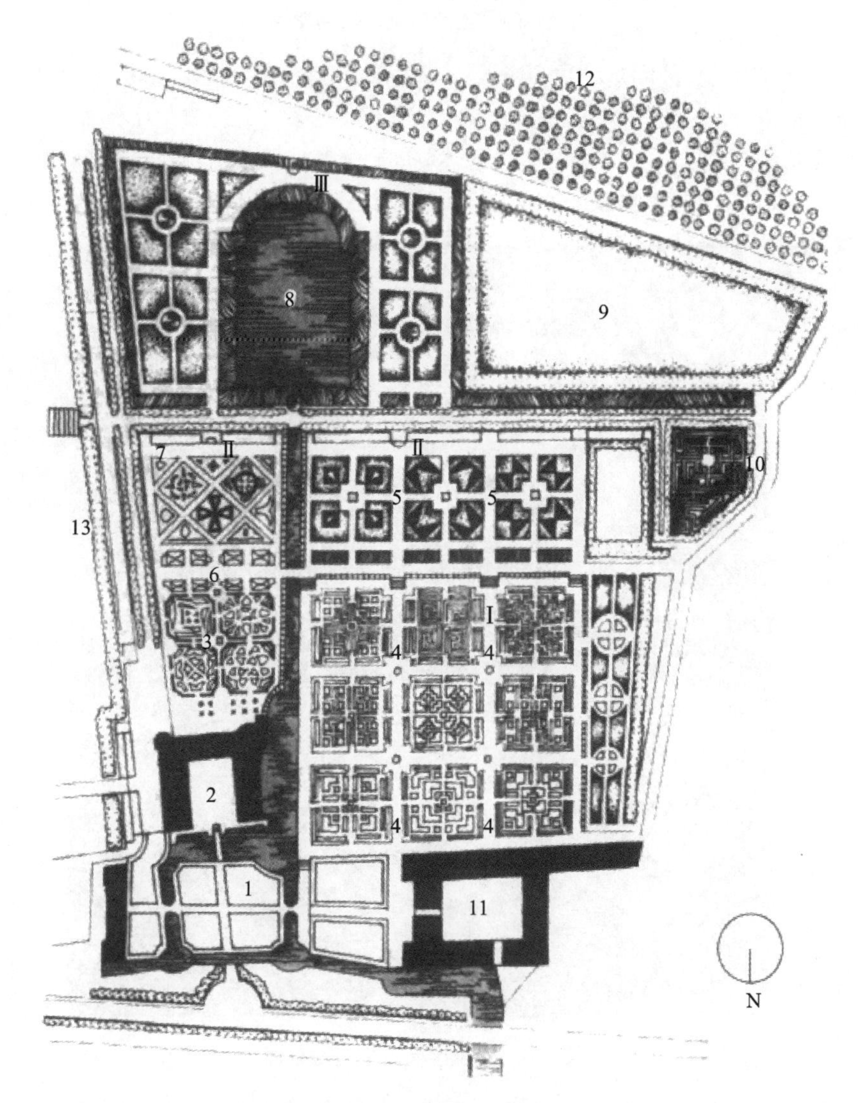

图 11-9　维兰德里庄园平面图

Ⅰ底层台地　Ⅱ中层台地　Ⅲ顶层台地

1. 前厅；2. 城堡庭院；3. 爱情花园；4. 菜园；5. 游乐园；6. 装饰花园；7. 药草园；8. 大型水池；9. 牧场；10. 迷园；11. 附属设施；12. 果园；13. 山坡

庄园在整体布局、府邸与花园的结合方式方面，尤其是喷泉、建筑小品、花架和黄杨花坛中的花卉、香料植物等处理手法，深受意大利园林的影响。

花园在城堡的西、南两侧展开，并因山就势，从南至北分为 3 层台地，并以石台阶相连。

图 11-10 维兰德里庄园鸟瞰图

顶层台地主景为大型水池，采用水镜面的形式，为全园水景和蓄水池。顶层台地的角隅还有一座植物迷宫是全园的娱乐景点。

庄园中层台地平面呈“L”形，与城堡基座等高，城堡建筑围合成方形庭院，构成全园的制高点，鸟瞰全园。城堡西侧是贯穿全园的南北向水渠。水渠的北端连着入口处 150 米长的水壕沟，南端是顶层台地的大型水池。园中的景观用水都来自大型水池，水池的两侧是简洁的草坪花坛。

图 11-11 维兰德里庄园游乐园

此外，台地上还设有游乐性花园和装饰性花园。游乐性花园离府邸较远，主要由 3 块方形花坛组成，花坛以黄杨绿篱镶嵌各色花卉构成，色彩艳丽。装饰性花园与府邸同侧，主要由 2 组花坛构成。维兰德里庄园游乐园如图 11-11 所示。靠近府邸的是爱情花坛(见图 11-12)，由 4 组黄杨绿篱花坛和各色花卉组成，分别代表着“温柔的爱”“疯狂的爱”“不忠的爱”“悲惨的爱”。

底层台地是观赏性菜园(见图 11-13)。菜圃以矮黄杨镶边，组成 9 个不同图案的方格，方格菜地里种植各种植物，在园路交汇处有贴近地面的小水池，具有观赏性和灌溉功能，园路的四角设有拱形木凉架。

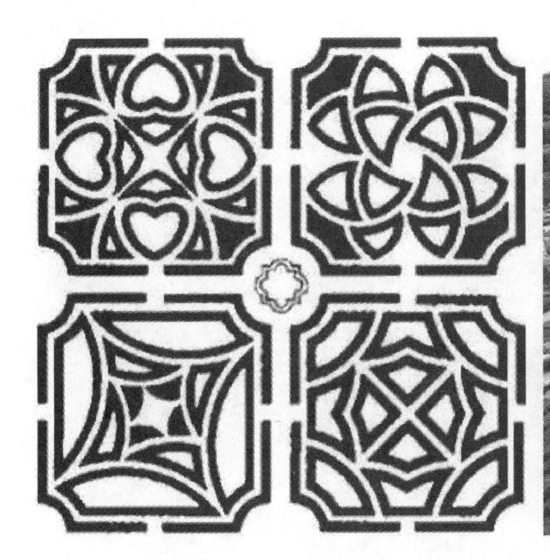

图 11-12 维兰德里庄园中层的爱情花园

图 11-13 维兰德里庄园底层台地的菜园

维兰德里庄园至今仍是私人产业，管理十分精细，并对外开放。

3. 卢森堡花园

卢森堡花园(见图 11-14)现在是巴黎市的一座大型公园，坐落于巴黎第六区，是拉丁区中央的花园。花园最早的主人是亨利四世的王后、路易十三的母亲玛丽·德·美第奇(1573—1642 年)。建筑师是萨罗门·德·布鲁斯。

1610 年，亨利四世被刺杀，年幼的路易十三继位，玛丽·德·美第奇遂摄政。她从彼内-卢森堡公爵手中买下园地，为自己建造府邸。宫殿名称为卢森堡宫殿。

玛丽王后在佛罗伦萨的彼蒂宫中度过了美好的童年，十分怀念故乡的风景与庄园。因此，她要求设计师仿建彼蒂宫，按照意大利风格进行建设。

花园整体地势平缓，以宫殿为轴心形成主轴线，中心是八角形水池，水池北面是方形的刺绣花坛，水池东、西、南侧是十多层台阶斜坡草地和台地，规模十分壮观(见图 11-15)。

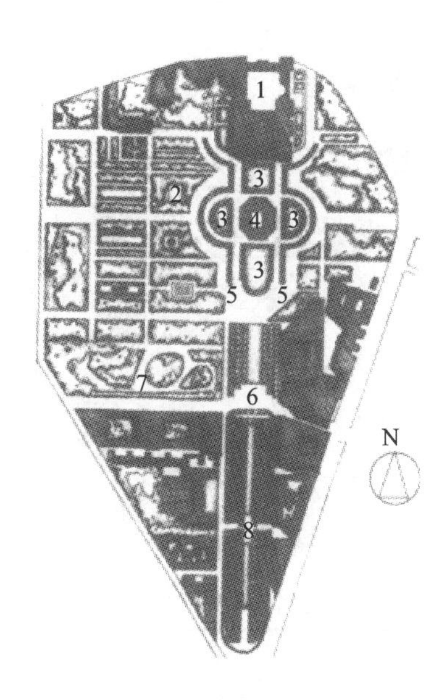

图 11-14 卢森堡花园平面图

1. 卢森堡参议院；2. 博物馆；3. 铺有花带的大草坪；4. 中央八角形水池；5. 斜坡式草地；6. 林荫道；7. 自然式小花园；8. 泉池中央大型壁龛

图 11-15 从空中俯瞰卢森堡花园

紧接中心花园的是林荫大道，林荫道的尽端是一座泉池(见图 11-16)。泉池中间是 4 根石柱和大型壁龛构成的一段墙壁。壁龛中央的石座上是出浴仙女像，壁龛上还有做工精致的浮雕和钟乳石装饰。在石柱顶端的柱盘上，还有河神和水神雕像，水流从盘中落下，形成水幕。这组建筑小品上还有层屋顶，正中是法国军队与美第奇家族会合的群雕。

19 世纪花园改建时，这组群雕被移走，出浴仙女像改成现在人们看到的悲剧式雕塑，即"被独眼巨人波利菲墨(Polypheme)惊吓的牧羊人阿西斯(Acis)和海洋女神加拉忒(Galatee)"中的一部分(见图 11-17)。在中心花园西侧是整齐的丛林和行道树，行道树下点缀许多雕像。

18 世纪英国风景园兴盛时，卢森堡花园被改造，自然式草地、树丛和孤植树，映衬着大理石雕像。但留下来的水渠园路、美丽的泉池、构图简洁的大花坛，以及两个半圆形台地，使卢森堡花园至今尚存一些法国文艺复兴时期园林的风貌。

18 世纪末，建筑师夏尔格兰(1739—1811 年)对花园中心的花坛、斜坡式草地及水池作了较大的改造，同时将卢森堡花园与观象台连接起来。西面的街道也抬高至与花园的地面平齐。1811 年种植了四排行道树，形成壮观的林荫大道。

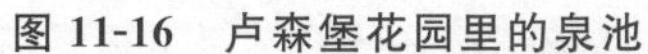
图 11-16　卢森堡花园里的泉池

图 11-17　卢森堡花园里的雕塑

19 世纪中期，又将卢森堡宫殿扩建用作参议院，缩小了花坛的面积，改动了刺绣花坛。19 世纪后期，在花园周围又扩建了几条城市干道，卢森堡花园成为对大众开放的公园（见图 11-18），此后，其一直是巴黎市民最喜爱的公园之一。

图 11-18　卢森堡花园

11.4　古典主义时期的法国园林

11.4.1　古典主义时期的法国园林发展概述

17 世纪下半叶，意大利、西班牙、英国、德国等西欧国家处于发展的低谷状态。而法国凭借绝对君主制的政治体制形成了经济繁荣、社会安定、文化辉煌的大发展时期，在社会发展的推动下促进了园林向君主专制宫廷文化的古典主义演进道路上发展。

在绝对君权专制统治下，古典主义文化成了路易十四的御用文化。古典主义文化体现了唯理主义的哲学思想，而唯理主义哲学则反映了自然科学的进步，以及资产阶级渴望建立合乎"理性"的社会秩序的要求。

所谓合乎"理性"的秩序，即由国王统一全国，抑制豪强，建立和平安定、有利于资本主义发展的社会秩序。君主被看作是"理性"的化身，一切文学艺术，都以颂扬君主为中心任务。因此，绝对君权与理性主义是推动法国古典主义园林造园艺术走向成熟的重要基础。

在这样的背景条件下，造园家安德烈·勒·诺特尔使古典主义园林艺术取得了辉煌的成就，并在相当长的时期内引领着欧洲造园艺术的发展。

11.4.2 勒·诺特尔与勒·诺特尔式园林

1. 勒·诺特尔简介

法国造园家、路易十四的首席园林师安德烈·勒·诺特尔(1613—1700年)(见图11-19)出生在巴黎的一个造园世家，其祖父皮埃尔是宫廷园艺师。在16世纪下半叶为丢勒里宫苑设计过花坛。其父让·诺特尔于路易十三时期在克洛德·莫莱手下为圣·日尔曼花园工作过，1658年以后成为丢勒里宫苑的首席园林师，去世前是路易十四的园林师。安德烈·勒·诺特尔13岁起，师从巴洛克绘画大师伍埃习画。在伍埃的画室里，他结识了许多来访的当代艺术家，其中著名的古典主义画家勒·布仑和建筑师芒萨尔对他的艺术思想影响很大。

图11-19 勒·诺特尔

1636年，勒·诺特尔离开伍埃的画室，改习园艺。在此后的许多年里，他一直与父亲一起，在丢勒里花园从事一般性的园艺工作。同时，他还学习了建筑、透视法和视觉原理，受古典主义影响，研究过笛卡尔的唯理论哲学，这些在他后来的作品中都有所体现。

勒·诺特尔一生从事花园的规划和设计，成名作是沃-勒-维贡特府邸花园。这是法国园林艺术史上的一件划时代的作品，也是法国古典主义园林的杰出代表。令其垂名青史的路易十四的凡尔赛宫苑，代表了法国古典园林的最高水平。

勒·诺特尔约从1661年开始投身于凡尔赛宫苑的建造中，他作为路易十四的宫廷造园家长达40年，被誉为"王之造园师和造园师之王"，且形成了风靡欧洲长达一个世纪之久的勒·诺特尔式园林。他的主要作品除著名的凡尔赛宫苑、沃-勒-维贡特府邸花园外，还有枫丹白露城堡花园(1660 年)、圣-日尔曼-昂-莱庄园(1663 年)(见图 11-20)、圣克洛花园(1665 年)；尚蒂伊府邸花园(1665 年)、丢勒里花园(1667 年)、索园(1670 年)、克拉涅花园(1674—1676 年)(见图 11-21)、默东花园(1679 年)等。

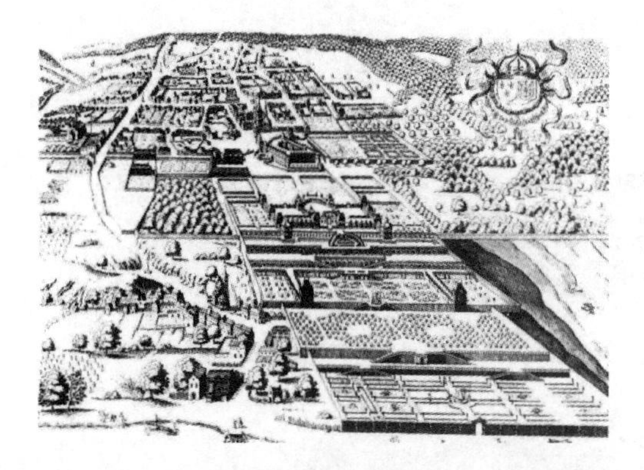

图 11-20　圣-日尔曼-昂-莱庄园鸟瞰图

图 11-21　克拉涅花园透视图

法国古典主义园林在最初的巴洛克时代，由布瓦索等人奠定了基础；在路易十四的伟大时代，由勒·诺特尔进行尝试并形成伟大的风格；最后在 18 世纪初完全建立。由勒·诺特尔的弟子勒布隆(1679—1719 年)协助德扎利埃(1680—1765 年)写作的《造园的理论与实践》一书，被看作是“造园艺术的圣经”(见图 11-22、图 11-23)，标志着法国古典主义园林艺术理论的完全建立。

图 11-22　德扎利埃著作中的刺绣花坛

2. 勒·诺特尔式园林特征

路易十四统治期间提出“君权神授”之说，对内以法兰西学院来控制思想文化，对外以侵略战争肆意掠夺别国财富，充分展现出君主专制政体。法国古典主义园林反映的正是以君主为中心的等级制度，是绝对君权专制政体的象征，并发展到顶峰。

勒·诺特尔是法国古典主义园林的集大成者。他将法国古典主义园林的构图原则和造园要素合理运用，以园林的形式表现皇权至上的主题思想，鲜明地反映出当时的辉煌时代的特征。

从勒·诺特尔式园林的构图上看，府邸总是中心，起着统率的作用，通常建在地形的最高处。建筑前的庭院与城市中的林荫大道相衔接，其后面的花园在规模、尺度和形式上都服从于建筑。并且在其前后的花园中都不种高大的树木，为的是在花园里处处可以看到整个府邸。而由建筑内向外看，则整个花园尽收眼

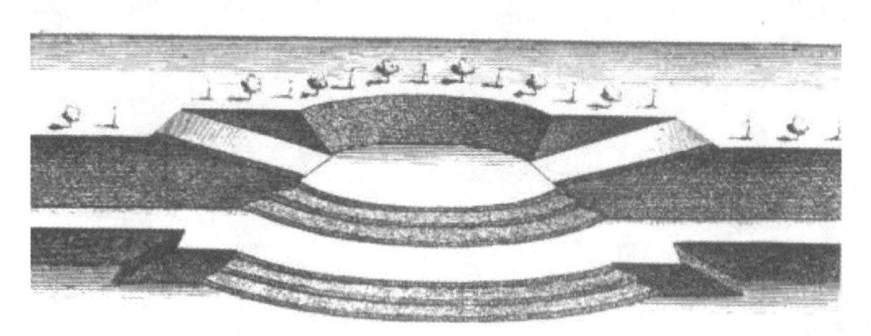

图 11-23　德扎利埃著作中剧场、台阶的透视图

底。从府邸到花园、林园，人工化及装饰性逐渐减弱。林园既是花园的背景，又是花园的延续。

从花园本身的构图上看，也体现出专制政体中的等级制度。在贯穿全园的中轴线上，加以重点装饰，形成全园的视觉中心。最美的花坛、雕像、泉池等都集中布置在中轴线上。横轴和一些次要轴线，对称布置在中轴线两侧。小径和雨道的布置，以均衡和适度为原则。各个节点上布置的装饰物，强调了几何形构图的节奏感。中央集权的政体得到合乎理性的体现。

从空间布局上看，广袤无疑是体现在园林的规模与空间的尺度上的最大特点，追求空间的无限性，因而具有外向性的特征。法国式园林是作为府邸的“露天客厅”来建造的，需要较大的地形平坦或略有起伏的场地，这样有利于在中轴线两侧形成对称的景观布局，整体上呈现平缓而舒展的效果。

从水景创作上看，勒・诺特尔有意识地应用了法国平原上常见的湖泊、河流的形式，以形成镜面似的水景效果。除了大量形形色色的喷泉外，动水较少，只在缓坡地上做出一些跌水的布置。园林中主要展示静态水景，从护城河或水壕沟，到水渠或运河，它们的重要性逐渐增强，以辽阔、平静、深远的气势取胜。尤其是运河的运用，成为勒・诺特尔式园林中不可缺少的组成部分。

从植物种植上看，法国式园林中广泛采用丰富的阔叶乔木，能明显体现出季节变化，如常见的乡土树种有椴树、欧洲七叶树、山毛榉、鹅耳枥等。乔木往往集中种植在外围边缘的林园中，形成茂密的丛林，这是法国平原上森林的缩影。这种丛林的尺度与巨大的宫殿、花坛相协调，形成统一的效果。丛林内部又辟出许多丰富多彩的小型活动空间，在统一中有了变化。

丛林所体现的是一个众多树木枝叶的整体形象，而每棵树木都失去了个性。甚至将树木作为建筑要素来处理，布置成高墙，或构成长廊，或围合成圆形的天井，或似成排的立柱，总体上像是一座绿色的宫殿。

由于地形平坦，布置在府邸近旁的刺绣花坛在园林中起着举足轻重的作用。在法国气候温和的条件下，创造出以花卉为主的大型刺绣花坛。虽然有时也用黄杨矮篱组成图案，但是底衬是彩色的砂石或碎砖，富有装饰性，犹见图案精美的地毯。

从园路上看，将水池、喷泉、雕塑及小品装饰设在路边或交叉口。虽无自然式园林中步移景异的效果，却也有着引人入胜的作用，令人目不暇接。在凡尔赛的小林园中，这种感受尤为突出。

勒·诺特尔一生设计和改造了大量的花园作品，表现出高超的造园才能和杰出的艺术天赋，并将法国古典主义造园艺术传播到了西班牙、意大利、俄国乃至整个欧洲，影响极为深远。

11.4.3 古典主义时期的法国园林实例

1. 沃-勒-维贡特府邸花园

沃-勒-维贡特府邸花园(见图 11-24)是法国勒·诺特尔式园林最重要的作品之一，它标志着法国古典主义园林艺术走向成熟。它使设计人勒·诺特尔一举成名，而园主尼古拉·福凯(1615—1680 年)却因此成为阶下囚。

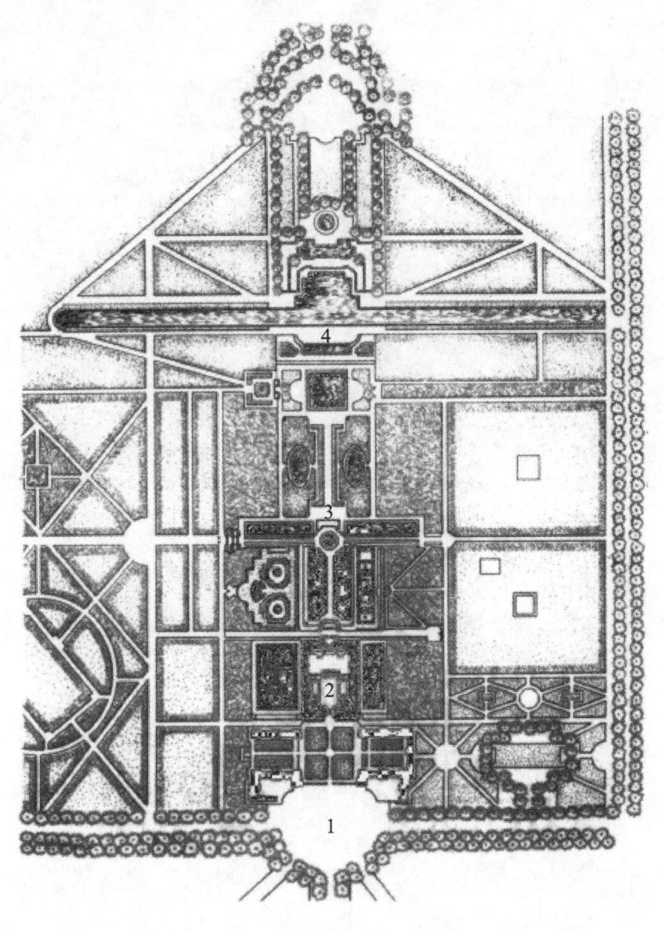

图 11-24 沃-勒-维贡特府邸花园平面图

1. 入口广场；2. 府邸建筑及平台；3. 花坛群台地；4. 运河

巴黎南面约 50 千米，靠近默兰(Melun)有一个名叫“沃”的村庄，福凯从 25 岁起，就在此逐步购置地产。大约 1650 年，福凯请著名建筑师勒沃(1612—1670 年)为他建造了一座府邸，担任室内外装饰及雕塑工作的是画家勒·布仑。勒布仑是 17 世纪法国最重要的古典主义绘画大师，他早年在伍埃画室学画时与勒·诺特尔交往甚密，因此向福凯推荐了勒·诺特尔作花园设计。这样，一位理智的、有修养和想象力的庄园主和一流的艺术家会集一体，共同为世界园林艺术贡献了一幅经典作品。

1656 年，工程才真正开始。为了建成这一巨大的府邸花园，拆毁了三座村庄，使园地呈 600 米×1200 米的矩形。为了园内的用水，甚至将安格耶河改道。该花园前后动用了 1.8 万余名劳工，历时 5 年始成，不仅府邸本身富丽堂皇，而且花园的广袤和内容的丰富也是前所未有的，其主要特点如下。

(1) 大轴线简洁突出。

主花园在建筑的南面，整体布局对称严谨(见图 11-25)。府邸正中对着花园的是椭圆形客厅，饱满的穹顶是花园中轴的焦点。花园中轴长约 1000 米，穿过水池、运河、山丘上的雕像等一直贯通到底，形成宏伟壮观的气势。花园中轴两侧是顺向布置的矩形花坛，宽约 200 米。花坛的外侧是茂密的林园，以高大的暗绿色树林衬托着平坦而开阔的中心部分。花园的布置由北向南延伸，由中轴向两侧过渡。地势也是由北向南，缓缓下降，过了东西向的运河之后，地势又上升，形成斜坡。

图 11-25 大轴线简洁突出，整体布局对称严谨

(2) 保留有城堡的痕迹(见图 11-26)。

府邸采用古典主义样式，严谨对称。府邸平台呈龛座形，四周环绕着水壕沟，周边环以石栏杆，建筑与水面相结合，有着中世纪的痕迹。入口在北面，从椭圆形广场放射出几条林荫大道。椭圆形广场与府邸平台之间，有一矩形前院，两侧是马厩建筑，后面是家禽饲养场和菜园。

(3) 花园在中轴上采用三段式处理(见图 11-27)。

第一段紧邻府邸，以绣花花坛为主，强调人工装饰性。第二段以水景为主，重点在喷泉和水镜面。第三段以树木、草地为主，增加了自然情趣。

第一段的中心是一对刺绣花坛(见图 11-28)，紫红色砖石衬托着黄杨花纹，图案精致清晰，色彩对比强烈。花坛角隅部分点缀着整齐的紫杉及各种瓶饰。刺绣花坛的两侧，各有一组花坛台地，东侧台地略宽，当中配置了三座喷泉，其中王冠喷泉(见图 11-29)尤其精彩。东侧地形原来略低于西侧，勒·诺特尔有意抬高了东侧台地的园路，使得中轴左右保持平衡。

行的有一条横向园路,其东端尽头地势稍高,顺势修筑了三个台层,正中有台阶联系。最上层两侧对称排列

图 11-26 保留有城堡的痕迹

图 11-27 沃-勒-维贡特府邸在中轴上采用三段式处理

第一段的端点是圆形水池,两侧是长条形水池,长约 120 米,形成较明显的、垂直于中轴的横轴。与之平行的有一条横向园路,其东端尽头地势稍高,顺势修筑了三个台层,正中有台阶联系。最上层两侧对称排列着喷泉,饰以雕塑,挡土墙上装饰着高浮雕、壁泉、跌水和层层下溢的水渠等。

图 11-28　第一段紧邻府邸，以绣花花坛为主

图 11-29　王冠喷泉

第二段花园的中轴路两侧，过去有小水渠，密布着无数的低矮喷泉，称为“水晶栏杆”，现已改成草坪种植带。其后两侧延伸的是草坪花坛围绕的椭圆形水池（见图 11-30）。沿着中轴路向南，是方形的水池，因池中无喷泉，水面平静如镜，故称“水镜面”。由此向南望去，似乎运河对岸的岩洞台地就在池边，其实两者间隔 250 米。而由南向北望，则府邸的立面完全倒映在水池中。第二段花园的东西两侧，各有洞窟状的忏悔室，从其上面的平台上，可以更好地观赏园景。走到花园的边缘，低谷中的横向大运河忽现眼前。

图 11-30　花园中轴路两侧，草坪花坛围绕的椭圆形水池

从安格耶河引来的河水，在这里形成长近 1000 米、宽 40 米的运河，两侧有宽阔的草地，后面是高大的乔木。园中以运河作为全园的主要横轴，是勒 · 诺特尔的首创，并成为勒 · 诺特尔式园林中具有代表性的水体处理方式。中轴处的运河上不仅设有架桥，而且水面向南扩展，形成一块外凸的方形水面，既便于游船在此调头，又形成南北两岸围合而成的、相对独立的水面空间，使运河既有东西延伸的舒展，又加强了南北两岸的联系，局部景观更加丰富，并且强调了全园的中轴线。

大运河（见图 11-31）将全园一分为二，北边的花园到此形成一个段落。在北花园的挡土墙上，有几层水盘式的喷泉、跌水，其间饰以雕像，形成壮观的“飞瀑”，向运河过渡。运河的南岸倚山就势建有七开间的洞府，洞府两侧呈斜坡状，内有横卧的河神雕像，前有一排水柱从河中喷出。南北两边的台阶都隐蔽在挡土墙后的两侧，更加强了水面空间的完整性。

图 11-31　大运河

第三段花园坐落在运河南岸的山坡上，坡脚处理成大台阶。中轴线上有一座紧贴地面的圆形水池，无任何雕凿，从中喷出的水柱花纹十分美丽。半圆形的绿阴剧场与府邸的穹顶遥相呼应。坡顶耸立着的海格力士的镀金雕像(见图 11-32)，构成花园中轴的端点。在海格力士雕像前，回头北望，整个府邸花园尽收眼底。

图 11-32　中轴线焦点，海格力士雕像

总之，花园三段落之间的过渡，循序渐进，独具匠心。第一段以圆形的小型水池结束，下几级台阶，两侧各有 120 多米长的横向水渠，与大运河相呼应，增强了横向轴线感。第二段以方形的大型水镜面结束，预示着大运河的临近。大运河边缘的飞瀑，与运河形成动与静的强烈对比。与飞瀑相对的岩洞中，饰有雕像和喷泉，进一步活跃了水景气氛。

(4) 突出有变化有层次的整体。

利用地形的高低变化，在中间的下沉之地，建有洞穴、喷泉和一条窄长的运河，形成形状、空间、色彩的对比。在建筑的平台上可观赏到开阔的有丰富变化的景观;若站在对面山坡上,透过平静的运河可看到富有层次的生动景色。

各造园要素布置得合理有序,在花园中轴上占有主导作用的刺绣花坛占地很大,并配以喷泉。地形经过精心处理,形成不易察觉的变化。水景起着联系与贯穿全园的作用,在中轴上依次展开。环绕花园整体的绿墙布置得美观大方。

(5) 能满足多功能要求。

园内能举办华美的盛宴、庄丽的服装展览,以及戏剧演出(曾演出莫里哀剧)、体育活动和燃放烟火等。

(6) 雕塑精美。

在前面台地上或水池中,有多种类型的雕塑(见图 11-33)。在后面山坡上立有大力神,在中间凹地的壁饰上、洞穴中都作有生动的塑像。

图 11-33 府邸中多种类型的雕塑

(7) 树林茂密。

园林周围是灌木丛、丛林(见图 11-34),它们起到烘托主题花园的作用。在花园边的林园中,有与花园相协调的园路。在空间上,封闭的林园与开放的花园形成强烈的对比。高大的树木,形成花园的背景,构成向南延伸的空间。最后在花园的南端,围合成半圆形的绿阴剧场,透视深远。此外,在林园边布置绿阴园路,形成宜人的散步道。

图 11-34 府邸花园树林茂密

1661年该园建成后，于8月17日第二次请王公贵族前来观园赴宴，路易十四也到园观赏，此后更加猜忌福凯，并在三周后的9月5日，将福凯下狱问罪，判无期徒刑，福凯后死于1680年。

福凯被捕后不久，路易十四就开始筹划凡尔赛宫苑的建造工程。当时，沃-勒-维贡特花园中大量的雕塑，曾开辟了法国园林装饰的新风气，此时，这些雕塑作品也被路易十四占为己有，安放在凡尔赛宫苑中，甚至凡尔赛柑橘园中的数千盆柑橘也来自沃-勒-维贡特花园。

1705年，居住在这里的福凯夫人将此房产卖掉，在1764年、1875年此房产两次被转卖，后归萨姆密尔先生，在1908年他去世时，此园基本恢复。1914年，萨姆密尔先生的儿媳 Edme-Som-mier 夫人将此房屋作为医院，接收前线运回的病员。1919年，花园部分对公众开放，1968年其建筑内部也允许参观。

2. 凡尔赛宫苑

勒·诺特尔最具代表性的作品是凡尔赛宫苑(见图11-35)。它规模宏大，风格突出，内容丰富，手法多变，最完美地体现了古典主义的造园原则。

1662—1663年，路易十四让勒·诺特尔规划设计凡尔赛园林。该园位于巴黎西南18千米，共建设了20多年，于1710年全部完成，1682年路易十四把政府办公地迁到这里。

路易十四选择的凡尔赛，原是位于巴黎西南22千米处的一个小村落，周围是一片适宜狩猎的沼泽地。

亨利四世最早在这里有一座打猎时休息的小屋。1624年，路易十三兴建了一所简陋的狩猎行宫，为砖砌的城堡式建筑。路易十四12岁时初次来到凡尔赛，对父王留下的城堡情有独钟，因此不愿放弃其父的行宫，对宫殿的扩建，只能局限在壕沟内，将当时长度只有50米的路易十二行宫“包裹”起来。直到1668年宫殿实在难以满足国王举行盛大宴会的需要，又显得与园林不协调时，才由建筑师小芒萨尔对宫殿进行再次扩建，并填平了壕沟，使建筑长达400米，形成与整个园林比例协调的统一体。为体现君主绝对权威，勒·诺特尔在凡尔赛宫园林设计中采取了如下手法。

(1) 宫苑规模大，纵向中轴线突出，且建筑与花园相结合。

凡尔赛宫苑占地面积巨大，规划面积达1600公顷，其中仅花园面积就达100公顷。如果包括外围的大林园，占地面积达6000余公顷，围墙长4千米，设有22个入口。宫苑主要的东西向主轴长约3千米，如包括伸向外围及城市的部分，则有14千米之长。园林从1662年开始建造，到1688年大致建成，历时26年之久，其间边建边改，有些地方甚至反复多次修建，力求精益求精。

宫殿坐东朝西，建造在人工堆起的台地上，南北长400米，中部向西凸出90米，长100米。宫殿的中轴向东、西两边延伸，形成贯穿并统领全局的轴线(见图11-36)。

东面是三侧建筑围绕的前庭，正中有路易十四面向东方的骑马雕像。庭院东面的入口处有“军队广场”，从中放射出三条林荫大道向城市延伸(见图11-37)。园林布置在宫殿的西面，近有花园，远有林园。

三条放射路焦点集中在凡尔赛宫前广场的中心，接着穿过宫殿的中心，轴线向东南伸延，在这条纵向中轴线上布置有拉托娜喷泉、长条形绿色地毯、阿波罗神水池喷泉和十字形大运河。站在凡尔赛宫前平台上，沿着这条中轴线望去，景观深远，严整气派，雄伟壮观，体现出炫耀君王权威的意图。

宫殿二楼正中，朝东布置了国王的起居室，由此可眺望穿越城市的林荫大道，象征路易十四控制巴黎、控制法兰西，甚至控制全欧洲的雄心壮志。朝西的二层中央，原设计为平台，后改为著名的凡尔赛镜廊(见图11-38)。镜廊全长72米，一面是17扇朝向花园的巨大拱形窗门，另一面是镶嵌与拱形窗门对称的、由400多块镜片组成的17面镜子。在镜面中反映出花园的景色，好似伸入园中的半岛，又似花园中轴线的焦点。由此处眺望园林，视线深远，循轴线可达8千米之外的地平线。气势之恢宏，令人叹为观止。

(2) 以水景贯通全园(见图11-39)，采用超尺度的十字形大运河(见图11-40)。

花园中首先建造的是宫殿凸出部分前的刺绣花坛，后又改成“水花坛”，由五座泉池组成。现在的“水花坛”是一对圆角矩形的大型水镜面。大理石池壁上装饰着爱神、山林水泽女神以及代表法国主要河流的青铜像。塑像都采用卧姿，与平展的水池相协调。

从水花坛向西望，中轴线两侧有茂密的林园，高大的树木修剪齐整，增强了中轴线的立体感和空间变

图 11-35　凡尔赛宫苑平面图

1. 宫殿建筑；2. 水花坛；3. 南花坛；4. 拉托娜泉池及拉托娜花坛；5. 国王林荫道；6. 阿波罗泉池；7. 大运河；8. 皇家广场；9. 瑞士人湖；10. 柑橘园；11. 北花坛；12. 水光林荫道；13. 龙泉池；14. 尼普顿泉池；15. 迷宫丛林；16. 阿波罗浴场丛林；17. 柱廊丛林；18. 帝王岛丛林；19. 水镜丛林；20. 特里阿农区；21. 国王菜地

图 11-36 主体建筑前望(越过拉托娜喷泉)园景纵轴线

图 11-37 三条林荫大道向城市延伸

图 11-38 凡尔赛镜廊

图 11-39　以水景贯通全园

图 11-40　十字形大运河

化。花园中轴线的艺术主题完全是歌颂“太阳王”路易十四的。起点是饰有雕像的环形坡道围着的拉托娜泉池（见图 11-41），池中是四层大理石圆台，拉托娜雕像耸立顶端，手牵着幼年的阿波罗和阿耳忒弥斯。下面有口中喷水的乌龟、癞蛤蟆和跪着的村民，水柱将雕像笼罩在水雾之中。在罗马神话中，孪生兄妹太阳神阿波罗和月亮神阿耳忒弥斯是拉托娜与天神朱庇特的私生子，乌龟、癞蛤蟆之类是那些曾经对拉托娜有所不恭、对她唾骂的村民被天神惩罚而变的。拉托娜泉池两侧各有一块镶有花边的草地，称为“拉托娜花坛”。中央是圆形水池和高大的喷泉水柱，草地的外轮廓与拉托娜泉池协调地嵌合在一起。

从拉托娜泉池向西行，是长 330 米、宽 45 米的“国王林荫道”，法国大革命时改称“绿地毯”。林荫道中央为 25 米宽的草坪带，两侧各有 10 米宽的园路。园路外侧每隔 30 米立一尊白色大理石雕像或瓶饰，共 24 个，在高大的七叶树和绿篱的衬托下，显得典雅素净。林荫道的尽头，便是阿波罗泉池（见图 11-42）。椭圆形的水池中，阿波罗驾着巡天车，迎着朝阳破水而出。紧握缰绳的太阳神、欢跃奔腾的马匹塑像栩栩如生。当喷水时，池中水花四溅，整个泉池蒙上一层朦胧的水雾。

图 11-41　拉托娜泉池

图 11-42　阿波罗泉池

阿波罗泉池两侧的弧形园路上各有 12 尊在树木和绿篱衬托下的雕塑。阿波罗泉池之后是凡尔赛宫苑中最壮观的十字形大运河，它既延长了花园中轴的透视线，又是为沼泽地的排水而设计的。在中轴上，大运河长 1560 米、宽 120 米、横向长 1013 米。在东西两端及纵横轴交汇处，大运河都拓宽成轮廓优美的水池。路易十四经常乘坐御舟，在宽阔的水面上宴请群臣。大运河的西端还有一个放射出十条道路的中心广场——皇家广场。

在水花坛的南北两侧有“南花坛”和“北花坛”。这两座花坛一南一北，一开一合，表现出统一中求变化的手法。南花坛台地略低于宫殿的台基，实际上是建在柑橘园温室上的屋顶花园，由两块花坛组成，中心各有一喷泉。由此南望，低处是柑橘园，远处是“瑞士人湖”和林木繁茂的山岗（见图 11-43）。瑞士人湖面积有 13 公顷，因由瑞士籍雇佣军承担挖掘工程而得名。这里原是一片沼泽，地势低洼，排水困难，故就势挖湖，在南面形成以湖光山色为主调的、开放性的外向空间。

图 11-43　凡尔赛宫苑的柑橘园、刺绣花坛和瑞士人湖

路易十四偏爱柑橘树。勒沃最初在宫殿的南侧建了一处柑橘园，小芒萨尔在扩建宫殿的南翼时将勒沃的柑橘园拆毁，建造了现在看到的新柑橘园，面积比原来扩大了一倍。园内摆放着大量的盆栽柑橘、石榴、棕榈等，富有强烈的亚热带气氛。新柑橘园比南花坛低 13 米，借助高差在南花坛地面下建了一座温室，有 12 个拱门，可容纳 3000 盆植物越冬。柑橘园的东西两侧各有 20 多米宽、100 级台阶的大阶梯联系上下。

与南花坛相对照，北花坛则处理成封闭性的内向空间。这里地势较低，也有两组花坛及喷泉，四周围合着宫殿和林园。它的北面有丰富的水景处理，从金字塔泉池开始，经山林水泽仙女池，穿过水光林荫道，到达龙池，尽端为半圆形的尼普顿泉池，一系列喷泉引人入胜。金字塔泉池是金字塔形的四层水盘，由雕像支撑着。山林水泽仙女池表现了狄安娜与山林水泽仙女嬉戏的情景。水光林荫道是穿越林园的坡道，两边排着 22 组盘式涌泉，各由三个儿童像擎着。龙池是一座圆形水池，池中是展翅欲飞的巨龙，周围四条怪鱼纷纷逃窜，四个儿童骑在天鹅身上，以弓箭袭击巨龙。尼普顿泉池虽不似瑞士人湖那么辽阔，但在幽暗和狭窄的空间对比之下，也显得十分壮观。泉池南岸池壁上及水中装饰着雕像和喷泉，喷水或呈抛物线形射向池中，或向上直冲云霄，或从各种动物塑像口中喷出；水柱或粗或细、纵横交错，伴以喧闹的声响，使人印象深刻。

凡尔赛宫苑不仅在规划中体现了皇权至上的主题思想，在宫苑建造过程中，也处处反映了强大的中央集权的统治力量。在长期的建造过程中，始终有数以千计的工匠和马匹，劳作于地形改造、水利、建筑和种植工程。当时最先进的科学技术，也大量运用于造园之中。凡尔赛宫苑的水源难以满足大运河和一千四百多座泉池的用水，为此设计过多种引水方案。欧尔河引水工程始于路易十三时期，后来又计划将河流改道引水最终未能实现。还设计了建造 23 个、可存储 800 多万立方米雨水的蓄水池方案，实际建成的只能储水 22 万立方米。17 世纪 80 年代，又在马尔利建造了巨大的水工机械，用 14 个水轮泵来提升塞纳河水，再以渡槽引来，堪称当时的工程奇迹。

(3) 注重林园的营造,并布置丛林背景(见图 11-44)。

国王林荫道两侧的林园是凡尔赛宫苑中最独特、最可爱的部分,是真正的娱乐休憩场所。空间一般尺度较小,显得亲切宜人。

图 11-44　注重林园的营造

全园共有 14 处小林园,其中两处在水光林荫道的两边,其余的布置在中轴两侧,以方格网园路划分成面积相等的十二块。园路的四个交点上布置有四座泉池,池中分别有象征春天的花神、象征夏天的农神、象征秋天的谷神和象征冬天的酒神雕像,代表四季交替。每一处小林园都有不同的题材、别开生面的构思和鲜明的风格。路易十四非常喜欢邀请外国使节来凡尔赛宫苑,重点便是参观林园。但是,路易十四死后,许多小林园都改变了原来的题材和风格。

"迷园"是勒·诺特尔构思最巧妙的小林园之一,取材于伊索寓言。入口相对而立的是伊索和厄洛斯的雕像,暗示受厄洛斯引诱而误入迷宫的人,会在伊索的引导下走出迷宫。园路错综复杂,每一转角处都有铅铸的着色动物雕像,各隐含着一个寓言故事,并以四行诗作注解,共有四十多个。1775 年"迷园"被毁后改成"王后林园"。

勒·诺特尔为蒙黛斯潘侯爵夫人(路易十四的情人)兴建的"沼泽园"也是一处十分精美的场所。园内方形水池的中央,有一座独特的喷泉,在一株逼真的铜铸的树上,长满了锡制的叶片,在所有枝叶的尖端,布满了小喷头向四周喷水;水池边的"芦苇叶"则向池中心喷出水柱;池的四个角隅上的"天鹅"也向池内喷水。不同方向的水柱纵横交错,使人眼花缭乱,目不暇接。此外,在两侧大理石镶边的台层上,设有长条形水渠,里面是各种水罐、酒杯、酒瓶等造型的涌泉;还有一盘"水果",也从盘中向外喷水,简直是一处水景荟萃之地。

沼泽园后来被小芒萨尔改成"阿波罗浴场",其中有大岩洞,主洞是海神洞,有巡天回来的阿波罗与众仙女的雕像,两个副洞有太阳神的马匹雕像。这组雕像本来安放在"忒提斯岩洞"中,因 1682 年小芒萨尔扩建宫殿北翼时岩洞被毁而移至此处。忒提斯岩洞也是献给太阳神的,由水工专家、意大利人弗兰西尼兄弟设计建造,顶上造了蓄水池,由洞府内泻出许多水流;三个拱形洞门上有一长形浮雕,描绘太阳神来洞府时受到沼泽女神的迎接。这里曾是备受路易十四钟爱的欣赏音乐演奏的地方。1776—1778 年,阿波罗浴场改成浪漫式风景园林。

"水剧场"小林园在椭圆形的园地上,流淌着三个小瀑布,还有二百多眼喷水,可以组成 10 种不同的跌落组合。观众席环绕舞台呈半圆形布置，并逐层向后升起，上面铺着柔软的草皮。可惜其毁于18世纪中叶，现存的是后建的“绿环丛林”。

“水镜园”建于1672年，水池的处理很简洁，水面与驳岸平齐，自然过渡到斜坡式草坪，与西侧的“帝王岛”(亦称“爱情岛”)合为一体。路易十八时期，帝王岛被改成英国式花园，称为“国王花园”。

“柱廊园”由小芒萨尔于1684年建造，是树林环绕的大理石圆形柱廊，共32开间。粉红色大理石柱纤细轻巧，柱间有白色大理石盘式涌泉，水柱高达数米。当中为直径32米的露天演奏厅，中心是雕塑家吉拉尔东的杰作“普鲁东抢劫普洛赛宾娜”，雕塑放置在高高的基座上形成构图中心。

为了使林园尽快成林，建造者从附近的森林中用大车运来大树。为了移植大树还创造了由滑轮车和杠杆装置构成的专门的移树机。由远处运来的大树在一天之内就布置成一条长长的林荫大道了，被人们誉为“与大自然经历了两三个世纪的效果相差无几”。1688年，仅从阿尔托瓦一地就运来25000多棵大树。由于移植大树的成活率很低，还需要及时补种，因此浪费惊人。凡尔赛宫苑所用的石头也来自全国各地。故有人说，仅从树木和石头上就可以看出，凡尔赛宫苑是统一强大的法兰西的象征。

(4) 创造广场空间。

凡尔赛宫苑是作为露天客厅和娱乐场来建造的，是宫殿部分的延续。它展示了高超的开辟广阔空间的艺术手法。在道路交叉处布置不同形式的广场，纵横向道路围起的绿地中也安排有各种空间，用作宴会、舞会、演出观剧、游戏或放烟火使用。

路易十四在建园之初就要求，在园中能够举行豪华的宫廷盛会，希望能同时容纳7000人活动。国王在此举行的最著名的晚会是1674年夏天的“凡尔赛的消遣”，一连持续了六个夜晚，极尽豪华奢侈。

(5) 遍布塑像。

凡尔赛宫苑中可谓雕塑林立(见图11-45)，其主题和艺术风格十分统一。除了有杰出的画家勒·布仑统一规划外，还于1666年在罗马专门设立法兰西艺术学院，培养了一大批优秀的雕塑家，他们在勒·布仑的统一指挥下完成了全园的雕塑创作。作家贡布斯曾说，这一时期的法国，在建筑、雕塑、绘画、造园、喷泉技术及输水道的建造等方面，均已超出意大利及其他欧洲国家的水平，并认为凡尔赛宫苑的建造就是为给法国带来永久的荣光。

图11-45 凡尔赛宫苑雕塑林立

(6) 采用洞穴。

洞穴作为建筑的一个部分被安排在园的北面。洞穴内部雕塑装饰有三组，中心是太阳神，有许多仙女围绕。左右两边是太阳神神马，还有半人半鱼神。洞穴是欣赏音乐演出的场所。

总之，凡尔赛宫苑的建成对当时整个欧洲的园林艺术产生了深刻的影响，成为各国君主梦寐以求的人间天堂。德国、奥地利、荷兰、俄罗斯和英国都相继建造自己的“凡尔赛”，然而，无论在规模上还是在艺术水平上都未能超过凡尔赛。

1715 年路易十四死后，凡尔赛宫苑几经沧桑，渐渐失去 17 世纪时的整体风貌。规划区域的面积从当时的一千六百多公顷缩小到现在的八百多公顷，虽然园林的主要部分还保留着原来的样子，却难以反映出鼎盛时期的全貌。

3. 特里阿农宫苑

特里阿农宫苑（见图 11-46）位于法国伊夫林省，原属路易十五，现属于法国政府。

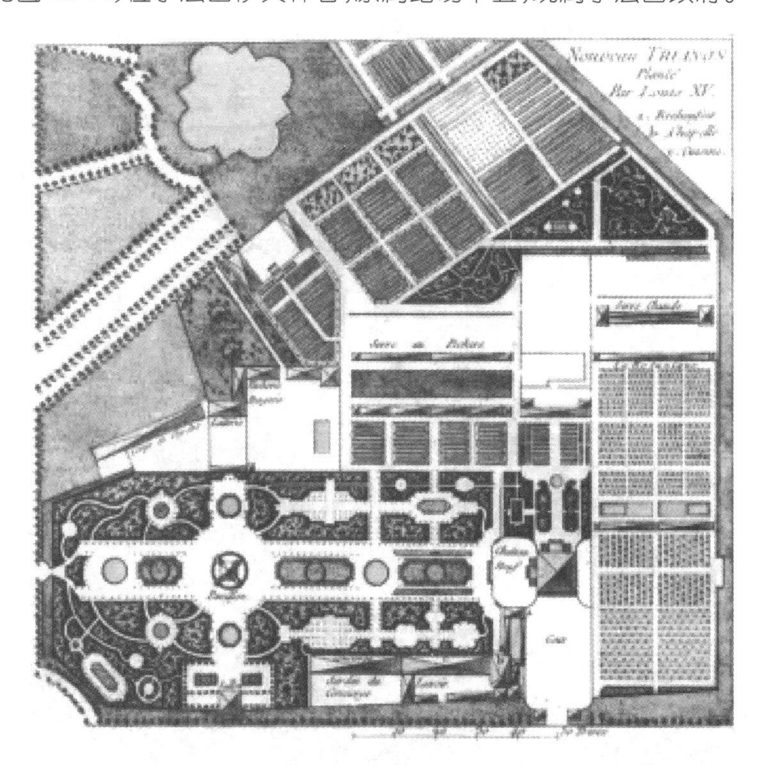

图 11-46　特里阿农宫苑平面图

1670 年，在大运河横臂北端附近名叫特里阿农的村庄，为蒙黛斯潘侯爵夫人建造了一座小型收藏室，两侧配以亭廊。花园由园艺师勒布托设计，园内种植了很多奇花异草。

这座小型收藏室的立面和室内，都装饰了大量白底蓝花的瓷砖和瓶饰，希望形成一种中国式的风格，称为“特里阿农瓷宫”。特里阿农瓷宫是以仿照中国的青花瓷瓷砖为装饰材料建造的。

1687 年，国王决定改建特里阿农瓷宫，以便蒙特农夫人在此居住。小芒萨尔建造的宫殿，以大理石为饰面材料，称为“特里阿农大理石宫”（见图 11-47）。

路易十四死后，特里阿农又有了很大的变化。路易十五从小就对特里阿农宫兴趣浓厚，认为这里不像凡尔赛宫那样豪华，更适宜居住。

路易十五爱好植物学，将一部分花园改成植物园，鼓励进行外来植物的引种试验。1750 年，加伯里埃尔（1698—1782 年）在特里阿农的西面，建造了“新动物园”，在低洼的庭院和简易的牲畜棚中，养着许多小宠物。周围是引种试验花圃，其中有加伯里埃尔设计的称为“法国亭”的小建筑，后来成为非常重要的科研中心。

1759 年在此建立了植物园，内有大型温室，并有许多观赏植物。1764 年以后，主要种植观赏树木。1830 年后，又增加了许多新品种和许多美观的外来树种。

图 11-47　特里阿农大理石宫

1762—1768 年，路易十五在法国亭前建造了一处宁静的住所，称为“小特里阿农”（见图 11-48），周围有小型的法国式花园，一直延伸到特里阿农大理石宫。路易十六登基后，为王后在此建造了小城堡。不久之后王后就对花园进行了全面改造，形成英中式花园风格。

图 11-48　小特里阿农宫殿侧立面

4. 枫丹白露宫苑

枫丹白露宫苑(见图 11-49)位于法国巴黎东南约 55 千米处,有湖泊、岩石和森林等自然景观,城堡建造在森林深处的一片沼泽地上。从 12 世纪起,法国历代君王几乎都曾在此居住或狩猎。

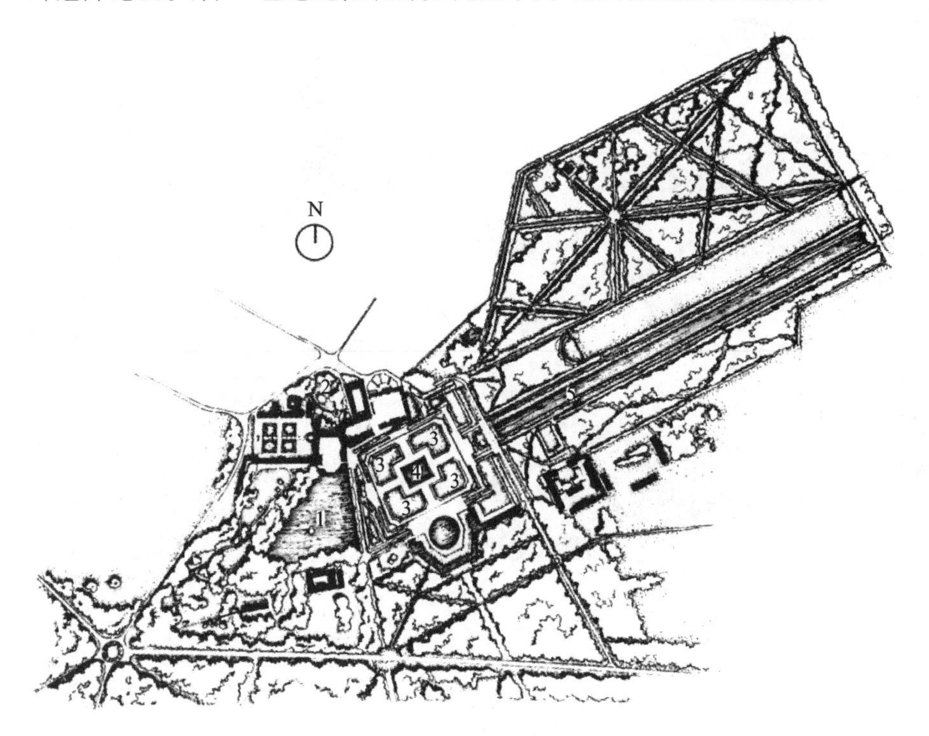

图 11-49 枫丹白露宫苑平面图

1. 鲤鱼池;2."狄安娜"花园;3. 经勒·诺特尔改造的大型花坛;4. 大花园中的方形水池;5. 大运河

1169 年,肯特伯雷大主教将枫丹白露庄园中的小教堂献给了国王路易七世(1137—1180 年在位)。此后,它成了君王的行宫。15 世纪英国入侵时,王宫迁往卢瓦尔河畔,枫丹白露一度无人问津。弗朗索瓦一世(1494—1547 年)时期,宫廷迁回巴黎附近,枫丹白露又成为酷爱狩猎的君王们的游玩之地。

1528 年,弗朗索瓦一世将旧宫殿拆毁,只保留厂塔楼,重新建造了一座行宫。新宫殿是文艺复兴初期的样式,它的三翼在南面围合着喷泉庭院。前庭在西面,称为白马庭院,长 152 米,宽 112 米,正门朝东,门前有一巨大马足形台阶(见图 11-50)。宫殿周围当时有水壕沟环绕。此后,这座宫殿和花园随着君王的更替,经历了不断的改建和修缮。

喷泉庭院(见图 11-51)是一座三面环城堡、一面朝水的方形庭院,名字起自于庭院中央的一座雕像喷泉。16 世纪时,庭院中有一座米开朗琪罗塑造的"海格力士"雕像喷泉,王朝复辟时期改成佩迪托塑造的郁利斯雕像。喷泉庭院的南面对着开阔的鲤鱼池开挖于 13 世纪,平面呈梯形。从喷泉庭院南望,是宽阔的水池和远处的树木。

新宫殿的北面是封闭的"狄安娜花园",园内有狄安娜大理石像。弗朗索瓦一世时期,花园被改造成方格形的黄杨花坛,称为"黄杨园"。维尼奥拉在里面设置了一些青铜像。

1602 年,亨利四世将狄安娜大理石像移到室内保存,由雕塑家普里欧铸造了一尊青铜仿制品,放在原处。弗兰西尼设计了四条"猎犬",蹲在雕像四周(见图 11-52),下面还有口中吐水的四只"鹿头",由彼阿尔塑造。现在看到的狄安娜铜像,是 1684 年由克莱兄弟重新塑造的。

1645 年,勒·诺特尔改建了狄安娜花园(见图 11-53)。喷泉四周设刺绣花坛,装饰了雕像和盆栽柑橘。拿破仑时代又将狄安娜花园改成英国式花园,过去的小喷泉改成大理石池壁、青铜像装饰的泉池,成为这座小花园的主景,一直保留到现在。

图 11-50　白马庭院

图 11-51　喷泉庭院

在鲤鱼池(见图 11-54)的西面,有弗朗索瓦一世建造的"松树园",园中种有大量来自普罗旺斯的欧洲赤松。1543—1545 年,意大利建筑师塞里奥在里面建造了一处三开间的岩洞,立面是粗毛石砌的拱门,镶嵌着砂岩雕刻的四个巨人像。洞内布满了钟乳石,这是在法国建造最早的岩洞。亨利四世时期,花园有所改建,园内布置黄杨花坛、雪松和一棵在当时十分罕见的悬铃木。

图 11-52　弗兰西尼设计了四条“猎犬”，蹲在雕像四周

图 11-53　狄安娜花园及狄安娜花园中的树木和自然式溪流

1713 年，这一部分改建成法国式花园。1809—1812 年，拿破仑又命园林师于尔托尔将它改建成英国式花园，面积增加到 10 公顷。园内以种植大量的外来珍稀树木而著称，如槐树、鹅掌楸、柏树等（这些树种当时在法国很少见），形成富有自然情趣的树林草地。

鲤鱼池的东面有大花园，中心是巨大的方形花坛。它与围绕“卵形庭院”布置的宫殿部分相平行。1600 年，工程师弗兰西尼用水渠将花坛分隔成三角形的四大块，花坛中间是大型泉池，池中有狄伯尔的青铜像，因此称之为“狄伯尔花坛”。

1664 年，勒·诺特尔对此进行改建，花坛中增加了黄杨篱图案，并将狄伯尔铜像移到一圆形水池中。现在的花坛中已没有了黄杨图案，狄伯尔铜像也在大革命时期被熔化了。花坛尺度较大，周围树木夹峙的园路高出花坛 1～2 米，围合出一个边长 250 米的方块，里面是四块镶有花边的草坪。草坪中央是方形泉池，池中饰以简洁的盘式涌泉。花园中视线深远，越过运河可一直望到远处的岩石山。花园台地的挡土墙，处理成数层跌水并接以水池。勒·诺特尔重新利用了弗兰西尼的水工设施，处理成一个喷泉景观系列，可惜大部分已被毁坏。

勒·诺特尔主要改造了枫丹白露宫苑中的大花园,创造出广袤辽阔的空间效果(见图 11-55)。但是,于不同时期所形成的水景,无疑是枫丹白露宫苑最突出的景观。无论是大运河和鲤鱼池,还是一系列的水池和喷泉,都给人留下深刻的印象。

图 11-54 庭院南面的鲤鱼池

图 11-55 枫丹白露宫苑中的大花园

12 英国风景式园林

12.1 英国概况

12.1.1 地理位置

全称为大不列颠及北爱尔兰联合王国,简称“英国”。英国是位于西欧的一个岛国,是由大不列颠岛上英格兰、苏格兰、威尔士以及爱尔兰岛东北部的北爱尔兰共同组成的一个联邦制岛国。除本土之外,其还拥有十四个海外领地,英国被北海、英吉利海峡、凯尔特海、爱尔兰海和大西洋包围。东临北海,面对比利时、荷兰、德国、丹麦和挪威等国;西邻爱尔兰,横隔大西洋与美国、加拿大遥遥相对;北过大西洋可达冰岛;南穿英吉利海峡行 33 公里即为法国。国土面积 24.41 万平方公里(包括内陆水域),其中英格兰地区 13.04 万平方公里,苏格兰 7.88 万平方公里,威尔士 2.08 万平方公里,北爱尔兰 1.41 万平方公里。总人口超过 6600 万,其中以英格兰人为主体民族,占全国总人口的 83.9%,是英国面积最大、人口最多、文化发展最早、经济最繁荣的地区。

12.1.2 自然条件

(1) 地形地貌:英国东南部为平原,土地肥沃适于耕种;北部和西部多山地和丘陵;北爱尔兰大部分为高地。东南部为平原泰晤士河,是国内最大的河流。塞文河是英国最长的河流,河长 338 公里,发源于威尔士中部河道,呈半圆形,流经英格兰中西部,注入布里斯托海峡。泰晤士河是英国最大的一条河流,流域面积 1.14 万平方公里,多年平均流量 60.0 立方米/秒,多年平均净流量 18.9 亿立方米。全境湖泊众多,以北爱尔兰的内伊湖为最大。是世界海岸线最曲折、最长的国家之一。

(2) 气候特征:英国属温带海洋性气候。英国受盛行西风控制,全年温和湿润,四季寒暑变化不大。植被是温带落叶阔叶林带。通常最高气温不超过 32 ℃,最低气温不低于 −10 ℃。年平均降水量约 1000 毫米。北部和西部山区的年降水量超过 2000 毫米,中部和东部则少于 800 毫米。每年二月至三月最为干燥,十月至来年一月最为湿润。英国终年受西风和海洋的影响,全年气候温和湿润,适合植物生长。英国虽然气候温和,但天气多变,一日之内,时晴时雨。

(3) 植被资源:15 世纪以前,英国是一个森林资源丰富、木材自给自足的国家。18 世纪中叶产业革命以后,滥垦滥伐,毁林放牧等使森林资源几乎消失殆尽。第一、第二次世界大战后,英国通过立法,人工造林,制订了恢复森林资源的长远规划,才逐渐使森林覆盖率恢复到 8%的水平。

(4) 土地资源:耕地面积占国土面积的 1/4。从 16 世纪的圈地运动发展起来的畜牧业,在农业中的重要性超过了种植业。永久性牧场约占耕地面积的 45%。以牧场为主的国土自然景观地形起伏、河流密布、森林稀少,在很大程度上影响了英国园林的景观特色。

12.1.3 历史概况

主要分为三个时期:罗马时期、中古时期和王权时期。

1. 罗马时期

罗马时期包括早期文明和罗马入侵两个时间段。早期文明在约公元前13世纪,伊比利亚人从欧洲大陆来到大不列颠岛东南部定居。约公元前700年以后,居住在欧洲西部的克尔特人不断移入不列颠群岛,生产力发展促使克尔特社会逐渐分化。罗马入侵在公元前54年,凯撒两度率罗马军团入侵不列颠,公元43年,罗马皇帝克劳狄一世率军入侵不列颠。征服不列颠后变其为罗马帝国的行省。到409年,罗马对不列颠的统治即告结束。

2. 中古时期

中古时期主要分为盎格鲁撒克逊、丹麦入侵、瓦特·泰勒起义和英法百年战争这四个时间段。

盎格鲁撒克逊:5世纪初,罗马人撤离后,居住在德国易北河口附近和丹麦南部的盎格鲁撒克逊人以及来自莱茵河下游的朱特人等日耳曼部落,征服不列颠。

丹麦入侵:从8世纪末开始,以丹麦人为主体的斯堪的纳维亚人屡屡入侵英国。879年,阿尔弗烈德大王和丹麦人订立条约,将英格兰东北部划归丹麦管辖,称为“丹麦区”,丹麦人占领期间,英国封建化过程加速。

瓦特·泰勒起义:1380年,国王理查二世为征集英法百年战争战费,增收人头税,导致起义于1381年5月爆发,领袖是泥瓦匠瓦特·泰勒,史称“瓦特·泰勒起义”。14世纪末,英国农奴制实际上已经解体。旧贵族的统治陷入危机,封建骑士制度日趋解体,经过1455—1485年的玫瑰战争,旧贵族力量大大削弱,为资本主义关系的发展创造了有利条件,得到新贵族和资产阶级支持的亨利七世即位,开始了都铎王朝的统治。

英法百年战争:1337—1453年,英国和法国的为了领土扩张和王位争夺的战争,是世界最长的战争,断断续续进行了长达116年,当时又是黑死病流行的时代,在战争和疫病的双重打击下,英法两国的经济大受创伤,民不聊生。英格兰几乎丧失所有的法国领地,但也使英格兰的民族主义兴起。战争结束时,英国已走上中央集权的道路,之后英格兰对欧洲大陆推行“大陆均势”政策,转往海外发展,成为全球最大的帝国。

3. 王权时期

圈地运动是英国资本原始积累的重要手段之一。15—16世纪,毛织业成为英国的“民族工业”,对羊毛的需求成倍增加。地主把农场改为牧场,还通过圈地围田或侵占公地,把小地产集中,连成大片。这样一来,大批自耕农失去土地而破产,沦为流浪人。国王从1530年起颁布一系列血腥立法,迫使流浪人受雇于新贵族和资本家。海外掠夺和贸易也是原始积累的重要途径。16世纪以后,英国陆续组织许多贸易公司,F·德雷克则在伊丽莎白一世赞助下劫掠西班牙美洲殖民地,并于1577—1580年进行了震惊欧洲的环球航行。1588年,英国战胜西班牙的无敌舰队,在攫取世界海洋霸权上迈出第一步。

1603年,伊丽莎白女王死后无嗣,苏格兰国王詹姆士六世继承英国王位,称詹姆士一世,开始斯图亚特王朝统治,16世纪后半叶到17世纪前半叶,资本主义经济迅速发展,经济实力日益强大的资产阶级和新贵族越来越不能忍受封建王权的专制统治。1641年11月,议会向国王提出《大抗议书》第二次内战结束,1648年12月,克伦威尔清除了议会中的长老派;1649年1月30日,查理一世被斩首。1653年4月,克伦威尔驱散残余议会,12月建立护国政府,实行军事独裁。

1660年2月,斯图亚特王朝复辟。1688—1689年爆发了“光荣革命”,它所宣布的《权利法案》限制王权,扩大议会权力,奠定了英国君主立宪制的基础。此后,英国议会君主制逐渐形成和发展。1707年与苏格兰合并。

12.2 英国园林概况

欧洲的造园艺术,有三个最重要的时期:从16世纪中叶往后的100年,是意大利领导潮流;从17世纪中

叶往后的 100 年，是法国领导潮流；从 18 世纪中叶起，领导潮流的就是英国。英国造园艺术可以说是西方艺术中的一个例外。

英国早期园林艺术，也受到了法国古典主义造园艺术的影响，但由于唯理主义哲学和古典主义文化在英国的根基比较浅，英国人更崇尚以培根为代表的经验主义，所以，造园上他们怀疑先验的几何比例的决定性作用。

15 世纪都铎王朝以城堡园林为主。

受到意大利和法国文艺复兴园林的影响，都铎王朝时期还出版了一些庭园指导书。如 1540 年波尔德·安德烈的《住宅建筑指导书》；托马斯·希尔 1557 年出版的《迷园》，1563 年出版的《园林的实效》，都是关于庭园设计要素的介绍。

16、17 世纪主要受法国古典主义造园思想影响。

16 世纪，英国造园家在逐渐摆脱城墙和壕沟的束缚，追求更为宽阔的园林空间，并尝试将意大利、法国的园林风格与英国的造园传统相结合。这一时期的园林都是英国本土设计师的作品，主要是在模仿欧洲大陆的造园样式。英国人的革新，只是对花卉装饰的兴趣更加浓厚。

1668 年的光荣革命，迫使詹姆斯二世流亡。次年英国人从荷兰迎来了国王威廉三世。他出生于海牙，热衷于造园，并将荷兰造园风格带到英国。园中的装饰要素更加复杂，法式风格的人工性进一步加强，喷泉也大量增加，灌木修剪更加精细，绿色雕刻艺术发展到怪诞的程度，园中充斥着用灌木修剪成的各种动物和器具等造型。直到 18 世纪初，法国风格的整形式园林仍然深受英国人的喜爱。1709 年，阿尔让维尔出版的《造园理论与实践》一书传到了英国，1712 年约翰·詹姆斯又将该书翻译出版，最后一次再版是 1743 年。

这一时期最重要的设计师是乔治·卢顿和亨利·怀斯。

1666 年卢顿跟随罗斯在圣詹姆斯宫学习造园，1672 年被送往法国学习，是路易十四御用的 300 多位造园家之一，回英国后成为皇家造园师。怀斯先是跟随乔治·卢顿学习造园，1681 年二人合作成立了园林设计公司，并在许多设计项目中合作，成为英国的规则式造园大师。

卢顿和怀斯既是规则式园林的实践者，也是自然式园林的倡导者。曾参与了肯辛顿园及汉普顿宫苑的初期改造工作。他们既熟悉规则式园林的设计手法，也热衷于改造旧园和建造新的自然式园林。

1669 年卢顿和怀斯翻译出版了《完全的造园家》，原作者是路易十四时代凡尔赛宫苑的管理者；1706 年出版了《退休的造园家》及《孤独的造园家》，以问答的方式表达作者对造园的见解。

12.3 英式风景园林成因

进入 18 世纪，受到东方尤其是中国的园林思想影响，英国造园艺术开始追求自然，有意模仿克洛德和罗莎的风景画。到了 18 世纪中叶，新的造园艺术成熟，叫做自然风致园。全英国的园林都改变了面貌，几何式的格局没有了，再也不是笔直的林荫道、绿色雕刻、图案式植坛、平台和修筑得整整齐齐的池子了。花园就是一片天然牧场的样子，以草地为主，生长着自然形态的老树，有曲折的小河和池塘。18 世纪下半叶，浪漫主义渐渐兴起，在中国造园艺术的影响下，英国造园家不满足于自然风致园的过于平淡，追求更多的曲折、更深的层次、更浓郁的诗情画意，对原来的牧场景色加工多了一些，自然风致园发展成为图画式园林，具有更浪漫的气质，有些园林甚至保存或制造废墟、荒坟、残垒、断碣等，以造成强烈的伤感气氛和时光流逝的悲剧性。

在英语中，传统园林称为 Garden 或 Park。从 14、15 世纪到 19 世纪中叶，西方园林的内容和范围都大大拓展，园林设计从历史上主要的私家庭院的设计扩展到公园与私家花园并重。园林的功能不再仅仅是家庭生活的延伸，而是肩负着改善城市环境，为市民供休憩、交往和游赏的场所。在西方，园林（Garden 或 Park）概念自此开始逐渐发展成为更广泛的景观（Landscape）的概念。19 世纪下半叶，Landscape Architecture 一词出现，成为世界普遍公认的这个行业的名称。

英国自然风景式园林的出现，是欧洲造园领域里的一场史无前例的革命。它一反近千年来欧洲园林由规则式统治的传统，开创了欧洲不规则式造园的新时尚。自然式风景园林的产生，不仅涉及英国政治体制及经济发展等社会因素，而且深入到哲学思想及美学观点等文化反思，还有气候条件和国土景观等自然因素，以及英国人追求的生活时尚等人为因素的影响。

12.3.1 自然条件

英国的自然条件优越，为风景园林的盛行奠定了重要的基础。英国东南部为平原，北部西部多山地丘陵，全境河流密布，全年气候温和，具有充沛的雨量，为植物的生长提供了良好的条件。随着16世纪的"圈地运动"发展起来的畜牧业，致使英国永久性牧场的占地面积达45%；为畜牧业服务的饲料种植面积又占了全国耕地面积的一半。18世纪大范围的圈地放牧，以及为保持土壤肥力而采用的牧草与农作物轮作制度，使英国的乡村面貌发生的重要变革，逐渐形成了斑块状的小树林、下沉式道路和独立小村庄组成的田园风光。另外，航海和争夺海上霸权需要大量的木材来建造军舰和船只，导致英国的森林资源严重匮乏。为缓解这一现象，英国开始了大规模的植树造林运动。新兴的造园运动也成为大力种植的动力。英国不断从国外引进新的品种，如欧洲七叶树、桑树、柏树、欧洲夹竹桃、黎巴嫩松等，包括现在人们习以为常的悬铃木、椴树、埃及无花果、美洲胡桃等树种，都是当时英国从海外引进的。

12.3.2 思想

理性主义者采取从设想出发寻找证据的演绎方法；牛顿学派则从现象观察和实验方法出发，寻找发展演变规律。

经验主义者对理性方法的批判，有利于形成非几何化的自然形象。同时经验主义强调的感觉与想象，也为自然式园林的出现奠定了美学基础。首先，经验主义主张人们的知识主要来源于感觉经验，而感觉具有主观性。因此要尊重个人而不仅仅是君主的的选择，此外牛顿和谐宇宙观的建立使人们更尊重自然，愿意从自然环境中找到创作的源泉。英国哲学家培根在《训示》中希望人们抛弃"对称、树木整形和一潭死水"的手法，使人们得到"接近自然花园的纯粹荒野和乡土植被的感受"。1667年诗人弥尔顿在《失乐园》中强烈批判君主专制，在这本书里他将伊甸园描绘成一派自然风光。

17世纪的科学革命以及洛克与牛顿的哲学思想，英国人建立了具有英国特色的哲学理论观点，这也是18世纪欧洲启蒙运动产生的根源。

启蒙思想家的基本信念是崇尚理智，认为理智是一切知识和人类事物的指针。领导启蒙运动的哲学家反对旧政权，维护理性标准，由此产生进步思想和对传统基督教的挑战。

启蒙思想家大多崇尚自然主义。法国政治哲学家卢梭认为文明是对人的自由和自然生活的奴役，而自然状态优于文明。主张要回到自然中去，而且是原始的自然之中。自然主义在艺术中的反映，便是要求忠实地临摹自然状态，不求改善或美化主题。自然主义思想对造园的影响，就是反对园林中一切不自然的要素。反对把几何形体强加于自然地形之上；反对将树木修剪成几何形体抑制其自由生长；反对用压力强迫水柱喷向天空等等。自然主义者将这些规则式造园手法看作是戕害天性，要将自由、平等、博爱思想体现在花草树木上。认为规则式园林是对自然的歪曲，而自然式园林则是人们情感的真实流露。要抛弃规则式园林，首先就要拆除作为规则式园林社会基础的君权思想。

12.3.3 体制

1688年光荣革命之后，英国人向往的自由解放出现曙光，英国人在信念上开始出现乐观主义思想，并试图将精神生活法则与自然科学定律结合在一起。

英国人重新拾起斯多葛学派的观点，强调所有人都是受自然界规律支配平等的组成部分，寻求安身知命并服从自然秩序支配的理想生活方式。

辉格党人提出了和平、宽容、和谐平衡与公平的政治口号，反映出新的政治阶层、新的渴望，并最终建立了君主立宪制，从此造园不再是君主的专利了。君主立宪制的建立，使君主不再是国家的主要管理者，其政治权力大多只是一种形式，君王的威严和光芒都是礼仪性的假象。作为绝对君权象征的法国宫廷文化在英国失去其强大的政治基础，古典主义园林也势必随之遭到抛弃。18世纪的自然风景园林大多是从当时建造的农场和庄园发展起来的。辉格党人可以说是民主自由和宪章运动的鼓吹者，他们在当时具有引导者和启蒙思想家的作用。其政治理想在他们造园的理论当中得到反应。他们反对象征君权的规则式园林，提倡象征自由和谐的自然风景式园林。此外，由于光荣革命的成功，在整个英国弥漫了一种民族主义的情绪。加之在汉诺威王朝时期，由于语言障碍，致使君主的权威大大削弱，自然风景园林也就发展得更加顺利了。17世纪发生的宗教狂热，曾使英国蒙受了巨大的损失；18世纪后期的阶级斗争，也使社会一度动荡不安。因此这个短暂的和平时期，让英国人感到欢欣鼓舞。

在宫廷方面，此时的乔治一世来自汉诺威，很少过问英国的国事。乔治二世对艺术缺乏兴趣，尽管更多地投入英国的国事，但在他统治的前半期依然推行沃波尔制定的政策。

英国18世纪的园林艺术不再是君王和贵族阶层的特权。无论是属于寡头政治集团的辉格党人，还是属于旧王朝的托利党人，以及有文化的庄园主，都纷纷离开城市去乡间隐居，并耗费巨资整治庄园。新型的资产阶级代表人物在追求权力的同时，把园林也作为自身崛起的象征；还有一些没落贵族与资本家联姻，一方面使贵族重新振作起来，另一方面帮助资本家获得庄园用地。他们在田园牧歌般的乡村环境中建造庄园，满足其追求理想风景的愿望。

12.3.4 民族主义艺术观

18世纪，英国造园家在努力摆脱欧洲大陆的影响，不再以国外的园林为样板，转而寻求英国自身的园林特点。

在汉诺威王朝初期，语言的障碍削弱了国王的影响力，有利于占议会多数派的辉格党首相加强统治权力。辉格党人又是追求自由和宽容等现代思想的先驱，其结果是贵族们远离宫廷，不再追随权贵们的时尚。

荷兰园林不再是英国人的造园样板，法国园林成为暴君艺术的象征。英国人不仅在政治上排斥法国人的统治地位，而且在艺术文化方面也要排斥法国的领导地位，尽快在造园趣味上摆脱外来因素的制约作用。

崇尚均衡与秩序的法国人难以接受英国人的激情、好热闹甚至无纪律；辉格党人强调自由和宽容的可贵，呼吁将艺术才华留给法国人，召唤属于英国本民族的天才和道德标准。

12.3.5 社会经济的影响

18世纪初，遭战争毁坏的田野和森林亟待更新，农林业生产亟待重新组织。此后颁布了一系列有利于农业发展的法律和政策，采取适宜的农业生产技术，阻止了土壤肥力的进一步退化，使得乡村风貌逐渐得到改观。

18世纪上半叶，英国的国土面貌并没有出现显著变化。1760年之后，有关圈地问题的法律和政策大量涌现，乡村景观也随之出现巨大变化。

大范围的圈地放牧，为保持土壤肥力采用的牧草与农作物轮作制，进一步改变了18世纪英国农业制度，使英国的乡村风貌发生了巨大变化，逐渐形成由小树林斑块、下沉式道路和独立小村庄组成的田园风光。

乡村景观的改变，对厌倦城市生活的权贵和富豪们产生了巨大的吸引力，使得在乡村建造大型庄园成为时尚，同时也对庄园中园林风格的变化产生了极大的影响。

航海和争夺海上霸权需要大量木材来建造船只，为了修缮战争毁坏的房屋，也急需大量的木料和建材，造成英国木材的严重匮乏，林业生产亟待更新。

18世纪英国开展了大规模的植树造林运动，为了尽快恢复林地以替代遭砍伐的橡树林，人们甚至种植了树龄达一、二百年的成年大树。

美化正在兴建的大型庄园也需要种植树木，造成英国苗木的缺乏，从而从海外进口了大量的外来树种。树种的增加丰富了植物的色调，改变了英国的植物景观类型，也使植物景观的色彩更加和谐。大量的树种和丰富的色调使园林师在种植设计上游刃有余。

英国出现了一场真正的园艺热潮，并且在整个 18 世纪都长盛不衰，其结果也必然影响到英国园林艺术的表现形式。18 世纪的英国贵族喜欢隐居在自己的庄园中莳花弄草，借此逃避社会政治生活中的枯燥乏味。

12.3.6 回归自然的思想

有关自然的主题成为 18 世纪的人们论述的焦点，希望在乡村中再现属于自己的并与自然和谐的环境，借以缓解社会和日常生活中的焦虑情绪，满足自身对美好生活的憧憬，并尽可能地接近得到极乐的生活梦想。

为此，人们不惜花费巨资，对庄园重新进行景观整治，以满足其对理想生活的憧憬。

在启蒙运动的影响下，风景式造园艺术成为阐释自然观念最直接，同时也是最能令人感触到的表现形式。依据人们期待的理想形象，营造经过提炼的自然景观，成为这一时期造园艺术的指导思想。

有许多政治家、作家和艺术家都在引述、介绍、阐释回归自然，或者说回归某种自然理念的思想。而社会名流与文化巨匠的呼吁，又对园林艺术的变革起到了巨大的推动作用。

在回归自然的思潮影响下，18 世纪的艺术家、诗人、文人希望在乡村中再现一种园林与土地的灵魂相结合的风景，并营造一种纯洁的、能够降低人们焦虑情绪的环境，尽可能地接近天堂的形象。

幸福似乎蕴藏在自然的框架之下，为了更有把握找到让灵魂愉悦的景色，人们再塑风景，以满足诗人、哲学家、艺术家的想象力。

风景园更直接地提供了有关自然概念的光明时代例子。整个 18 世纪当中，组织一些花园，人们在其中创建一个小世界，是人们心目中期待的形象。

12.3.7 追求更大的自由

18 世纪初，在经过未流血的革命就建立了议会制度，分散了君主权力之后，人们逐渐认识到自由的伟大意义。原本属于造型艺术与文化范畴的造园，此时成为特殊的自由意识的体现。

英国政体从君主制过渡到君主立宪制，几乎是自然而然的过程，然而园林艺术的变革却出现了翻天覆地的变化。法国古典主义园林为热衷上流社会生活的贵族们提供了一个适宜交往的空间，这与 18 世纪英国人追求的生活时尚有很大不同。

由于英国以丘陵居多，兴建法式园林势必大动干戈；气候也有利于树木花草的自然生长，植物整形耗费大量的劳动力。英国人无论是在造园意愿上，还是在造园成本上，都要努力超越法国式园林的限制。

贵族们更希望以最少的投入获得最佳的效果。他们整治河流湖泊以活跃园林景观，用简洁的草坪代替昂贵的刺绣花坛。

12.3.8 视野观念的扩大

英国的规则式园林四周都有高墙，具有多种功能：使园主在家中具有归属感；限定整形式花园的范围；区分出庄园与周围的乡村；遮掩园外荒野而凌乱的自然景观；防止牲畜进入园中造成破坏。整齐的绿篱是规则式园林中完美的统一体，在园林的建造及养护中是非常重要的参照物。

18 世纪初，英国人坚信园林艺术其实是关于自然的美学、哲学和宗教思想的艺术表现形式，认为这是人类崭新的，并且是不容置疑的收获。人们纷纷远离封闭性小花园，寻求法式园林中那种精心布置在中轴上的开阔全景和无际的地平线。为了充分接纳自然，将自然引入园林之中，首先必须推倒包裹园林的高墙，让四周乡村中的树林、湖泊、教堂、遗迹及牛羊进到庄园中来，与园主一道分享田园生活的乐趣。既要拆除围墙，又要防止牲畜进入园中或接近住所，还不希望在庄园与乡村化的自然之间出现视觉上的障碍，人们便运用称作隐垣（哈-哈）的设施替代围墙。即在园林的边界处向下开挖，形成的界沟。

1709 年，阿尔让威尔在《造园的理论与实践》中介绍了隐垣的运用方法，通常是将壕沟与围墙结合布置在园路的尽头，围墙上还开辟窗洞，可以望见园外景色。直到 17 世纪，模仿军用防御工事而筑造园墙大多是为了遮挡视线，避免园外不和谐的景物干扰了花园景色。

萨克尔博士在《园林史》中指出，第一个最接近"哈-哈"的实例是在白金汉郡的西尔斯顿庄园，"哈-哈"实景如图 12-1 所示。"哈-哈"在园林中的用途与最开始时完全相反，18 世纪，"哈-哈"的主要功能，一方面是使园林融入四周风景，另一方面"哈-哈"本身成为园林与自然风景之间的协调者。"哈-哈"真正的功绩，在于使人们的兴奋点转向园外开阔的自然风景。

图 12-1 "哈-哈"实景

霍拉斯·沃波尔(1717—1797 年)将这个"哈-哈"的处理手法看作是致命的一招，因为它使得造园家的眼界前所未有地扩大了。他注意到肯特越过栅栏，发现整个自然就是一座园林。由于华尔波尔的评论流传很广，常常导致人们误认为是肯特发明了"哈-哈"。1770 年，沃波尔出版了《近代造园论》。他的 Strawberry Hill 庄园体现了布里奇曼的思想，形成田野森林等自然景观。

布里奇曼(1690—1738 年)是艾迪生和波普思想的追随者，造园的革新者和自然式园林的实践者，不规则化园林时期的代表人物，布里奇曼画像如图 12-2 所示。1714 年，布里奇曼在建造斯陀园时摆脱了对称原则的束缚，运用非整齐对称的方式种植树木和线条柔和的园路，并抛弃了植物造型的运用。他善于利用原有的植物和设施，园路设计深得称赞，在扩大空间感方面有独到之处，令人耳目一新。布里奇曼是"哈-哈"的原创者，并由斯威泽尔推荐给范布勒。隐垣的做法很可能借鉴了法国军事工程师沃邦修筑堡垒的工程做法，从 1667—1688 年的十余年间，他把法国变成了一个堡垒之国，隐垣实景如图 12-3 所示。

图 12-2 布里奇曼画像

图 12-3 隐垣实景

12.3.9 文学绘画的影响

虽然政治家、哲学家和文学家的呼吁对园林艺术的变革产生了积极的推动作用，但是阅历丰富、知识面广的造园家，还是创建风景园林杰作的根本保证。

英国的造园家都曾在法国和意大利学习、居住或旅行过一段时间，对典型的西方艺术兴趣浓厚。17 世纪，法国和意大利画家的风景画深受英国人的喜爱，描绘罗马乡村的大量油画和版画被介绍到英国。

诗歌与绘画的相互结合与互相补充，给造园家们以巨大的创作灵感。华尔波尔认为，密尔顿《失乐园》中的伊甸园，是海格利园和斯图海德园的造园蓝本。因此，诗人密尔顿和画家洛兰才是风景式造园运动真正的启蒙者。园林因而成为艺术与自然之间巧妙的协调者。造园的目的不是简单地整治自然，而要创造美学与伦理相结合的理想美，沙夫茨伯里在《卫道士》中提出的体现美与善的完美结合。

文人们不仅是艺术理论变革的倡导者，也是新型园林艺术实践的先锋队。他们纷纷在自己的庄园建造自然式园林，极大地推动了自然风景式园林的产生。造园成为人们关注的社会现象和交谈的话题。造园家们也发表了大量的论文，帮助人们正确理解园林艺术，努力将造园提高到与绘画、建筑或雕塑同等重要的地位。作家格雷夫斯在小说中大量描绘当时最美的园林，并对当时引起贵族阶层狂热的园林艺术做了中肯的评价，是有关 18 世纪造园这一社会现象，最好的评论家之一。从格雷夫斯描绘园林的文学作品中，可以了解许多作品后来的改建情况。在后来的布朗时代，英国园林艺术又发生了巨大变化，人们的造园趣味趋于一致。因此，格雷夫斯作品评论与欣赏相结合的描写，使现代人能够了解当时的造园观点和对园林的评判。

1. 克洛德·洛兰

法国风景画家克洛德·洛兰的作品富有诗意，画中的树木、流水、山丘、建筑及古代遗迹、田野等是肯特造园的理想蓝本。洛兰后期定居罗马，成为意大利风景画大师，作品对同时代及 18、19 世纪英国风景画发展有很大影响。代表作有《克娄巴特拉女王登岸塔尔苏斯》和《帕里斯的评判》(见图 12-4 和图 12-5)。

2. 尼古拉斯·普桑

17 世纪法国巴洛克时期重要的画家、17 世纪法国古典主义绘画的奠基人。尼古拉斯·普桑崇尚文艺复兴大师拉斐尔、提香，醉心于希腊、罗马文化遗产的研究。普桑的作品大多取材于神话、历史和宗教故事。画幅虽然不大，但是精雕细琢，力求严格的素描和完美的构图，人物造型庄重典雅，富于雕塑感。作品构思严肃而富于哲理性，具有稳定静穆和崇高的艺术特色，他的画冷峻中含有深情，可以窥视到画家冷静的思考。代表作有《阿尔卡迪的牧人》《迷人的山景》(见图 12-6、图 12-7)。

3. 霍延

荷兰画家，17 世纪荷兰现实主义风景画创始人之一，他在荷兰画家中，最早成功地在画面上捕捉到光线与空气的细微变化，以及云朵的浮动感。其油画色调沉着含蓄，用色极为节制，即仅以褐、灰二色作画，以后再在必要处染上几笔蓝色或红色，以突出重点部分。这种所谓单色调风景画，乃是霍延风景画艺术的标志之一。

霍延在作品中描绘了荷兰北方农村大自然的美景：宁静的河流，带风车的磨坊，长着木瘤的橡树，从高处俯瞰的辽阔平原，低低的地平线，以及多云的天空。

其风景画看来多数以霍延的素描风景写生为基础，因为他显然一再重复使用同一幅素描稿，以致许多油画在内容和构图方面往往大同小异，成为同类题材的各种变体画。他画得最多的题材有河景以及沙丘地带和有船只的风景等。他的风景画甚至成为肯特的造园兰本。代表作有《多德类雷赫特的河流风景画》(见图 12-8)。

图 12-4 《克娄巴特拉女王登岸塔尔苏斯》

图 12-5 《帕里斯的评判》

图 12-6 《阿尔卡迪的牧人》

图 12-7 《迷人的山景》

4. 斯坦奋·斯威泽尔

1715 年出版《贵族、绅士及造园家的娱乐》获得了巨大成功，被看作是为整形式园林敲响的丧钟。他批评园中过分的人工化，抨击了整形修剪的植物及几何形的小花坛；三年后又出版《乡村平面图法》，丰富了前一本书的内容。

斯威泽尔认为园林的要素是大片的森林、丘陵起伏的草地、潺潺流水及树荫下的小路。对于将周边围起来的整形小块园地做法尤为反感，斯威泽尔设想的花园如图 12-9 所示。

图 12-8 《多德类雷赫特的河流风景画》

图 12-9 斯威泽尔设想的花园

12.3.10 中国的影响

17、18世纪中西方的交流频繁，西方对中国的文化极为崇拜，特别是在园林艺术方面。早在1685年，威廉·坦普尔《论伊壁鸠鲁的花园》中，认为中国艺术运用更自然和更自由的方式来表现美。坦普尔认为中国园林这种无秩序的，模仿自然而浓缩自然的这种美的形式比规则式园林更胜一筹。虽然当时英国人对中国自然山水园林极为推崇，但是他们并没有得到其中精髓，但是中国园林对英国园林的影响还是或多或少的改变了英国园林的风貌。18世纪，威廉·钱伯斯曾随父亲来到中国，此后他对中国的建筑园林留下了深刻的印象并开始潜心研究建筑。先后出版了《中古的建筑意匠》和《中国的建筑、家具、服饰、机械和器皿的设计》。钱伯斯在邱冈中工作了6年，在园中留下了一些中国风的设计，如中国宝塔和孔子之家。钱伯斯认为中国的园林是源于自然而高于自然的。他曾写到："尽管自然是中国艺术家的巨大原型，但是他们不拘泥于自然的原型。而且艺术也决不能以自然的原型出现；相反，他们认为大胆地展示自己的设计是非常必要的。"随着一批传教七来到中国，中国的各种艺术形式也随之传到西方。法国传教士王致诚曾参与了圆明园四十图景的绘制工作。1747年，王致诚在《中国皇家园林特记》中赞赏圆明园为"万园之园，无上之园"，这本书在欧洲市场大受欢迎。另一位法国传教士蒋友仁曾参与了圆明园西洋楼和"大水法"的设计与建造。中国的自然式园林动摇了古典主义在英国人心中的地位。虽然中国园林与英国自然风景同林在形式上大相径庭，但是他们追求共同的自然之美。这就是法国人称英国自然风景园林为"英中式园林"原因所在。

12.3.11 总结

从英国自然风景园林的发展历程来看，主要还是来自本土的影响比较强烈，外来的因素只起到了锦上添花的作用。英国的园林以其与自然相互辉映的景致、不规则的布局形式以及园中植物的多样性而取胜，影响了整个欧洲。自然风景冈林的风靡不仅仅代表了一种造园艺术，造园艺术潜藏着一种新的变革。资产阶级登上舞台，自由的空气弥漫在整个欧洲，人们渴望自由渴望身心的解放，渴望发展个性的愿望终得以实现。自然风景园林也象征了人的本性。不被束缚的想法酝酿了自然园林的诞生，自然风景式园林的发展也成就了人们内心自由的念头。

12.4 英国风景园的常见要素

1. 隐垣

布里奇曼在造园中首创了隐垣，又称为"哈-哈"，将园与周围的自然环境连成一片，其作法就是在园的边界不设墙，而是挖一条宽宽的深沟，这样既可以起到区别园内外的作用，使园有了一定的范围，又可以防止园外的牲畜等进入园内。而在视线上，园内与外界却无隔离之感，极目所至，远处的田野、丘陵、草地、羊群，均可成为园内极妙的借景，从而扩大了园的空间感。

2. 假山洞

在英国风景园林中常用假山洞代替意大利台地园的洞府，洞内或设置雕塑，或构成洞中天地。英国风景园的假山洞是为了满足人们对自然的喜爱，意大利台地园的洞府是满足人们的猎奇心理。

3. 庙宇和纪念性建筑

在浪漫式风景园中，常利用希腊、罗马等古典式建筑或其他外来建筑形式(常用帕拉第奥式建筑，哥特式建筑)作为园林景点的主题，使人缅怀古代先贤或形成一种异国情调，同时也是园内视线的焦点。

4. 疏林草地

英国风景式园林受英国国土景观的影响，园内以大面积的草地和树丛为主，与园外的牧场和树林完全融合。草地便于人们开展各类活动或游戏，树丛与草地形成对比，构成优美的田园风景画面。

5. 湖泊水景

英国风景式园林很少做动水景观，而是以天然形状的水池，构成水镜面似的效果，让人感觉到远离尘世的宁静。同时，这也与英国平缓的地形有关。

英国的自然风景园虽然也崇尚自然风景，但和中国的自然山水园及写意山水园又有所不同。

中国的自然山水园和写意山水园是“本于自然”但“高于自然”的。运用藏露、虚实、动静等多种手法对自然加以抽象和概括，宗旨是求其神似。

英国自然风景园，更多的是对自然的再现，是对原有的景观风貌的忠实反映，更多追求其形似。

12.5　英国代表性园林

1. 查兹沃思庄园

查兹沃思庄园，又称达西庄园，是英国的一处庄园，位于英格兰德比郡，德文特河的东岸。自 1549 年以来，查兹沃思庄园就是德比郡公爵的庄园。查兹沃思庄园多次被选为英国最受欢迎的庄园之一。

查兹沃思庄园是英国四个世纪园林变迁的集中体现。1570 年以来，各个时期的园林艺术都在这里留下了烙印，因而成为世上最著名的园林之一。

庄园始建于 1552 年，在 15 世纪至 19 世纪的 400 多年中，经过许多著名园艺师的精心设计和建造，查兹沃思庄园成为英国最美的庄园之一，是英国文化遗产的一个重要部分。1685 年，在法式园林的巨大影响下，庄园开始大规模地改造工程，使规则式花园部分面积接近 50 公顷。18 世纪中叶，由英国著名造园家布朗对此园进行了改造，将其中一部分改成当时流行的自然风景式风格，查兹沃思庄园平面图如图 12-10 所示。

图 12-10　查兹沃思庄园平面图

法国古典园林:由"朕即国家"引申,"朕即国家"思想下的"伟大风格"式的法国园林,在初建时的影响是非常巨大的。将主楼、两厢和门楼围着方形内院布置,主次分明,中轴对称。花园观赏性增加,通常布置在邸宅的后面,从主楼脚下开始伸展,中轴线与府中轴线重合,采用对称布局。这一思想直接影响了主体建筑的设计,景观今天看来整体建筑并不是严格对称的,但在建设早期,设计形式基本仿造了凡尔赛宫。

早期对称式结构(见图 12-11),中置的长形水池,平静不流动的池水,无数喷泉,修建成型的花园、树木还有规则式的迷宫花园,无不体现了早期法国造园艺术对英国贵族的影响。无论是英国还是法国,乃至整个欧洲,贵族阶级在这一时期从本质上是一致的,贵族阶级的重新兴起即是对财富和地位的炫耀。

图 12-11 早期对称式结构

英国自然风致园:殖民扩张和地理大发现给处在北寒带的英国带来了无数从来没见过的植物和动物种类,猎奇的英国贵族开始收集奇异的异域动植物来装饰园子,甚至为了容纳大型的热带树木而修建巨大的温室以模拟热带环境。

典型的自然风致园改造主要以抛弃围墙这种做法为主(见图 12-12),把花园和林园连成一片,整个庄园牧场化了这是造园艺术的一个根本性的变化,意义重大。它取消了古典主义园林的基本观念:花园是建筑与自然之间的过渡部分。从肯特开始,造园艺术既不是用花园美化自然,也不是用自然美化花园,而是直接去美化自然本身。以画家的眼光去"控制或加"自然。联想是丰富而自由的,带着淡淡的愁绪。为了造成浓郁的既甜蜜又凄凉的情调。肯特和他的追随者们甚至在园林里造残迹,立枯树断墙,也造一些浪漫色彩很重的哥特式小建筑,这种轻愁和敏感正是这时庄园园林风格的基调。

正是在这样的园林思想下,自然风致园开始走进查兹沃思庄园,拆掉了围墙,抛弃了规则式的主体形式,梯形的瀑布、牧场化的园林,甚至为了使庄园获得更好的视野景象,买下了一起影响庄园风景的人造物使得庄园的面积扩大了一倍。

2. 斯陀自然风景园

斯陀自然风景园(以下简称斯陀园)位于伦敦西北部白金汉郡,距离郡中心约 3.2 千米。在史料中最早对斯陀园的记载是在 1571 年,当时的园主人是彼特·坦普尔爵士。在之后的百年时间里,跟随英国园林的发展趋势,斯陀园逐渐从自然的田园风格转变为英国 18 世纪自然风景园的早期代表。

图 12-12　自然风致园改造后

1716 年，退居田园的考伯海姆勋爵决定要建造一座媲美凡尔赛宫苑的园林。不同于凡尔赛宫象征着贵族的王权，斯陀园要代表辉格党核心的思想——自由。园主人聘请了当时激进的园林设计师——布里奇曼改造斯陀园，形成一座反映其政治观点和哲学思想的园林作品。

1）布里奇曼改造阶段

18 世纪初期，布里奇曼接受勋爵委托，开始了对斯陀园的设计。在负责建园时期，他将沿着府邸的轴线作为全园的景观轴线，对应建筑的轴线一端布置椭圆形水池，轴线两侧是规则对称的花坛和狭长型水池以及林荫道。从平面布局上看，布里奇曼的设计风格依然延续着巴洛克式规则园（见图 12-13）。之所以说布里奇曼的设计是从巴洛克园林向自然风景园过渡，一方面，轴线不再是严格对称，轴线以外的空间由弯曲的园路划分；另外，布里奇曼打破常规，冲出边界，取消园界围墙，取而代之的是在园地四周布置了一条界沟，沟的一侧是与园子水平高度一致的毛石挡墙，另一边是高程低于园子的倾斜草坡。这条隐形的围墙被称作隐垣（又称哈哈墙，Ha-ha）。

隐垣的出现，对于自然风景园的发展起到了至关重要的作用。主要表现在以下两个方面：一是隐垣打破了园与园的边界，将视线延伸到园外，牧场、树丛、山丘、牛羊都成为园内借景的元素，视野得到扩展，园外的自然风光和村落景观被引入园林。另外，隐垣打破了园林与自然之间的界限，效仿自然的设计手法，使花园呈现的景观效果与周围广袤的乡村景观极为相似。没有了围墙的阻隔，二者更高度融合在一起。

2）威廉·肯特改造阶段

1735 年，肯特接替布里奇曼，成为斯陀园的第二任园林设计师。当时，英国社会反对规则式巴洛克园林之声日益强烈，肯特汲取了一些倡导自然的先驱如蒲柏、艾迪生的思想观点。通过肯特的改造，斯陀园从尚带有巴洛克风格的园林彻底转变成一座自然风景园。通过对比肯特与布里奇曼的平面图（见图 12-14），可以看到以下几处改变。

直线变曲线：肯特遵循着他的座右铭“自然讨厌直线”，比较彻底地改变了斯陀园的几何式园林风貌。在对斯陀园的改造中，肯特几乎将园中所有直线的元素都转变为曲线形式，如将园中的轴线林荫路改为柔和的曲线，将与府邸呼应的八边形水池改成不规则的自然水景，原本由府邸出来的大台阶也改成起伏的缓坡。肯特的这一转变——曲线的园路、自然随形的水景、开阔且平缓起伏的草地（见图 12-15），成为日后自然风景园的又一重要特征。

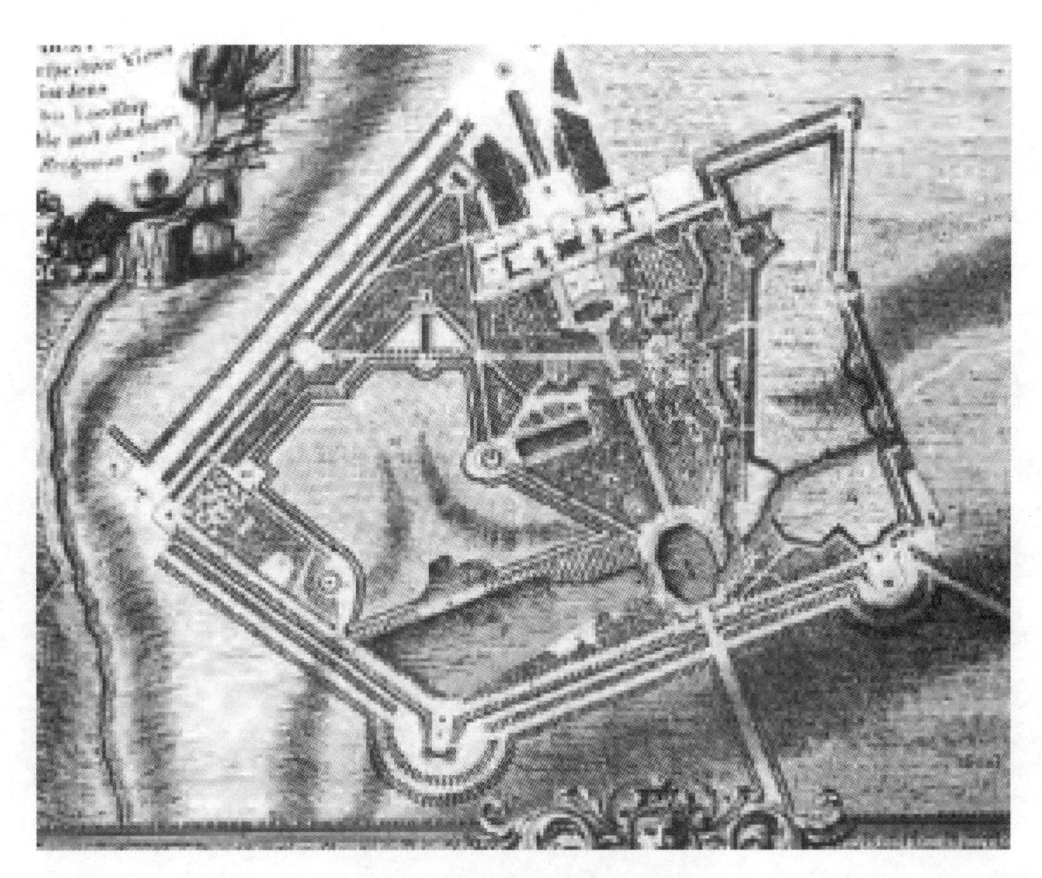

图 12-13　布里奇曼改造阶段平面图

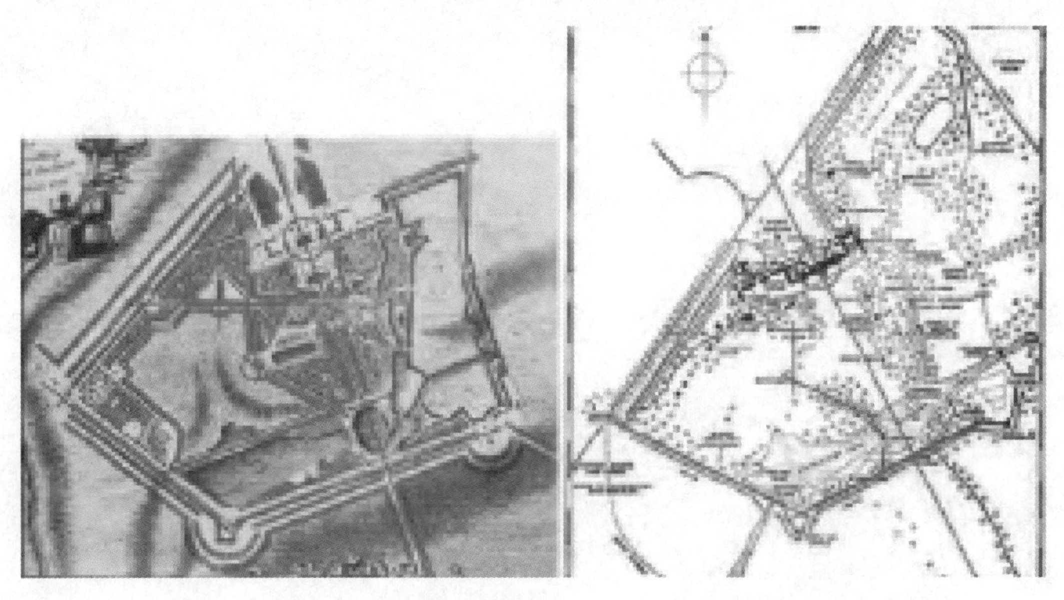

图 12-14　肯特与布里奇曼改造阶段平面图对比

如画式园林：肯特追求自然风景画式的意境，将英国自然风景园引入到如画式园林阶段。肯特主要以风景画而不是以平面图为蓝本来进行园林改造设计。每一处景点，肯特都把它作为一幅风景画进行生动的刻画。他以大地为基底，以植被、水体、建筑、地形为元素，通过绘画艺术的透视、比例和光影原则，组织布局各造园要素。园中的爱丽舍田园(见图 12-16)是肯特在斯陀园新增的一处典型的如画式园林。爱丽舍田园位于斯陀园中央草坡轴线以东，园区名字出自古希腊神话，象征着幸福之所。肯特在花园中限定了一种画面感，新道德神庙是这幅画中的主要元素，浓密的树丛用于分割画面并对次要的景观要素加以遮挡。

图 12-15　肯特改造阶段斯陀园草地

图 12-16　斯陀园中爱丽舍田园

兴建大量园林建筑：肯特与建筑师威廉·拉夫合作，在园中陆续建造了近 40 座风格多样、寓意多样的园林建筑，如帕拉迪奥式石桥、希腊式神庙、古罗马式圆柱纪念碑、中式亭子，用以表达园主人的政治观点和哲学思想。建筑在自然风景园的构图中，起到了"点石成金"的点景、构景作用总而言之，在肯特时期，斯陀园从早期尚存规则式园林痕迹的风景园，演变到成熟的如画式自然风景园阶段。

3）"万能"布朗改造阶段

1741 年，兰斯洛特·布朗接任来到斯陀园，对其进行再一次的设计改造。经过布朗的改造后，形成了今天的斯陀园格局——一座宏大、开阔又富于情趣的自然式园林典范。斯陀园是布朗早期的园林作品之一，是有"度"地进行设计。由于布朗对于风景园林的规划与设计都是基于对场地内在特质的分析与理解，他对任何条件下建造园林都表现得十分有把握，所以经常被称作"万能"布朗。

布朗师从肯特，延续其造园思想之一就是在造景时努力使花园与周边的自然联系成为一个整体。但布朗没有坚持如画式的园林理念，而更倾向于追求与田园风光、自然野趣相近的风景园。他的改造没有刻意地对某一处景色进行如风景画般的雕琢，而是略显平淡地把园林改造为与周边风貌一致的风景。

从斯陀园开始，布朗逐渐形成一种标准化的设计模式：连绵起伏的坡地、广阔无垠的湖泊、成簇种植的树木、乡土树种的应用、府邸坐落在辽阔的田园风光中，从建筑内向外眺望是一望无际的阔野。布朗的造园理念成为牧场式风景园的代表。

通过平面图(见图 12-17)，可以看到布朗将园中尚存的轴线与林荫道都改造成自由的曲线道路和自然式的种植。在肯特将八角形水池改为顺应地形的曲线形态后，布朗又将水面提升，原本琐碎的小水面合并成疏朗开阔的大水面。静谧的湖面与岸边草坡、水生植被的结合，改善了周边环境，营造宁静又活泼的空间氛围，使得园林意境更加深远。另外一处由布朗主持设计的景点——"希腊峡谷"，位于"爱丽舍田园"以东。在这片开阔的土地上，布朗设计了大片的缓坡草地，上面点缀着自由的林带，还有自然分布的树丛。

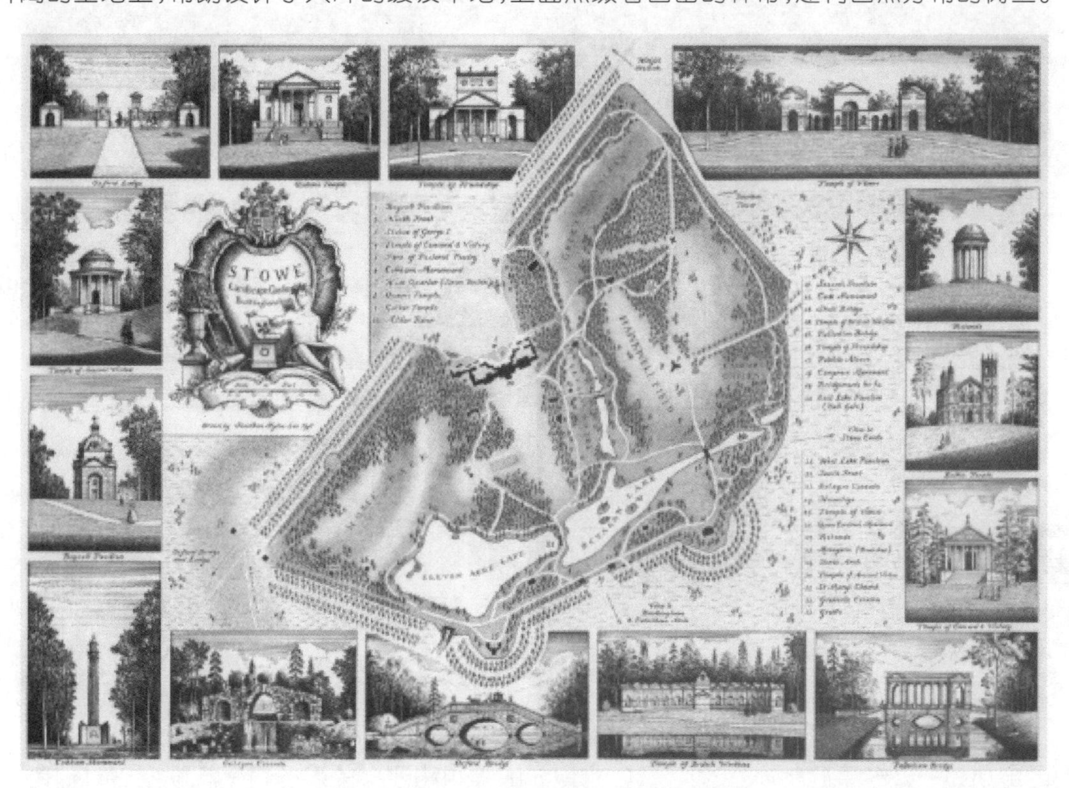

图 12-17 布朗改造阶段斯陀园平面图

在斯陀园的改造设计中，初次担任造园总设计师的布朗，理性地依照现状条件，适度地改造地形、种植以及水景，最终呈现一座宏大、开阔、明朗的斯陀园。

3. 布莱尼姆宫

建造年代为1705—1722年，位于伍德斯托克，迷人的科茨沃尔德镇，距牛津仅八英里紧邻莎士比亚故乡斯特拉特福德，是英国园林的经典之作。它将田园景色、园林和庭院融为一体，显示出卓越超群的风范。1988年，这座宫邸被列为世界文化遗产，是和故宫、白宫、白金汉宫、布达拉宫等齐名的全世界22所著名宫殿之一。布莱尼姆宫全景见图12-18。

图12-18 布莱尼姆宫全景

建造这座官邸花园必须考虑与周围的自然景观协调一致，马尔伯勒家族于1764年将修建布莱尼姆宫的重任交给了著名的园林设计师兰斯洛特·布朗，布朗认为园林设计应当与自然景色融为一体，不应留下人工修饰的痕迹，他在格利姆河上修起了一道坝，形成大片水域，于是，桥下变成了两边缘弯曲的湖(见图12-19)。

被誉为英格兰最精美优雅的巴洛克式宫殿之一的布莱尼姆宫，主体建筑由两层主楼和两翼的庭院组成。外观混合了克林斯式的柱廊、巴洛克式的塔楼(见图12-20)。正门六根古希腊克林斯雕花石柱，支撑着有着精美浮雕图案的三角形山墙，形成错落有致的正立面线条，建筑前有一片开阔的庭院。

大草坪给人以舒适亲切的体会，更可以延展空间，增添无尽绿意，尽显田园野趣。同时，大面积的种植草坪也是欧洲园林中常用的造景手法，这点也在布莱尼姆宫中体现(见图12-21)。

自然水体景观也是田园风光不可缺少的要素，水面倒影，驳岸树荫繁盛，形成一派田园好风光(见图12-22)。

官邸西侧还有一处修建在台阶上的水景园，水景园的中间和四个角落各有一座喷泉，黄杨、雕像和装饰墙错落有致地分布在水景园之中。13个喷水池组成小型的阶梯式瀑布，流入水景园的中间。水柱激起层层浪花，显得生机盎然(见图12-23)。

修剪成规整的几何形态，大草坪上的雕塑、喷泉和修剪整齐的植物又具有法国巴洛克式园林布局严谨、

图 12-19 布莱尼姆宫周边景色

图 12-20 巴洛克式建筑

偏爱几何图形的特点(见图 12-24)。

随意装点的橡树林、湖泊、玫瑰园、小瀑布体现出英国式园林讲究自然的乡野风格(见图 12-25)。

在英国,模仿自然景色的花园中很少用雕塑来做装饰,而布莱尼姆宫是一座法国巴洛克风格的花园,雕

图 12-21 布莱尼姆宫大草坪

图 12-22 布莱尼姆宫水景

塑在这里随处可见。从住宅的高处望下看，花园布局整齐有序，其中的植物、通道和装饰物尽收眼底（见图12-26）。

4. 邱园

此园位于伦敦西部泰晤士河畔，18 世纪中叶以后得到了发展。1731 年，威尔士亲王在这里建造居所，名为邱宫。1759 年，英王乔治二世之子威尔士亲王的遗孀奥古斯塔公主，即威尔士王妃派人在伦敦郊区里

图 12-23　布莱尼姆宫喷泉

图 12-24　布莱尼姆宫植物造型

图 12-25　布莱尼姆宫玫瑰园

图 12-26　布莱尼姆宫雕塑

士满附近建立的一座面积很小的私家花园，当时只有 3.6 公顷。1759 年由威廉·钱伯斯设计，营建了包括中国塔在内的一系列景观，在邱园的东北角，钱伯斯在埃尔顿和皮特伯爵的协助下，设计了一座小型植物园。

邱园为泰晤士河冲积地，地域平坦开阔，树木区形成了疏林草地的景观，肯特认为造园应以大地为纸，以山石植物水体为绘，注重错落有致、起伏舒缓的地形，为使地形富于变化，进行了挖湖造山和地形改造工程。通过开挖湖区将泰晤士河水引入园区，增添了大片水域，成为游客欣赏水景之处，也是大批水鸟的栖息所，对湖岸处理时使四周的草坡缓缓地斜插入水中，而不是古典式的生硬处理。早期邱园平面图见图12-27。

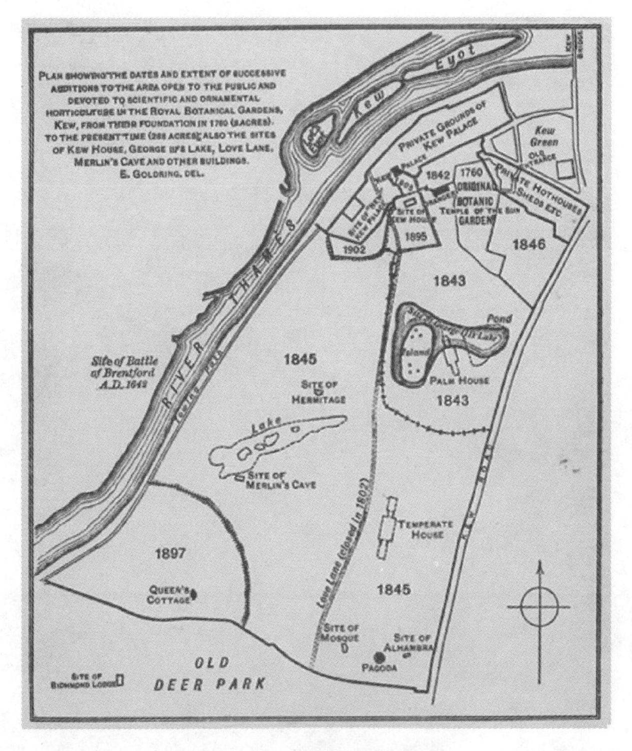

图 12-27 早期邱园平面图

1757年，钱伯斯出版了有关中国建筑和工艺的书籍，此时正是中国热在英国形成风潮的时期，一种称为中国情调的时尚渗透到人们生活的方方面面。在18世纪欧洲模仿中国园林的热潮中，被称为“构筑物”的园林小建筑是主要被模仿的对象，由于这些小建筑十分引人注目，也易于保存，因此，在大量研究与保存实物中，小建筑占了相当一部分比重(见图12-28)。

图 12-28 园内小建筑

钱伯斯在邱园中修建了一些中国式建筑，如中国塔(见图 12-29)。此塔有 10 层，提供了一个很高的观赏点，登塔眺望，全园景色尽收眼底，塔起到了造山的作用。此外，他还建造了孔子之家、清真寺、洞府、废墟等景点，但之后大多被破坏，目前只留下中国塔、废墟 2 处景点。虽然，钱伯斯在同一时期极为推崇中式建筑及园林，但彼时英国对于中国的园林、建筑与文化知之有限，在对建筑、园林风格的模仿建造中，并未真正渗透中国园林文化的精髓内涵，如在中国塔的建造过程中，我国古代佛塔的层数几乎都是奇数，《周易》曰："阳卦奇，阴卦偶。"阳卦指有利的条件、环境和机遇，阴卦指条件十分艰苦。我国古代阴阳学说把奇数作为"阳"的象征，把偶数作为"阴"的象征，如"阳"代表白天，人生属"阳"；"阴"代表夜晚，人死属"阴"。因此，我国佛教中许多事物都采用奇数以表清静、吉祥或顺利之意。在佛教中具有特别意义的塔，其层数的设置更是如此。而钱伯斯设计的中国塔却有 10 层(见图 12-30)，可见其当时并未对建筑背后的东方文化作更深层次的了解。

图 12-29　月季园南边视线焦点上是钱伯斯设计的中国塔

图 12-30　钱伯斯设计的中国塔

5. 霍华德庄园

霍华德庄园位于北约克郡，是由约翰・凡布高为查尔斯・霍华德设计的，始建于1699年，庄园平面图见图12-31。

凡布高是英国瓦伦流派著名的巴洛克建筑师，也是当时最伟大的建筑师之一。由他设计的庄园形成了杰出的整体（见图12-32），开创了英国庄园建设的新时代。府邸为晚期巴洛克风格（见图12-33），这是英国第一座采用了巨型穹顶的世俗建筑物。1726年凡布高去世时府邸的西翼尚未建成，庄园面积有2000多公顷，地形高低起伏，园中点缀着许多珍贵的建筑物。

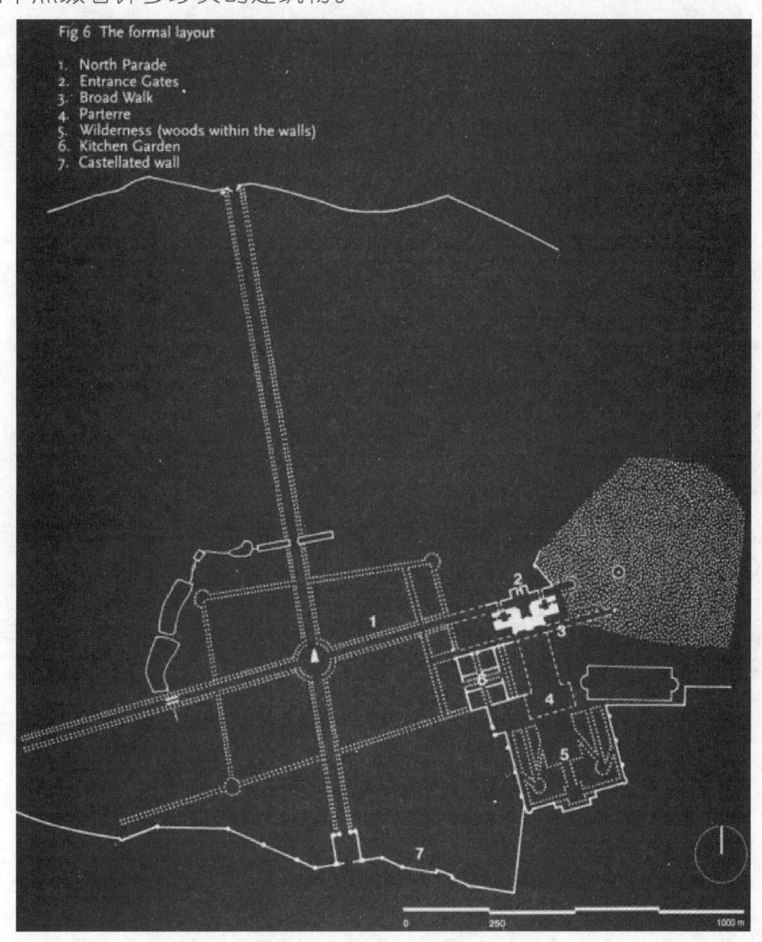

图12-31 霍华德庄园平面图

霍华德庄园表明了17世纪末规则式园林的衰落，并向风景式园林演变的发展迹象（见图12-34）。斯威扎尔在府邸东面设计了带状小树林，称为放射型树林，由流线型园路和林下小径构成林园的路网，通向设有环形凉棚、喷泉和瀑布的一些林间空地（见图12-35）。

凡布高的收官之作，采用了帕拉第奥建筑样式（见图12-36）。现在人们在庄园内看到的是一座从19世纪末世界博览会上搬来的阿特拉斯喷泉（见图12-38）。庄园的边缘有郝克斯莫尔1728—1729年建造的纪念堂，居高临下，显得宏伟壮丽。南面山谷中有加莱特建造的古罗马桥（见图12-37）。

6. 斯托海德风景园

斯托海德位于威尔特郡，在索尔斯伯里平原的西南角。亨利一世买下了这里的地产，于1724年建造了府邸，1793年又在府邸两侧增建了建筑两翼。亨利二世首先将流经园址的斯托尔河截流，在园内形成一连串三角形湖泊（见图12-39）。

图 12-32 霍华德庄园全景

图 12-33 巴洛克式风格建筑

图 12-34 霍华德庄园风景

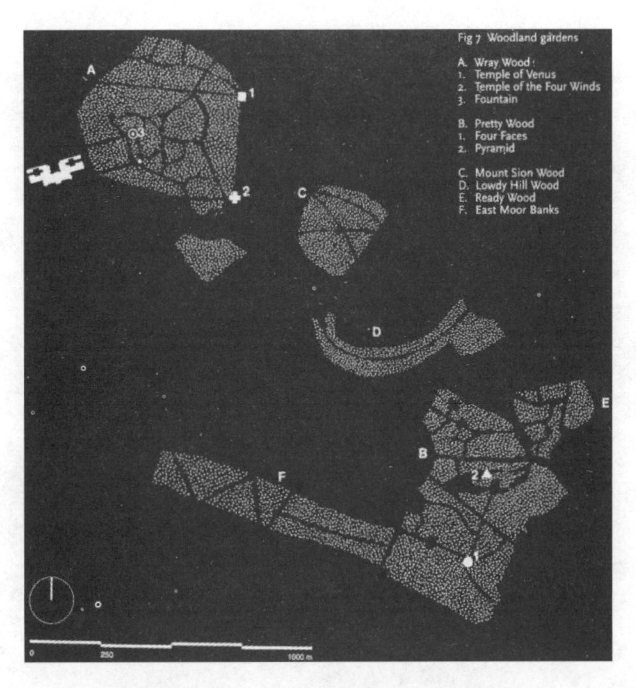

图 12-35 霍华德庄园带状小树林平面图

图 12-36 帕拉第奥建筑样式

图 12-37 古罗马桥

图 12-38 阿特拉斯喷泉

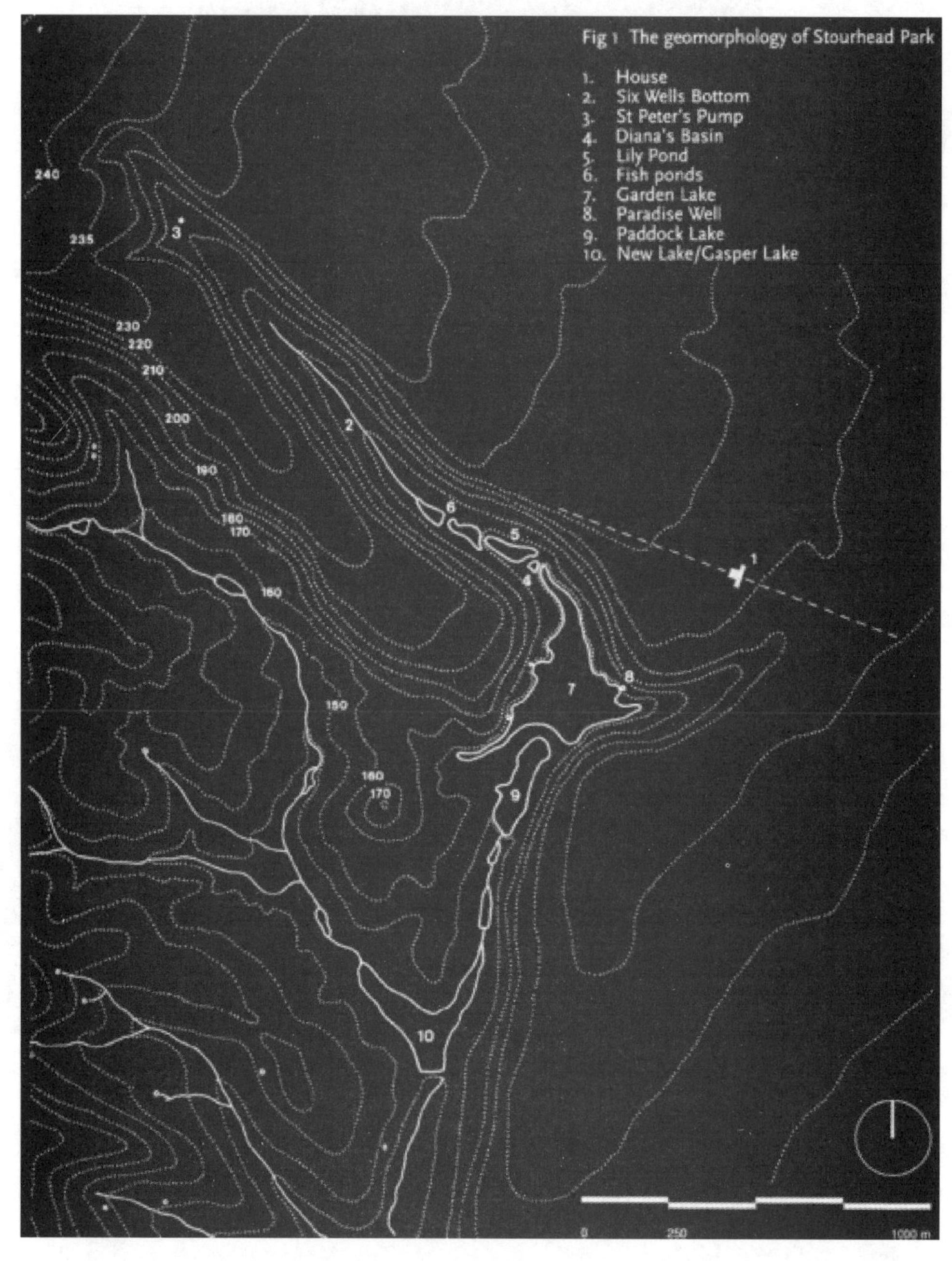

图 12-39 斯托海德园三角形湖泊

斯托海德园沿湖园路与水面若即若离，或穿过假山洞府。沿线设置了大量的庙宇等建筑物，每座都铭刻着古罗马诗人维吉尔的史诗《埃耐伊德》中的一句名言，作为景点题名。从府邸前的园路向西北行，可见以密林为背景的花神庙。四周种植着大量的各色杜鹃，花开时节，分外妖娆。在英国风景式园林中，先贤祠是最常见的景观建筑物，以此作为体现古罗马精神的象征。园内湖边处下可进入有山洞，出山洞经帕拉第奥式石桥，从另一角度欣赏西岸的先贤祠、哥特式村舍及岩洞，风光无限，别有一番情趣。园中以后引种黎巴嫩雪松、意大利丝杉、杜松、水松、落叶松，形成以针叶树为主的景观。亨利 · 霍尔二世又引进了南洋杉、红松、铁杉等，亨利 · 胡奇的独生子在第一次世界大战中阵亡，1946 年他将斯托海德献给全国名胜古迹托管协会(见图 12-40)。此园现已成为对游人开放的著名风景园之一。

(a)

(b)

(c)

图 12-40 斯托海德园实景

7. 尼曼斯花园

造园的首要任务就是改良土壤，种植大树，尽快在园内形成浓密的树荫。由于这里的土壤呈酸性，十分适宜喜酸性植物的生长。最引人入胜的是墙园的设计，中心布置有意大利式大理石水盘，环以四座巨型紫杉植物造型，突出墙园的中心。园内有座15世纪末都铎王朝时代留下来的府邸建筑，第二次世界大战中被战火烧毁，现在作为遗址保存下来（见图12-41）。

(a)

(b)

(c)

图12-41　尼曼斯花园实景

尼曼斯花园反映了英国19世纪造园的典型特征:构图上将规则式花园与自然风景式园林相结合,带有折中主义色彩;园内植物品种十分丰富,植物配置得当,景观层次分明,花木色彩艳丽,养护管理精细。尼曼斯花园不仅是植物学家和园艺爱好者喜爱的研究场所,也是深受游客喜爱、富有诗情画意的风景园。

12.6 英国城市公园

12.6.1 十九世纪欧洲概况

列宁曾说:整个19世纪是一个创造文明和文化的伟大时代,并且是在法国大革命的旗帜下前进的。

1789年7月14日,法国革命军占领巴士底狱。8月26日,议会通过人权与公民权宣言。

1792年9月22日,议会宣布推翻君主制,法兰西第一共和国建立。由于左右两派势力相互抗衡,法国局势动荡不安。普、奥、西等君主国借机入侵,英国在1793年加入了对法国的侵略。

1799年12月,拿破仑·波拿巴发动了雾月政变,建立了执政政府,自任第一执政。

1804年,拿破仑称帝,法兰西第一帝国建立。随后,拿破仑发动了对西、俄的侵略战争。

在1812年的莫斯科战争中,拿破仑遭到惨败,引起了普、奥等国的民族战争。

在1813年的东欧民族解放战争中,法军失败,拿破仑被软禁于地中海的厄尔巴岛。

1814年4月,波旁王朝复辟,路易十八登基。次年3月,拿破仑逃离厄尔巴岛,20日攻进巴黎重新登上皇位。

英、俄、普等国组成反法联盟围攻巴黎,拿破仑亲率12万大军迎战并获胜。在6月18日比利时滑铁卢大决战中,拿破仑一败涂地,22日被迫再次退位。拿破仑的第二次执政史称百日王朝。

1815年,英、普、奥等国召开维也纳会议,法国疆域重回1790年尚未扩张时。英国占领了法国和荷兰的一些殖民地,将比利时划给荷兰作为补偿。奥地利的疆土更加广大,许多民族为其奴役,1815年至1848年间各国人民纷纷进行革命起义。

1830年法国发生了旨在推翻波旁王朝,恢复共和国的七月革命。由于资产阶级向旧势力妥协,奥尔良王朝的路易菲力浦上台,建立了七月王朝。

1815年起,工业革命的浪潮在欧洲蔓延。1825年,欧洲爆发了第一次经济危机,工人运动在法、英、德等国蓬勃发展。1848年1月,马克思发表了《共产党宣言》,指导工人运动。

1848年2月,法国发生了二月革命,拿破仑的侄子路易·波拿巴当选为第二共和国总统。

1851年12月2日,路易·波拿巴发动政变,次年2月宣布成立法兰西第二帝国,称号拿破仑三世。

19世纪下半叶,工业革命在欧洲各国迅速发展。德国处于分裂状态,不利于资本主义发展,首相俾斯麦实行铁血政策,从丹麦手中夺回被占领的两个省,随后又取得对奥、法战争的胜利,为德意志帝国的建立奠定了基础。

1870年9月2日,法国在普法战争中失败,拿破仑三世在色当向普投降。两天后巴黎人民起义要求推翻第二帝国,建立共和国。1871年3月18日,巴黎公社成立。但在临时政府军镇压下,巴黎公社在5月21日宣告失败。

1872年到1905年间,欧洲进入和平发展阶段,欧洲科学技术发明创造辈出,生产力得到不断提高。当资本主义发展到帝国主义阶段,帝国主义国家之间的矛盾日益尖锐,战争频频爆发。德国等新兴帝国主义国家的崛起,导致与老牌帝国主义国家争夺殖民地的斗争愈演愈烈,1914年第一次世界大战爆发。

12.6.2 十九世纪新艺术运动

启蒙运动是继文艺复兴之后的第二次思想解放运动,它打破了传统观念和权威迷信,使人的思想获得解放,个性得到尊重,促进了科技的发展和社会的进步。在文化艺术方面标志着一个富有开拓、创新和实验精神的新时代的来临。

艺术家感受到前所未有的无拘无束，传统的艺术观念得到更新和改变。过去人们很少关注艺术的风格问题，现在艺术家有意识地追求各种风格，形成流派纷呈的局面。古典艺术的内容和题材局限于宗教、神话和风俗、肖像等，新艺术运动的艺术家开始将能够激发想象或引起兴趣的事物作为创作对象。

自然科学的进步深化了人们对光与色的研究。中国、日本等东方艺术的引入，使新的视觉语言和艺术审美得到人们重视。

19 世纪以法国为中心的欧洲艺术运动，成为继古希腊和意大利文艺复兴之后，欧洲艺术发展的第三个高峰。

这个新时代来临的标志，就是新艺术运动的出现。

12.6.3 英国城市公园

英国工业革命在 19 世纪 30 至 40 年代基本完成。当时除以伦敦为中心的东南部经济发达区外，还出现了曼彻斯特、伯明翰、利物浦等新型工业中心。

由于工人阶层住房拥挤局促，缺乏卫生设施，环境脏乱不堪，极易导致疾病传播。1818 年前后，有 6 万余人死于霍乱，1831 年，霍乱又在英国的多个城市肆虐，3 万多人失去生命。

城市环境的恶化不仅威胁资本主义的发展，而且危及资产阶级的安全，进行社会改革的呼声日益高涨。1835 年，英国议会通过了私人法令，允许在大多数纳税人要求建公共园林的城镇，动用税收兴建城市公园。

维多利亚时代是英国历史上的全盛时期，城市公园建设出现热潮。1844 年，利物浦的伯肯海德公园成为私人法令颁布后兴建的第一座公园，也是世界上第一座真正意义上的城市公园。

12.6.4 英国城市园林代表

1. 伯肯海德公园

伯肯海德公园是世界造园史上第一座真正意义上的城市公园，是因为这座公园是由政府出资建造，而非之前出现过的由私人出资建造并对公众开放的公园。在当今休闲意识全面萌发的社会中，任何一个完整的城市体系都绝不会缺少一系列公共设施。很难想象我们的生活中没有公园、电影院、体育场、购物中心等，但是在 160 多年前，所有的城镇恰处在这种困境当中。在城市中建造公园，将“失去”的田园还给城市这样一个理念在当时着实是一次革命性的举措。伯肯海德公园的生命力多年来只增不减，实为城市公园中的经典之作。

伯肯海德公园位于利物浦市伯肯海德区面积，占地面积约 50 公顷(见图 12-42)，其设计师是约瑟夫·帕克斯顿。

利物浦市伯肯海德区，1820 年城区人口仅为 100 人，几年后发展为 2500 人，1841 年猛增至 8000 人。1841 年，利物浦市议员豪姆斯率先提出了建造公共园林的观点。两年后，市政府动用税收收购了一块面积为 74.9 公顷的不适合耕作的荒地，用以建造一座向公众开放的城市园林，计划以基础中部的 50.6 公顷土地用于公园建设，周边的 24.3 公顷土地用于私人住宅的开发。

出人意料的是，公园所产生的吸引力使周边土地获得了高额的地价增益。周边 24.3 公顷土地的出让收益，超过了整个公园建设的费用及购买整块土地的费用之总和。以改善城市环境、提高福利为初衷的伯肯海德公园的建设，取得了经济上的成功(见图 12-43)。

1843 年，议会通过第二发展法案——授权买地建园；1843 年 7 月，风景园林师约瑟夫·帕克斯顿提出总体方案；1843 年 11 月，帕克斯顿的整体设计和其助手罗伯逊的意向图获得了官方的一致认可；1844 年秋，帕克斯顿提交了一份新的设想——将整个公园外围分为 32 个部分，每一块土地可以以个人名义购买和使用；从 1844 年 11 月到 1845 年 3 月这段时间里，建设方投入了大量的金钱用于种植乔木、灌木和地被；1845 年的春天，种植工作全部结束；1846 年秋天，公园包括建筑与主入口的建造，车道与步道的铺设，还有植物的种植都告一段落，伯肯海德公园终于正式完工。1847 年 4 月 5 日，伯肯海德公园正式开放(见图 12-44)。

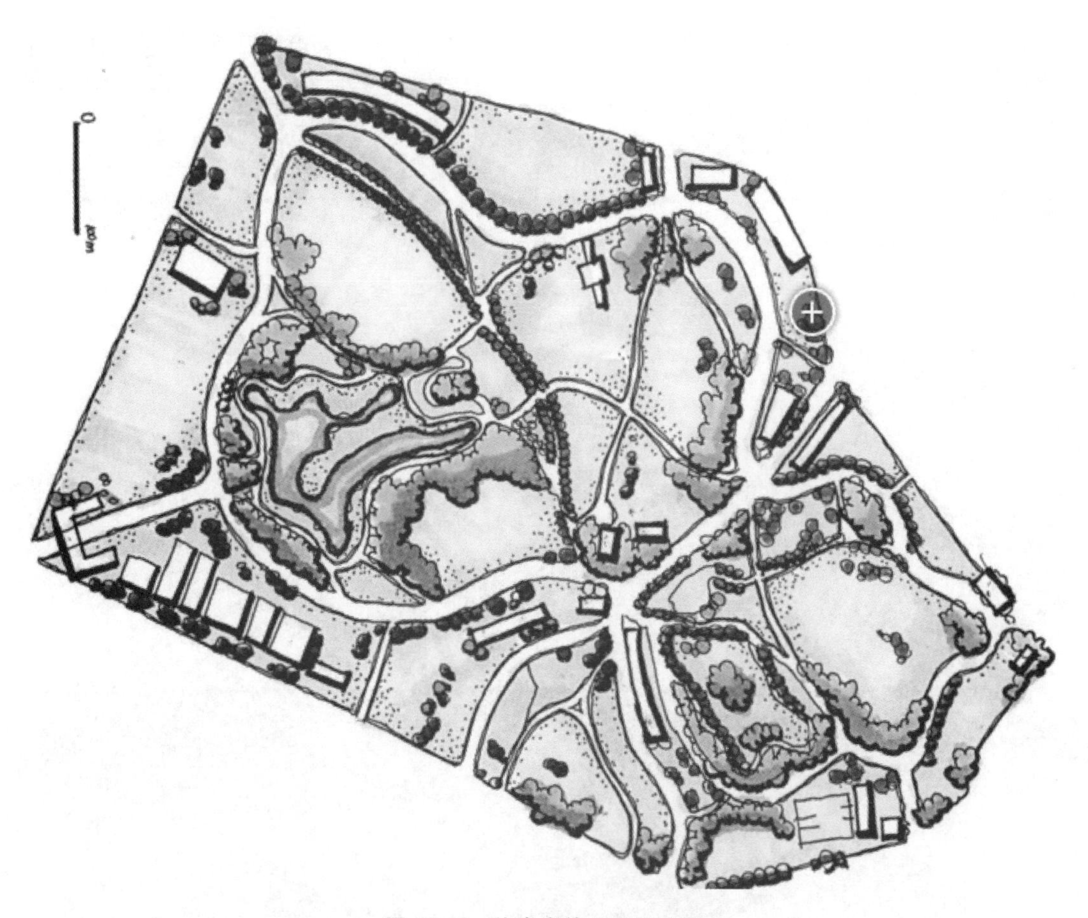

图 12-42 伯肯海德公园平面图

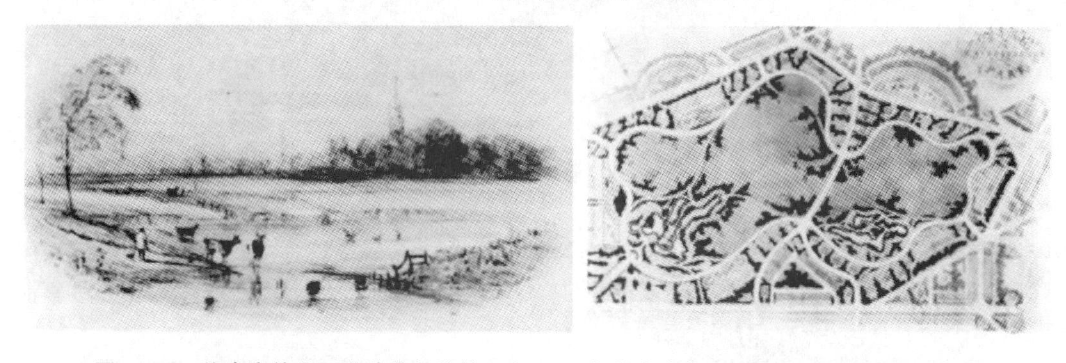

图 12-43 伯肯海德公园建造前场地情况和 1944 年伯肯海德公园及外围地块设计平面图

图 12-44 伯肯海德公园开放日人们从大门涌入公园和公园湖岸边举行开园庆典时场景

伯肯海德公园在 1977 年被英国政府确立为历史保护区,至 2009 年又进行了伯肯海德公园保护区的评估和管理规划。公园保护区长约 1.4 千米,宽约 0.8 千米;其边界几乎完全沿用了原公园方案的范围,即公园北、东、南、西路的内沿所围绕的范围。

在进行评估和管理规划时将公园保护区的土地分为 3 种类型:公共园林用地,公园设施用地及运动场地和居住用地。其中 2/3 的土地是公共园林部分及最初确定为公园的用地;其余的土地中一部分是公园设施用地及运动场地,以开放空间为主,园林化程度和质量不如公园,内容有体育设施,医疗中心,日间护理中心和社交俱乐部等;还有一部分是居住用地,包含房屋、公寓、老人住宅和学校等,公共用地的比重较小(见图 12-45)。

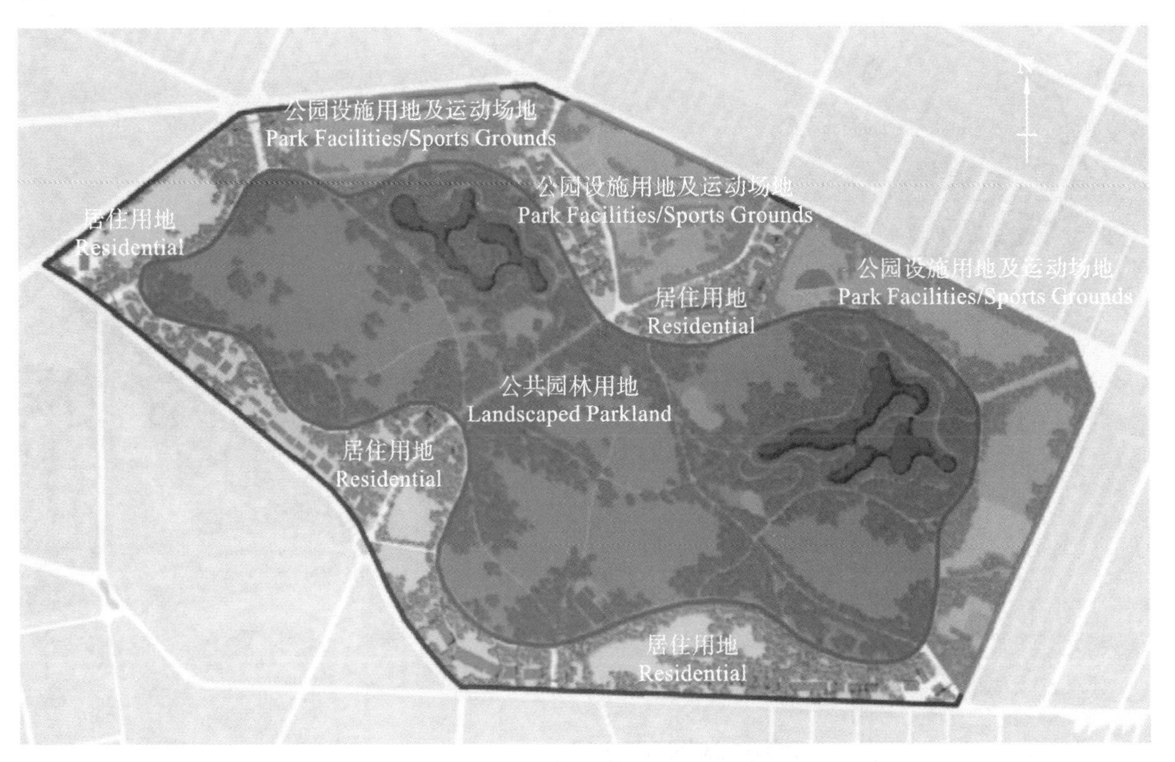

图 12-45 伯肯海德公园保护区土地类型示意图

公园内各类型空间均被合理利用,尤其是几处较大型的开敞疏林草地,广受欢迎;它不仅为当地居民提供了板球、橄榄球、曲棍球、射箭和草地保龄球等运动的场地,还提供了地方集会、户外展览、军事训练、学校活动及举办各种庆典活动的场所(见图 12-46)。

各种功能建筑和构筑物分散于全园,成为游览过程中一个又一个精彩的节点。同时,园内建筑物的风格以木构简屋为主,基本采用地方材料,充分践行了环保的理念,与公园带给人们的改善环境的理念相辅相成。

这种城市公园的建造和开发模式在今天听起来是这么的熟悉,没错,正是伯肯海德公园创造性的开发模式取得了成功,为后来的城市开发建设提供了新的模式。在它之后世界各地在建造城市公园时纷纷效仿,成功的案例数不胜数,包括著名的纽约中央公园。

2. 海德公园

海德公园占地 160 万平方米,是英国伦敦最知名的公园之一,设计师是伯顿。18 世纪前这里是英国国王的狩鹿场,位于伦敦市中心泰晤士河的西北侧,以海德公园为中心,形成了一个庞大的城市公园群。它的北面是伦敦最具文化气息的摄政公园,以及伦敦动物园;海德公园的西面是肯辛顿园,东面有圣 · 詹姆斯园和绿园。这些昔日的皇家园林,构成今日城市中一道亮丽的风景线。

图 12-46　伯肯海德公园现状平面图

1066 年以前，这里是威斯敏斯特教堂的一个大庄园；16 世纪上半叶，亨利八世将这里作为狩猎场的一部分；18 世纪末，这里同市区连成一片，被辟为公园；19 世纪以来，伦敦市区扩展，原在伦敦西郊的海德公园逐渐成为市中心区域，成为游人喜爱的一个地方。

罗琳王后将威斯布恩河截流，在园中形成蛇形湖，是英国最早开挖的曲线人工湖之一，开创了英国风景园林的新时尚，很快即成为全国各地园林的模仿对象(见图 12-47)。

图 12-47　海德公园全景

在海德公园中央有耗资 300 万英镑的戴安娜王妃纪念喷泉。为了反映戴安娜王妃不同的生活层面，西边斜坡赏的喷泉水流较缓，而东边喷泉水流则跳跃奔腾。两条水渠里的水最后汇集到一个平静的池塘中。游客可近距离接触该喷泉(见图 12-48)。

图 12-48　海德公园内喷泉

海德公园有大量的世界各地的古树名木、奇花异草，形成了独具魅力的自然环境，是游客游览休息的首选之地。皇家气派和自然气息共存。在这里，游客还可以看到许多小动物自由自在地享受自然的安宁。

海德公园内主要建筑有圣保罗大教堂，1666 年一场大火将原有的一座哥特式大教堂毁于一旦。现存建筑是英国设计大师和建筑家克托弗雷恩爵士营建的。工程从 1675 年开始，直到 1710 年才宣告完工，共花费了 75 万英镑。为了这一伟大的建筑艺术杰作，雷恩整整花了 45 年的心血(见图 12-49)。

图 12-49　圣保罗大教堂

3. 肯辛顿公园

肯辛顿公园位于伦敦中心地带，面积约 105 公顷，与海德公园隔湖相望，后来开始对公众开放。肯辛顿宫位于肯辛顿花园内部，威廉三世买下了这里，是第一个入住的皇室。维多利亚女王在这里出生，童年也是在肯辛顿宫度过的。最有名的住客大概是戴安娜王妃，她生前和她的儿子威廉王子、哈里王子住在这里。1996 年和查尔斯王子离婚后，仍以威尔士王妃的身份居住于此。现在肯辛顿宫的主人是剑桥公爵和公爵夫人，也就是威廉王子和凯特王妃(见图 12-50)。园中新建了两座夏宫，其中的女王圣殿保存至今，维多利亚女王在园中兴建了意大利园。

(a)

(b)

(c)

图 12-50　肯辛顿公园实景

4. 塞弗顿公园

塞弗顿公园位于利物浦南郊，面积约 80 公顷，是英国政府兴建的规模最大的城市公园（见图 12-51）。1867 年市政府收购了 156.6 公顷土地，利用周边土地开发独立式住宅和公寓，当中建设一座新公园，并组织了公园设计招标。法国人安德烈的方案中选，他以第二帝国园林风格设计了这座折中式风景园（见图 12-52）。

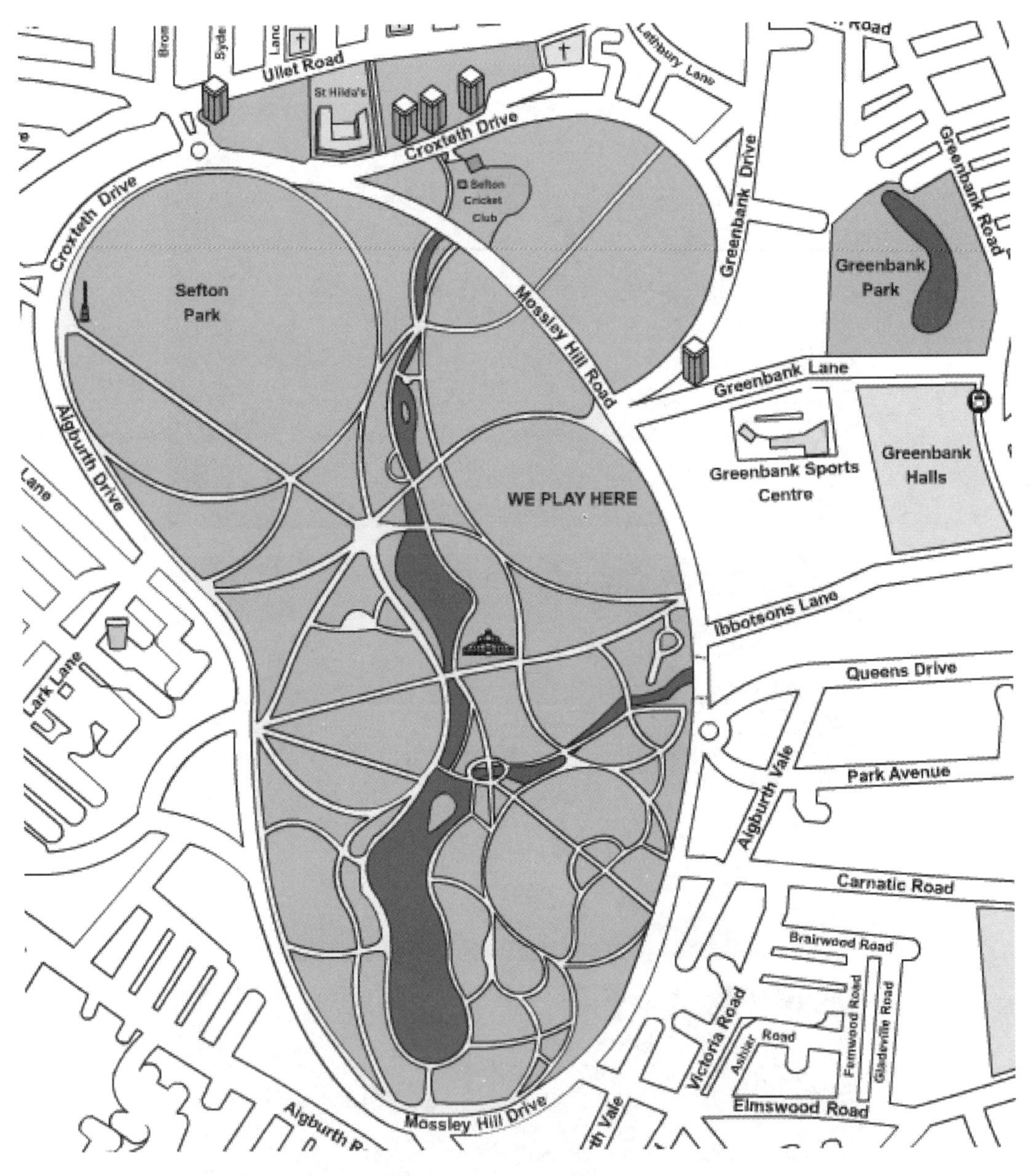

图 12-51　塞弗顿公园平面图

5. 英国皇家植物园

英国皇家植物园简称“邱园”，位于伦敦市西南部的泰晤士河上游。邱园是世界上最知名的植物园之一，是第 2 个被列为世界文化遗产的植物园，它不仅有悠久的历史、古老的建筑、优美的景观，还拥有丰富的植物。在长期的发展过程中，邱园将景观的艺术性与科学性相结合，形成了各专类园区。它布置合理，植物种类丰富多样，建筑风格新颖独特，道路交通方便快捷，具有游览服务周到完善的体系（见图 12-53）。

图 12-52 塞弗顿公园实景

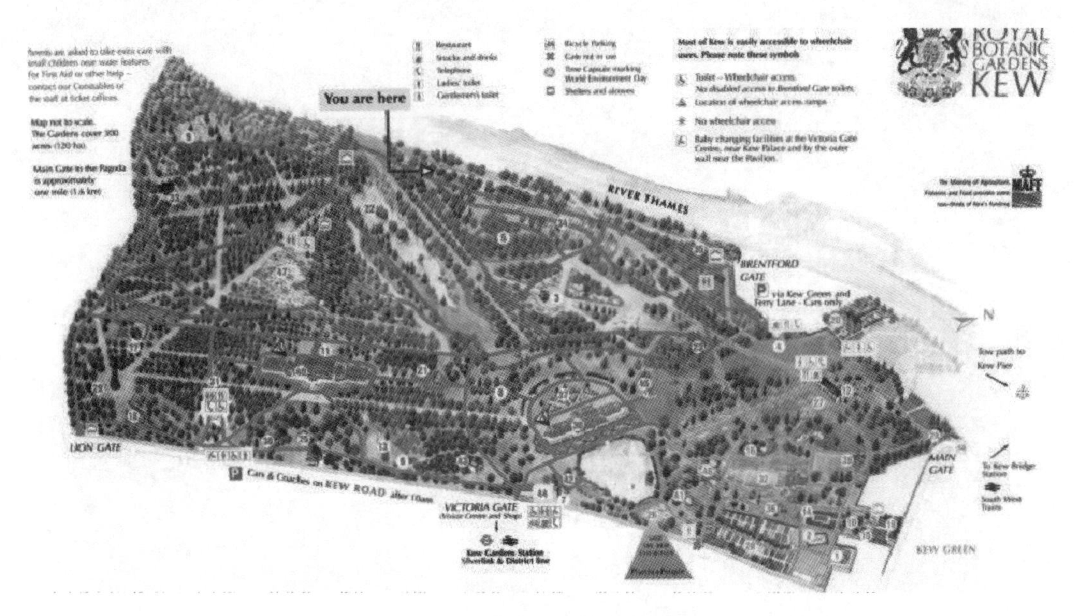

图 12-53 英国皇家植物园平面图

邱园有着 250 年的历史,是世界上历史最为悠久的植物园之一。1759 年,奥古斯塔王妃在艾顿的建议下,在伦敦泰晤士河南岸建立了一个面积为 3.5 公顷的花园,其中 2.5 公顷为树木园,其余为药草园,进行植物的收集工作,形成邱园的最早雏形。为了丰富植物种类,还建造了长 35 米、高 6 米的温室,收集外来植物,至 1768 年就收集 3400 种。在此期间,由建筑师钱伯斯设计的 50 米高的砖塔(于 1762 年建成)成为邱园的一大亮点,该塔塔身为八角形,10 层,仿中国传统塔的形式而建,是当时的标志性建筑之一。

乔治三世于 1775 年继承了邱园的房地产,并将其在瑞奇曼的房地产合为一体。他在班克斯的建议下继续引进各种植物,尤其是具有经济价值的植物,如咖啡、烟草、茶叶、药草、调料植物等。1840 年,维多利亚女王将这块皇家房地产移交给了英国政府,被正式命名为皇家植物园,并向公众开放,威廉 · 胡克爵士担任第一任园长。其担任园长期间,建成了标本馆、图书馆和博物馆,并由奈斯菲尔德对全园进行了规划,设计了赛恩透景线、中国塔透景线、雪松透景线、布罗德路和冬青路等路线,形成邱园的基本框架和疏林草地式的园林景观。此时树木园扩大到 72 公顷，栽植树木近 3000 种。在威廉·胡克的儿子约瑟夫·胡克任第二任园长期间，相继建成棕榈温室(1848 年)、乔杰实验室(1876 年)和温带温室(1899 年)。1898 年，维多利亚女王将夏洛特别墅的房地产也捐献给了邱园，使邱园的面积增加到现有的 120 公顷。

1987 年，威尔士王妃温室建成开放；1990 年，约瑟夫·班克斯经济植物中心建成；2006 年，戴维斯高山植物馆的建成，还有柑橘温室等古建筑的修复和历史景观的重现等，使邱园在景观建设、历史风貌恢复、植物收集、研究保护等方面又迈进了一大步。目前邱园已收集了 3 万余种活植物，成为世界生物多样性保护和研究的重要机构之一。

邱园自建园起就一直注重合理规划，在发展历程中面积不断扩大，专类园和温室建筑不断发展，道路游览系统不断完善，服务设施不断提高，科研水平不断创新，铸就了其在世界植物园的领先地位。

13 伊斯兰园林

13.1 伊斯兰园林概况

伊斯兰园林是多元文化融合的表达，其发展受多种要素的影响。在伊斯兰园林史上，军事战争、宗教信仰、统治阶级、民族文化、自然气候和地理条件是推动其发展和优化其品质的重要因素。伊斯兰园林可以说是世界园林史上最沉静内敛的园林，它以其独有的气质展现着伊斯兰的艺术文化。根据功能性质划分，可将伊斯兰园林分为宫廷庭院、游乐园、陵园、清真寺庭院和猎园。受伊斯兰宗教的影响，多数伊斯兰园林类型（如宫廷庭院、游乐园和陵园）展现出典型的"天堂园"形式。

1. 宫廷庭院

作为国家的统治者，其居住场所是国家形象的展示，也是文化技艺的集中体现。早期宫廷被设计成有屋顶遮挡的室内空间和露天空间相结合的综合体。大型的宫廷会有不同规模的内庭，而内庭的形状可为方形、长方形，有时也会是不规则形。一些年代晚些的伊斯兰庭院被设计成用水渠构成的四分图案，环绕庭院建有遮阴作用的连续拱廊。

案例：波斯四十柱宫、西班牙阿尔汗布拉宫、西班牙格内拉里弗花园、印度红堡。

2. 游乐园

游乐园的布局是伊斯兰园林中具有典型"天堂园"形式的园林类别。游乐园是统治阶级在城内或城外景致优胜的地方建造的消暑纳凉的场所。克什米尔溪谷位于喜马拉雅山脉中，其气候宜人、温度恒定、土壤肥沃、风景迷人，四周雪山是游乐园用水的来源，同时雪山的地理优势还可抵御季风的来袭。印度莫卧儿时期的贾汉杰大帝与其爱妃每年移居克什米尔消暑纳凉，此后克什米尔成为著名的历代国王避暑的别墅区，并在此地建有尼夏特园、夏利玛园、阿奇巴尔园、维里那格园等。

案例：印度克什米尔夏利玛园、印度拉合尔夏利玛园、印度尼夏特园、波斯四庭园、波斯费因园。

3. 陵园

陵园被寓意为进入天堂的入口，莫卧儿时期建在平原上的陵园通常按照《古兰经》中"天园"的描写，以其样式在国王生前进行建造，当国王去世后，陵园就是天国和人间彼此连接的入口。陵园多以规模宏大为主旨，布局以十字水渠和四分园为要领，塑造宏伟的氛围。

案例：印度胡马雍陵园、阿克巴陵园、泰姬陵。

4. 清真寺庭院

"清真寺"指供伊斯兰教信仰者穆斯林做礼拜的场所，包括有屋顶覆盖的和露天的部分。清真寺还拥有教育、社会、政治甚至军事等其他方面的公共功能。为祷告前洗礼仪式提供水源的通常是室外庭院中的一处装饰性喷泉，同时也可以为没有私人水源的城镇居民供水。庭院中偶尔会有绿化种植。经学院通常和清真寺相连接，并拥有花园庭院。大型清真寺庭院设计接近于"天堂园"形式。

5. 猎园

根据艺术起源的相关研究，人们总是对过往的生活产生怀念之感，会以一种娱乐的心情模仿以前的生活方式，这就是东西方古代统治者都偏好游猎的原因。早期的伊斯兰国王们大都喜爱狩猎及搜集珍奇植物，适合修建猎园的环境是地形地貌变化丰富的树林。

13.2　波斯伊斯兰园林

13.2.1　波斯伊斯兰园林自然条件

波斯地处高原，四周大山环绕，高原内陆地区，气候炎热干燥，降雨量非常少，干热季节可持续 7 个月，从而使得高原 2/3 的面积几乎都是荒漠，只有北部里海沿岸狭长地带和地处美索不达米亚平原的地域是雨水丰沛的绿地。山区夏季雨量充沛，冬季也有较大的降雪量。高原上缺少大河，这些水源都渗入地下，形成丰沛的地下水资源。

13.2.2　波斯伊斯兰园林艺术

波斯伊斯兰园林除了受埃及和西亚园林的影响，还受到《旧约》律法书中《创世纪》内容的影响。波斯伊斯兰园林特点如下。①总体布局：十字形水道把整个庭院划分成四个中轴对称的空间。正如《旧约》所述，伊甸园分出的四条河，水从中央水池分四叉从四面分出。树木整齐排列，花坛规则摆放。②构成要素：围墙、水道、植物、花坛。③植物：高大的果树和香花。波斯伊斯兰园林是人们对天堂的向往在现实世界的反映，同时也是可以提供生活物资的种植园。

13.2.3　波斯伊斯兰主要城市

1. 麦地那

阿拉伯四大哈里发时期首都：麦地那。伊斯兰城市源起于叶斯里布城。公元 622 年，穆罕默德率圣门弟子迁徙至此并建立了第一座伊斯兰城市——麦地那。他在这里建立清真寺，成为城市的中心，又将分隔的居民区联成一片，让迁士和辅士混居一起，增强居民的凝聚力。此外，他还建立了广场，供节日聚礼之用；在空旷的场院建立了市场，商人可在此搭帐篷售货；在城中建立多个客栈，方便各部落的代表团前来和谈结盟，从而皈依伊斯兰教；在城北的郊区按照部落的划分建立了数座兵营，以防麦地那城受到攻击。由此，一座以清真寺为中心，街道呈辐辏状分布，具备市场、客栈、防御工事的伊斯兰城市建成了。

2. 伊斯法罕

伊斯法罕位于扎颜达河的北岸，此河是伊朗地区内唯一的大河。16 世纪的萨非王朝最大的国王阿拔斯一世移居到了伊斯法罕(今伊朗中部)，并对城市进行了重点的改造，对城市的形态进行了调整，并进行了园林中心区的建设。伊斯法罕的城市绿地建设代表了波斯伊斯兰园林的特征，其庭园以及林荫道具有布局规整的理水和规则整齐的花坛，建筑为拱券结构，装饰有植物、几何纹饰的图案，并将水引入建筑之中。

伊斯法罕(见图 13-1)的整体布局形式是规则的。园林中心区的东部有一个长方形广场——伊玛目广场，周围环绕两层柱廊。底层是为市场使用的仓库，上层有供观看广场节目活动和比赛的座位。广场的西面有一条笔直的四庭园大道。此大道是城市的主轴线，联系着四个庭园，所以称“四庭园大道”，道路总长超过了 3 千米，是种植悬铃木的林荫大道，中间设计有水渠和各种形状的水池。

伊玛目广场是现今世界上第二大广场，长 560 米，宽 160 米，四周建有四座宏伟壮观的伊斯兰古建筑，而四座建筑之间有双层拱券走廊连接串通，使得伊玛目广场展现出宏大的气魄。国王在新建成的伊玛目广场

图 13-1　伊斯法罕城鸟瞰

举行宏大的宫廷仪式与节庆盛典，广场上至今还保留着当时马球比赛用的球门石杆。当时，国王立于广场西侧的阿里卡普宫高台之上，台下广场礼乐阵阵，人群欢舞，萨非王朝的盛况由此可见一斑。

13.2.4　波斯伊斯兰园林类型

波斯伊斯兰园林类型主要为清真寺与宫廷花园。

1. 清真寺

1）麦加大清真寺

清真寺的阿拉伯语音叫“麦斯吉德”，意思是礼拜的场所。早期穆斯林的礼拜场所都十分简陋狭小，伊斯兰教发展后，清真寺才越建越大、越高、越豪华，也越美观。麦加大清真寺、麦地那先知寺和阿克萨清真寺是伊斯兰教的三大圣寺，是穆斯林心中最神圣所在地。麦加大清真寺是伊斯兰教的第一大圣寺，坐落于沙特阿拉伯境内山峦环抱的谷底——麦加城中心，其规模十分宏伟，总面积达到 18 万平方米，可同时容纳 50 万穆斯林进行礼拜。由于该寺区域内禁止非穆斯林入内，还禁止狩猎、杀生、斗殴等行为，故又称禁寺。禁寺的整个建筑、墙壁、圆顶、台阶、通道都是用洁白的大理石和雪花石铺砌，骄阳之下光彩夺目，气势磅礴，入夜之后，千百盏水银灯把禁寺照耀得如同白昼，显得格外庄严、肃穆。整个麦加大清真寺在设计上格局严谨，规模宏大，最上面露天的部分有 3 个金色的大圆顶，四周是长形的拱廊建筑，寺外有精雕细琢的 7 座宣礼塔，环绕一周的围墙将这些门和尖塔连接起来。这 7 座宣礼塔环绕着圣寺，象征着一周的天数，巍峨高耸，是典型的伊斯兰风格。在圣寺中心偏南方向，有一座巍峨的克尔白圣殿，“克尔白”的意思是“方形的房屋”，当地人也把它称作“天房”。圣殿采用三根大木柱支撑房顶，殿内没有更多的陈设，只有许许多多吊灯和题词。圣殿外部终年用黑色的丝绸帷幔蒙罩，帷幔中腰和门帘上有金银线绣制的伊斯兰经文，帷幔每年更换一次，这一传统已绵延 1300 多年。圣殿外东南角一米半高处的墙上，用银框镶嵌着一块玄石，呈褐色，穆斯林视之为神物，当一批批的朝觐者按逆时针方向绕过圣殿时都争先与玄石亲吻或举双手以示敬意。

2）麦地那先知寺

麦地那先知寺是伊斯兰教的第二大圣寺，坐落在沙特阿拉伯的麦地那。这座清真寺是先知穆罕默德在公元622年始创，是伊斯兰教最早建造的一座清真寺。早期的清真寺建筑极为简陋，是用泥巴、干草和树枝建成，之后通过历朝历代的不断改建形成了现在的规模。扩建后的圣寺约1.6万平方米，寺殿和过廊由232根圆柱和474根方柱以及拱门结构连接在一起，寺内有5道门和5座宣礼塔。豪华宽大的礼拜殿内，有精致的凹壁和十二层宣讲台阶，全由大理石砌成。在圣殿的顶部，每隔3米就有一处水晶玻璃吊灯，使整个内部空间通透而明亮。由于麦地那先知寺是先知穆罕默德所建，所以备受人们尊崇，麦地那由于拥有这座伊斯兰教最早的清真寺而成为伊斯兰世界的第二大圣城。

3）阿克萨清真寺

阿克萨清真寺（见图13-2）位于以色列的耶路撒冷，它并不是单指一座清真寺，而是一个庞大的建筑群，包含了朝向清真寺和金色岩石圆顶清真寺。在阿拉伯语中“阿克萨”意为“极远”之意，所以阿克萨清真寺又称“远寺”。远寺主体建筑高88米，宽35米，在公元11世纪初增建了具有伊斯兰特色的大圆顶，圆顶高高矗立于蓝天碧空之中，在耶城的骄阳下熠熠生辉，显得庄严辉煌，象征穆罕默德从天空为人类带来光明。虽然这座纪念性清真寺规模不大，但精致严谨，造型美观。主体外墙面和圆顶墙面用各色彩砖贴成抽象花纹图案，最高处瓷砖面上的横字为《古兰经》中的一段，是穆圣神奇夜游七重天的情景。阿克萨清真寺被西方历史学家认为是“地球上最豪华最优美的建筑物和历史遗产之一”。

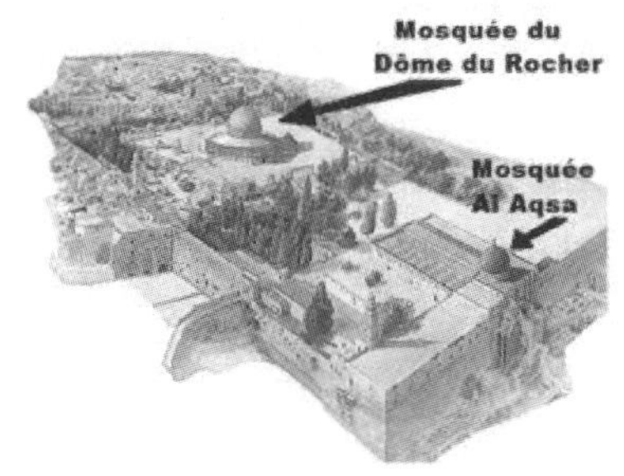

图13-2　阿克萨清真寺

2. 宫廷花园

1）阿什拉弗园

阿什拉弗园是阿拔斯一世时期建于距斯特拉巴特附近的厄尔布尔士山上的田园别墅遗址，由七个完全规则的长方形庭院组成。分为向西倾斜的“泉庭”和向北倾斜的“波斯王之庭”两部分，呈露台状布局。“波斯王之庭”有一个大前庭，10层露台重叠在面积为450米×200米的地面上。宽大的渠道沿着墙从一个露台流向另一个露台，一直流到中心的小瀑布，再穿过第五层露台上的凉亭一泻而下。这层露台上的渠道比其他的渠道宽，并扩大成长方形水池，水池四周有花坛，花坛又被十字形的渠道支流分为4个部分。

2）费因园

费因园（见图13-3）是世人瞩目的波斯规则式庭园最杰出的作品。建于1857年，采用传统庭园地毯式的布局，有渠道、古树、鲜花、凉亭。它是王室庭园的优秀实例，是波斯庭园的缩影，这个作品将波斯庭园最杰出的事物和因素全部展现无遗。庭园之外干旱缺水，但园内却林木扶疏、流水纵横。浓密葱郁的树叶、五彩缤纷的鲜花、蓝色的瓷砖、喷泉等弥补了外部风景的单调。

费因园的平面构图使人联想到波斯的庭园、地毯，两者的组成因素全都表现出一种相似的关系。渠道纵贯每条大道的中央，这些渠道在宽阔而低矮的露坛处即扩大为水池。水池及渠道的两边用石铺砌，可容两人并排而行。池的大小和形状种类繁多，在露坛之间水呈台阶式瀑布落下。在林荫大道两端设两座凉亭,形成街道的终点。在广场和四庭园大道之间有一片宽大的四方形宫殿区,内有环抱在庭园之中的各式园亭,其中最有名的是名为“四十柱宫”的建筑物。

3) 伊拉姆花园

伊拉姆花园又名天堂花园(见图 13-4),建于设拉子城北,是一个充满了浓郁的人情味的庭园,其中有橘树林、宽广笔直的罗汉松林荫道。纵向的中轴线引导整个花园的趣味,密植的柑橘林保持区域平衡。水池不是圆形,而是方形或八角形,渠道是花园的重要设施。

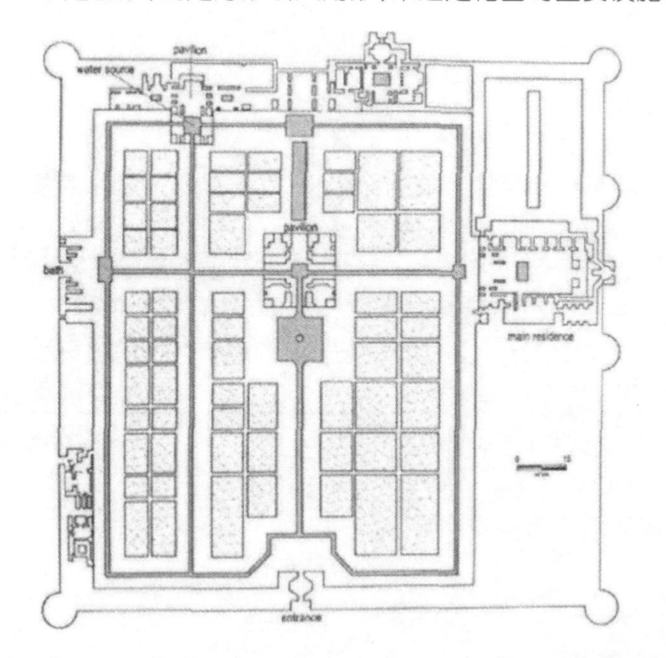

图 13-3　费因园平面图及实拍图

图 13-4　伊拉姆花园(天堂花园)的轴线

13.2.5 波斯伊斯兰园林总结

波斯伊斯兰园林的特征如下。①空间布局：方形庭院，用地规整，十字形道路四等分。②水体运用：水渠、浅水池、涌泉三个水景要素。③植物配置：喜欢使用庭荫树、常绿树和果树行列式种植；喜欢整形绿篱；鲜艳的花卉。④装饰风格：彩色陶瓷马赛克、几何图案是主要装饰材料。

13.3 西班牙伊斯兰园林

13.3.1 西班牙伊斯兰园林自然条件

西班牙地处欧洲西南部的伊比利亚半岛上，隔直布罗陀海峡与非洲摩洛哥相望，其领土还包括地中海中的巴利阿里群岛和大西洋上的加那利群岛等。西班牙境内地理环境复杂，气候多样，各地呈现出的景观面貌有很大的不同，大致可以分为三个不同的气候区。北部和西北部沿海一带，比利牛斯山南麓是与欧洲大部分土地相似的绿色丘陵景观，为海洋性温带气候，全年风调雨顺，植被很好，有“绿色西班牙”的美名。夏天气温不高，清凉爽快。冬天瑞雪纷纷，一片银装素裹，气温较低。受三面海洋气候的影响，东、南加泰罗尼亚地区有来自地中海温暖而潮湿的气流，北部又有大西洋吹来的阵阵季风，为地中海型亚热带气候，日照时间长，夏季炎热，冬季温和，几乎全年无霜冻。其他大部分地区则为中部高原不显著的大陆性气候，干燥少雨，夏热冬冷。春、秋两季相对较长，阳光充足，在伊比利亚半岛正中间位置附近的马德里周围，是梅塞塔高地地带特有的荒凉景象，一望无际的油橄榄和被曝晒成褐红色地表的丘陵构成了当地主要的自然景观。西班牙园林发展概况如图 13-5 所示。

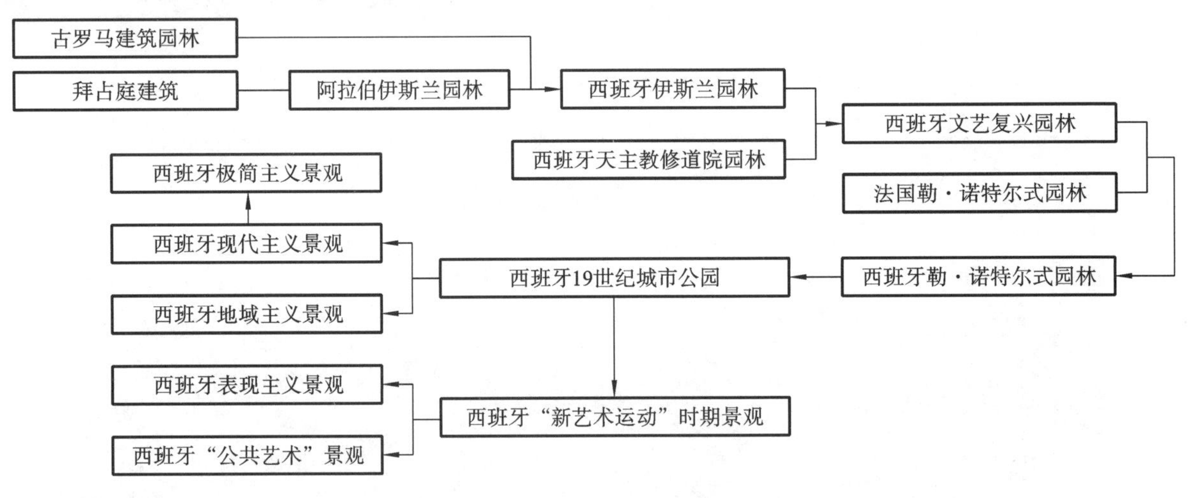

图 13-5 西班牙园林发展概况

13.3.2 伊斯兰统治时期西班牙著名城市

1. 科尔多瓦

科尔多瓦哈里发国(又称西大食、后倭马亚王朝、西班牙埃米尔国、伍麦叶王朝、西萨拉森帝国)的首都为科尔多瓦(见图 13-6)。公元 756 年，大马士革倭马亚王朝的最后继承人阿卜杜勒-拉赫曼在此定都，自称统治者。科尔多瓦的杰作大清真寺是西班牙地区最辉煌的东方文化纪念建筑。10 世纪时，科尔多瓦成为伊斯兰世界最强盛的首都，鼎盛时期清真寺多达 300 所。

图 13-6 科尔多瓦

2. 格拉纳达

那斯里德王朝的首都为格拉纳达(见图 13-7)。摩尔人在公元 711 年第一次占领了格拉纳达,公元 713 年巩固其统治。摩尔人将城市称为伊比拉,并且设为科多巴哈里发省的首府,而其余的基督徒社区则称之为"爱尔维拉(Elvira)"。11 世纪初,科多巴哈里发的内乱使该城市在 1010 年被毁。在随后重建过程中,迦纳塔郊区被并入市内,此城市的现代名字也由此而来。1013 年伴随着兹里德王朝的来临,格拉纳达成为一个独立的苏丹王国。11 世纪末,该城市地盘扩大,跨越达若河直到如今阿尔汗布拉宫所在地。

13.3.3 西班牙伊斯兰园林实例

1. 阿尔汗布拉宫

阿尔汗布拉宫是摩尔人在格拉纳达黄金时代的作品,始建于 13 世纪,建造在格拉纳达的内华达山余脉上。后历经不同时期的分次修筑、扩建才完成宏伟壮丽的宫殿。主要宫殿群是阿尔汗布拉宫的建筑主体,也是表现王朝气势和场面的地方。阿尔汗布拉在阿拉伯语中是"红色"的意思。因其宫墙为红土夯成,并且周围的山丘也是红土,故在阿拉伯语中称为红宫或者红堡(见图 13-8)。占地约 130 公顷,原先是个军事堡垒,12 世纪后被改为皇宫,四周有 3500 米长的红墙包围,内部由建筑围合出一座座庭园,最著名的是桃金娘宫庭园、狮子庭园。阿尔汗布拉宫是伊斯兰建筑、园林艺术在西班牙最具有代表性的作品。

穿过公共入口,是一个长方形小庭园,中央有八角形的下沉式平台。当中有个圆形喷水池,利用圆形池壁将中心涌出的水波反推回去,形成富于变化的水浪。庭园的出口通向著名的桃金娘宫庭园(见图 13-9)。这里是用作朝见大臣的地方,是重要的外交和政治活动中心。南北向院落宽约 33 米,长约 47 米,面积仅有 1550 平方米,四面建筑围合,水渠和涌泉形成主景。一条 7 米宽、45 米长的南北向狭长浅水池纵贯庭园的中

图 13-7 格拉纳达城市鸟瞰

图 13-8 红堡

央，像镜面一样夸大了狭窄的庭园空间，使人感受到简洁、宁静、空灵。两侧各有一道 3 米宽的桃金娘整形绿篱，以一种精神气氛来表达皇家气势。中国古典园林也常采用镜借的手法，如拙政园的香洲、网师园的月到风来亭等，都是用镜面反射的原理来扩展狭小的空间。狮子宫庭园（见图 13-10）是阿尔汗布拉宫中的第二大中庭，是后妃出入的场所，因此装饰奢华而精美。东西向庭园长 29 米、宽 16 米，是仅次于桃金娘宫庭园的第二大庭园。四周以 124 根雕刻精致的大理石圆柱围合成纤丽精巧的柱廊，东西两端凸出成两座方亭。

狮子宫庭园是经典的伊斯兰园林，按照伊斯兰教《古兰经》中对天园的描绘“在天园中最高等级是极乐园，极乐园中有四河涌出，四河之上是真主的宝座”来营建，十字形的水渠象征水、乳、酒、蜜四条河流，中心是 12 头象征力量的狮子拱顶其中央的圆形盘式涌泉（见图 13-11），这是伊斯兰园林中少有的动物形象，也是

图 13-9　桃金娘宫庭园

图 13-10　狮子宫庭园

此宫名称的由来。据传它们在 10—11 世纪就被运到此地，在摩尔人宗教里具有象征祥和、平衡、岁月流转的意义。在宫殿的东部，还有古木和水池相映成趣的花园，一直延伸到坐落在地势较高处的夏宫，可俯瞰阿尔汗布拉宫和格拉纳达城全景。这里花木茂盛，掩映着回廊凉亭，景致优美，大大小小的喷泉、流水，让这个皇家园林充满了生命色彩和冥想的意味，是历代摩尔人国王避暑消夏之处(见图 13-12)。

图 13-11 狮子圆形盘式涌泉

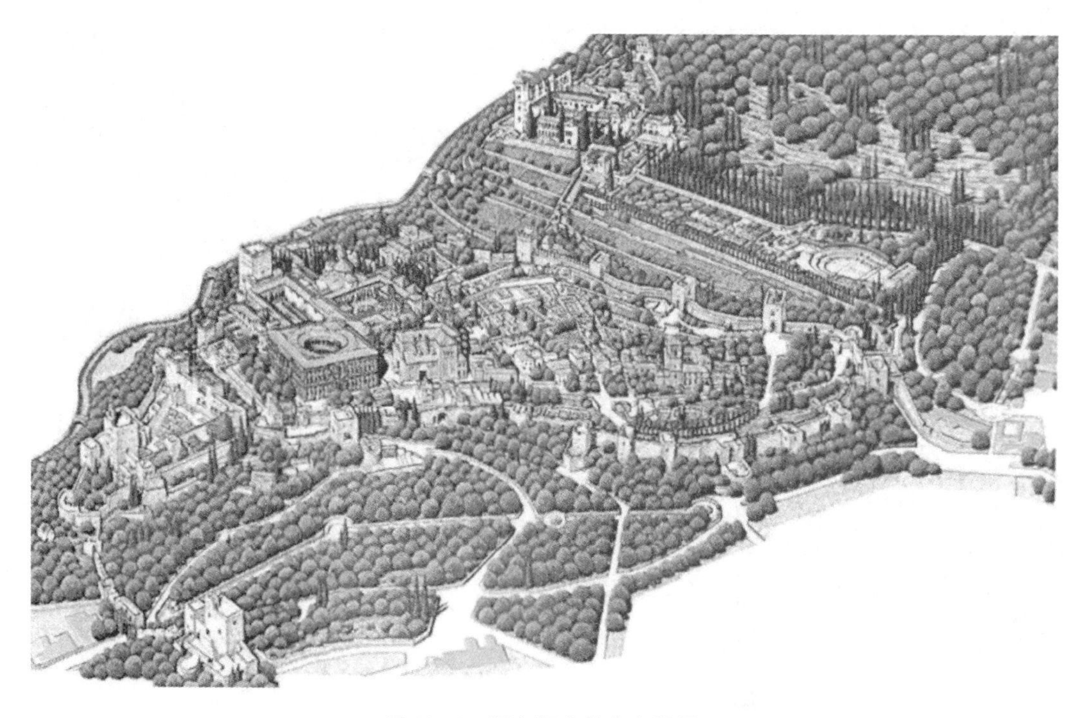

图 13-12 阿尔汗布拉宫鸟瞰图

2. 格内拉里弗园

格内拉里弗园(见图 13-13)也叫平生园。隔着一条山谷与阿尔汗布拉宫相望，在功能上，被看作是城外的游乐性宫苑。花园的规模并不大，空间布局充分利用了山地特征，在原先的坡地上开辟出七层台地，以不同的主题构成景色各异的庭园空间。

通过一条 300 米长的柏木林荫道，穿过一道门厅和拱廊，便进入园中的主庭园——水渠中庭，三面建筑

图 13-13 格内拉里弗园

和一侧拱廊围合出狭长形空间，当中一条约 2 米宽、40 米长的水渠贯穿整个庭园。水渠两端各有一座莲花形水盘，两侧原先只种有高大的柏木，后又补种了许多花灌木，形成更加封闭的绿廊。由府邸前庭的东侧上几级踏步，再经过一段柱廊，便是以绿阴植坛为主的秘园，一座 U 形的水渠中间布置一个长方形半岛。水渠的两岸也排列着整齐旱喷泉，将细细的水柱抛入渠中。方形池的两侧，有花灌木结合黄杨构成的植坛，沿墙又有高大的柏木，庭园在树影的笼罩下显得宁静宜人。

与阿尔汗布拉宫的庭园相比，这里的花园空间更加灵活，景物更加丰富。各种图案的植坛，与树木花草相结合，加上色彩艳丽的装饰材料，使花园极具个性。

3. 阿尔卡萨尔宫

阿尔卡萨尔宫(见图 13-14)坐落在南部安达卢西亚地区的塞维利亚城，是欧洲规模最大的中世纪晚期园林作品。宫殿部分始建于公元 913 年，是塞维利亚最重要的伊斯兰建筑之一。

阿尔卡萨尔宫中的花园是欧洲规模最大的中世纪晚期的园林作品。花园的规模非常大，大部分经过后世的改造，但还保留着一些过去花园的风貌，宫殿周围的庭园至今保留着伊斯兰园林的典型格局，连续的封闭性院落和巧妙分隔的庭园空间，结合美丽的植物和喷泉，有着引人入胜的效果。

从伊斯兰式样到新古典主义风格的众多大厅、房间和庭院在这里争奇斗艳。园中既有小巧精致的伊斯兰庭园，也有大型开敞的文艺复兴花坛，还有 20 世纪初兴建的各种庭园，使这座宫苑存在着局部处理精细而整体不够协调的缺憾。

4. 科尔多瓦大清真寺

科尔多瓦大清真寺(见图 13-15)建于公元 785 年—公元 987 年，坐落于矩形基址上。大清真寺整个布局为长方形，长 180 米，宽 130 米，从东面的拱形大门进入其中，首先映入眼帘的是一个开阔的大院落，院落有一个美丽的名字——橘园。伊斯兰时期，这里种植了许多橘树。在结果时节，柑橘类会分泌芳香类化合物，整个院落芬芳四溢。橘树成行成列栽植，每行橘树都挖设有一条水渠，橘园具有自身的灌溉系统。大小一致、形状整齐的树木，成排规整布局的同种给予了空间质朴纯净的风格。

院子中间有一个喷水池，是当年穆斯林在礼拜前洗净的地方。院子三面都有穆德哈尔风格的回廊，那时，经学院的师生常常在这里研习《古兰经》，据说伊斯兰神秘主义哲学家伊本 · 阿拉比大师也在此参与过讨论。橘园清新雅致，当年大仲马来这里参观时描述：“寺院中央有一个永不干涸的泉眼，四周围绕着棕榈树、柏树、柑橘树和柠檬树。当穿过这充满阳光又郁郁葱葱的庭院进入主殿时，梦幻感油然而生。”的确，一方美丽的水池和整齐种植的橘树装饰着宽敞的外院，而通过院落踏入幽暗的内门，进入主殿时，才能真正体

图 13-14 阿尔卡萨尔宫

图 13-15 科尔多瓦大清真寺

会到这座建筑的不同凡响之处。主殿由 856 根以水苍玉、缟玛瑙、大理石和花岗岩打造而成的柱林构成，大清真寺运用这种结构的重复、柱式的排列，营造出庄严、和谐与秩序。行走其间，果真有大仲马所描述的“梦幻感”，好像随时可能穿越进入《一千零一夜》中的那些场景。法国唯美主义诗人戈蒂耶也说：“刚踏入这座令人崇敬的伊斯兰圣地时的感受是难以言喻的，并不像是在一座建筑物里，倒像是在一座封闭的森林之中。目之所及，所见的唯有一望无际、绵延不绝的柱林，如同从地下冒出来的一棵棵植物。”

科尔多瓦大清真寺内，最让人震撼的就是整齐排列的柱林。这些柱子都是科林斯柱，同上方的穹顶衔接。柱顶的拱廊是清一色的红白相间，像楔子一样的拱石，整体为马蹄形，有单层拱廊和双层拱廊，在仿古吊灯的光线下，弥漫着神秘而庄严的气息。

13.3.4 西班牙伊斯兰园林总结

摩尔人将西班牙的自然条件同伊斯兰传统的建筑与园林文化结合，创造出西班牙伊斯兰园林样式。特征主要体现在庭园的空间布局、装饰风格、水的运用和植物配置等造园手法方面。

相地选址：摩尔人将宫苑建造在陡峭的山坡之上，在坡地上开辟出一系列狭长的露台。庭园大多隐藏在高大的院墙之后，随山就势，不拘一格。围墙遮挡了酷热与喧嚣，使宫苑成为休憩的理想之地。

空间布局：庭园尺度宜人，环绕庭园的柱廊、厅堂成为装饰的重点，封闭的内向型空间也便于将人的注意力吸引到精雕细凿的装饰物上，庭园内的景物凝练，光影变幻，空灵静谧，适于休憩。围墙上常开辟漏窗，便于借景。

庭园装饰：繁复的几何形图案和艳丽的马赛克瓷砖处处可见，尤其在清澈的流水下，池中马赛克贴面杂糅着阳光，非常精美。摩尔人同样将水作为园林的灵魂，水系成为划分并组织空间的主要手段之一，运河、水渠或水池往往成为庭园的主景。伊斯兰园林中对细小的喷泉、水池和水渠处理得十分精细。

植物材料：受气候条件的影响，造园非常注重树木的遮阴效果。在庭园的边缘、植坛的内部、水渠的两侧，都种有高大的庭荫树。攀援植物、芳香植物的使用也很普遍。

13.4 印度伊斯兰园林

13.4.1 印度伊斯兰园林自然条件

由于统治者故乡蒙古高原大多为台地地形，而印度大部分重要城市处于平均海拔600～800米的德干高原之上，地形、地貌变化丰富，这与蒙古高原在地形上较为相似。这些因素可能是造成莫卧儿伊斯兰园林和传统伊斯兰园林在平面构成上存在略微差异，从而形成独特造园方式的内在原因。

13.4.2 印度伊斯兰园林的造园时代和类型

莫卧儿人在印度的造园类型主要有陵园和游乐园两种。这个时期相对波斯和西班牙的混战时期，是一个稳定世袭的王朝，并且君王贵族是园林活动的倡导者。因此，造园活动按朝代顺序进行分类。

1. 巴布尔时代

代表实例：拉姆园（莫卧儿时期最古老庭园）、忠实园（瓦法园）、巴布尔陵园。

2. 胡马雍时代

代表实例：胡马雍陵园。

3. 亚克巴/阿克巴时代

代表实例：阿克巴陵园，这是规模最大的陵园。

4. 查杰汗时代

代表实例：查杰汗陵园、阿奇巴尔园、克什米尔的夏利玛园。

5. 沙·贾汗时代

代表实例：拉合尔的夏利玛园、亚格拉的泰姬陵、克什米尔的达拉舒可园等。

13.4.3 印度伊斯兰园林实例

1. 胡马雍陵园

胡马雍是莫卧儿帝国的第二代帝王，胡马雍陵园(见图 13-16)高耸于印度新德里东南方向的亚穆河畔，是胡马雍与妃子的陵墓。胡马雍对园林的兴趣远不如他的父亲巴布尔浓厚，但 1562 年由胡马雍遗孀主持的胡马雍陵园却是莫卧儿帝国陵园建造之最。其规模宏伟，保持了莫卧儿园林最初的形式。胡马雍的陵庙位于这个正方形四分花园的中心，呈对称形式(见图 13-17)。广阔的花园风景独特，使人们联想到《古兰经》中关于天园景象的描写。80 年后，胡马雍陵园的设计被闻名于世的泰姬陵所沿袭。作为莫卧儿时期的古庭院，胡马雍陵园具有重要的研究价值。

图 13-16　胡马雍陵园

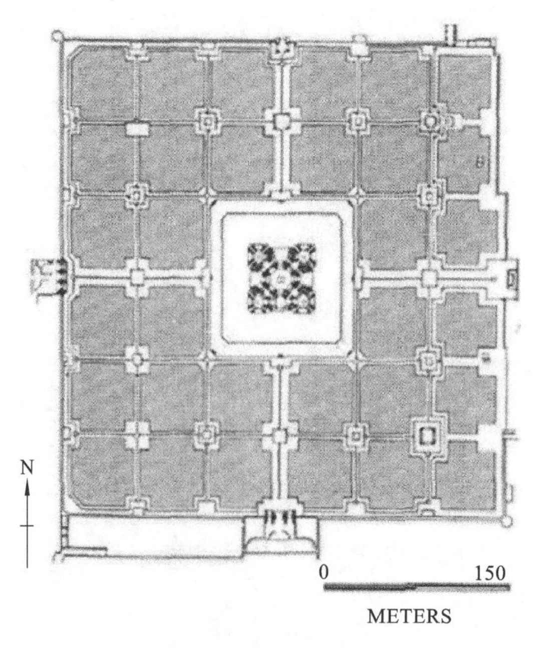

图 13-17　胡马雍陵园平面图

2. 阿克巴陵园

阿克巴大帝继承了祖先事业，进行着莫卧儿帝国的征服和拓展。大帝对印度的知识和艺术深感兴趣，尤其注重印度教徒和穆斯林在宗教上的融合。阿克巴陵园(见图 13-18)距离莫卧儿帝国首都亚格拉约 9 千米，处于占地 765 米见方的方形场地上，陵墓处于正当中，十字交叉垂直的园路形成十字形结构，把陵园划分为四大块，继而再十字划分形成更小的方块。十字形的路没有水渠，只在它的四臂上各设两个水池，陵园内树木花卉非常茂盛，1632 年，英国旅行家蒙带到印度，描写过阿克巴陵园里嘉树连阴、繁花似锦的迷人风光。

图 13-18 阿巴克陵园

3. 尼夏特园

尼夏特园(见图 13-19)位于克什米尔塔尔湖南侧。庭园由 12 个露台组成，沿着塔尔湖的东岸依山逐渐升高，流经水渠的水变成台阶形瀑布落下，伴随水池和水渠中的喷泉，庭园生机勃勃。在这些明丽的露台上的花坛中，各种鲜花争奇斗艳，景色四季迷人，尤以秋天最美。尼夏特园最有特点的是园林的规划和选址，在台地的后方，可以欣赏到壮美的群山景致，在园林另一端可以领略湖泊之美。花园的选址既便于欣赏美景，也和园外的风景完美融合。

4. 夏利玛园

1）夏利玛园-克什米尔

贾汉杰大帝发现了克什米尔地区建造花园的潜力，于是在克什米尔开展夏季行宫花园的建设。1619 年所建的夏利玛园(梵语意为爱巢)消夏别墅是一个中心水渠流入塔尔湖的四分花园。园长约 530 米，宽约 240 米，分为三部分:公共庭园区、帝王庭园区和供王妃及女眷享用的庭园区。外侧公共庭园区是对民众开放的公共庭园，其范围从连着湖水的大水渠开始，到第一个大凉亭为止。黑色大理石的御座至今还安放在水渠中心的瀑布上。水渠穿过建筑物，注入下面的贮水池中。帝王庭园区比公共庭园区要稍微宽些，由两个低矮的露台组成，中央建有私人觐见厅。庭园所有的色彩和芬芳与背景迷人的马哈迪瓦山的白雪一起，聚集在这座凉亭的四周。夏利玛园-克什米尔平面图见图 13-20。

图 13-19 尼夏特园

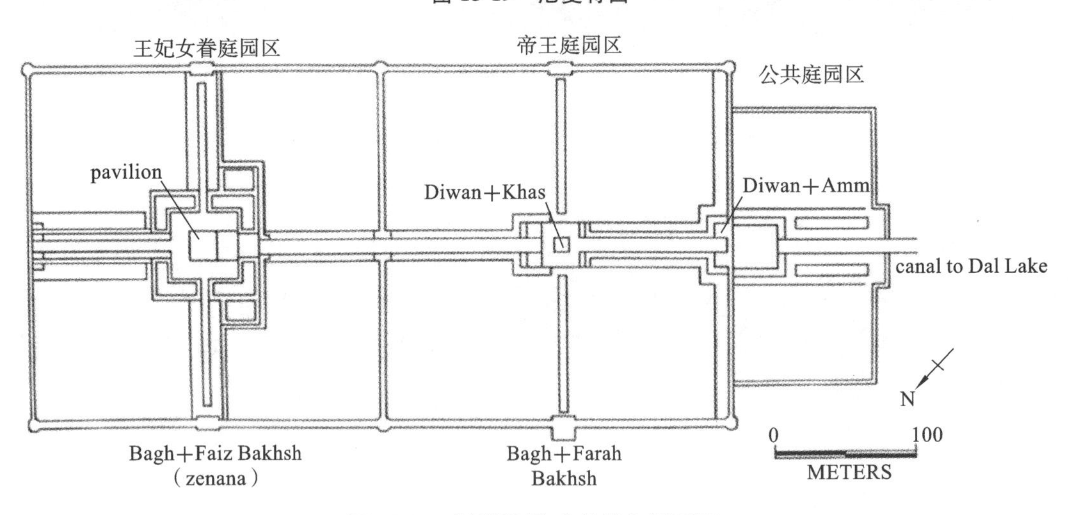

图 13-20 夏利玛园-克什米尔平面图

2）夏利玛园-拉合尔

夏利玛园-拉合尔园位于巴基斯坦拉合尔市东北郊，1643 年开始建造，于 1619 年竣工，是国王沙·贾汗的庭园(见图 13-21)，他以其父亲贾汉杰在克什米尔的别墅园夏利玛取名，并仿其布局样式。此时期的拉合尔城市规模要比当时的伦敦、巴黎还大，十分繁荣。该园突出纵向轴线，成阶地状，庭园包括三个露台，长 480 米，宽 210 米，该园外侧也有庭园，面积更大，地势从南到北逐渐倾斜。最顶层露台及最底层露台都采用四条水渠分区的形式，连接着位于中央的、比它们狭小的第二层露台。第二层露台也是全园的高潮景观，在第二个露台的中央建有一个巨大的水池，池的三边各建一凉亭，水池中央还有一个小平台，由两条石铺小路与岸上相连，大水池中设有 144 座喷泉，庭院东墙上的国王浴室与中央的水池相对。另有两条园路和花坛环绕在这个大型水池的四周。底层和顶层露台上的水渠宽约 6 米，都附有一排小喷泉(见图 13-22)。

图 13-21 夏利玛园-拉合尔

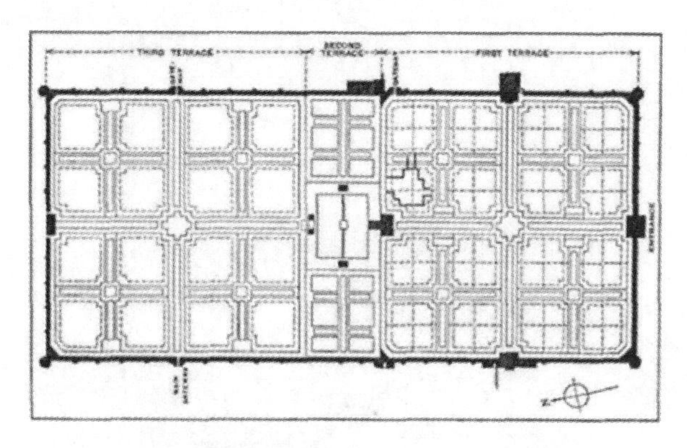

图 13-22 夏利玛园-拉合尔平面图

5. 泰姬陵

亚格拉的泰姬陵，全称为泰姬·玛哈尔陵(见图 13-23)。该陵园修建在印度北方邦西南部的阿格拉市郊，地处平坦之地，是国王沙·贾汗为爱妃玛哈尔建造的陵园，1632 年开始营造，1654 年建成，历时 22 年。该园是印度陵墓建造史上登峰造极之作，其壮美程度令世人惊叹。

全园占地 17 公顷，并没有延续父辈几代的陵园建造传统和审美习惯，而是突破性地将主要建筑物陵墓安置在正方形花园的后面，不再是庭园的中心，弱化了传统伊斯兰园林的向心格局，此格局曾在印度的陵园建造中统治了上百年。这样的设计使得花园能够完整地展现在陵墓之前，大大提升了陵园的艺术水平。原本的设计将陵墓放置于花园中心，破坏了花园的整体性，同时由于其庞大的体量，与周边的喷泉和凉亭形成了鲜明落差，破坏了花园的整体性，影响正面观赏的效果。将陵墓后移，两个缺陷得以避免。预留出的花园由十字形水渠划分，构成传统的伊斯兰园林形式，从另一个角度巩固恢复了伊斯兰园林特点(见图 13-24)。

图 13-23　泰姬陵

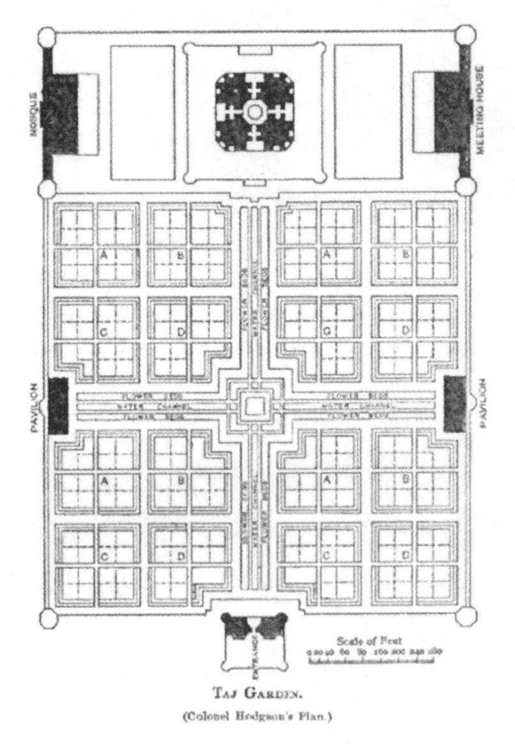

图 13-24　泰姬陵平面图

园林具体特点：①十字形水渠划分四分园。全园占地 17 公顷，陵园的中心部分是大十字形水渠，将园分成四块，均衡对称，布局简洁严整，中心筑造一高出地面的大水池喷泉，十分醒目。②建筑屹立在退后的高台上，重点突出。白色大理石陵墓建筑为高 70 多米的圆形穹顶，四角配以尖塔，建在花园后面高 10 米的台地上。这种建筑退后的新手法，更加突出了陵墓建筑，保持了陵园的完整性。③做工精美，整体协调。陵墓寝宫高大的拱门上镶嵌着可兰经文，整体建筑与园林结合，穹顶倒映水池中。

6. 德里红堡

德里红堡是沙·贾汗大帝于1639—1648年期间建造而成的宫苑，城墙是红砂石砌筑而成，“红堡”由此得名而来。红堡占地17公顷，东面紧邻朱木拿河，因为河岸陡峭，所以并没有建设东墙。德里红堡的建筑颇有伊斯兰特色，里面大大小小的庭院都是十字形的四分园(见图13-25、图13-26)。

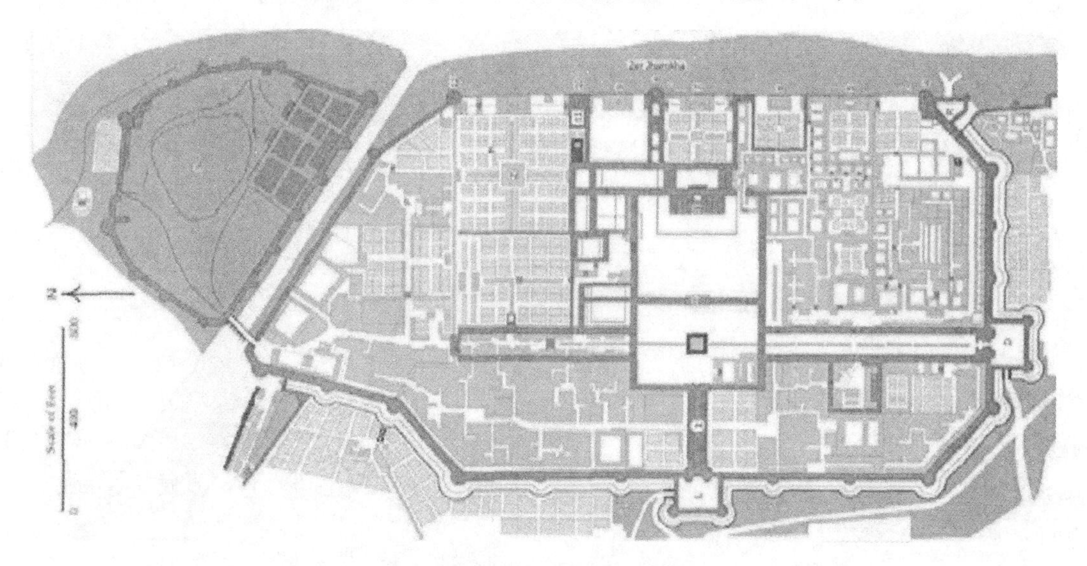

图13-25 德里红堡平面图

图13-26 德里红堡

13.4.4 印度伊斯兰园林总结

1. 园林布局

莫卧儿人自称是印度规则式园林设计的导入者，它的第一位皇帝巴布尔将波斯人的造园模式引入到自己的园林之中，试图寻求所谓的规则和对称。于是，印度伊斯兰园林虽然没有完全按照传统伊斯兰园林中以十字形园路和水渠将庭园分成面积相当的四个部分，并在水渠的交叉处设置水池或喷泉的传统布局模式，但在很大程度上还是延续了规则式的庭园布局，往往都会存在着某种关系的对称。

2. 园址地形

莫卧儿人的陵园通常建于地势相对平坦的平原之上，在场址的选择上延续了以往伊斯兰园林的造园观念，空间相对开阔；而莫卧儿人的游乐园则常常建于依山靠湖之处，地形相对较陡，因而大多数庭园在竖向处理上采用了层层阶地的方式，这样既便于观赏群山、湖泊之景，又能在地形上与园外景致完美过渡，场地规划较为理想。

3. 水的运用

在炎热、缺水的气候条件下，水成为伊斯兰园林构成的重要因素，贮水池、水渠、喷泉等各种理水方式得到了广泛的采用。在印度伊斯兰造园中，水的运用除了沿袭伊斯兰传统园林中必不可少的水渠、水池之外，还在许多游乐园中加入了台阶瀑布、跌水、喷泉等动水景观，使整个庭院充满活力，生机勃勃。

4. 植物选择

莫卧儿园林和其他伊斯兰园林的一个重要区别在于不同植物的选择上。由于气候条件不同，伊斯兰园林通常如沙漠中的绿洲，因而具有许多多花的低矮植株；而莫卧儿园林中则有多种较高大的，且较少开花的植物。

13.5 其他地区伊斯兰园林

除了以上提及的波斯、西班牙和印度地区具有典型伊斯兰园林外，在其他地区也有伊斯兰园林的存在，如北非的埃及、摩洛哥，西亚的土耳其，东南亚的马来西亚，中东地区的叙利亚、也门、黎巴嫩、伊拉克、巴勒斯坦、阿富汗、乌兹别克斯坦。不同地区的伊斯兰园林由于本土文化区域气候等的差异，可以看到设计中的一些变化，如也门的城堡花园、埃及叙利亚的私人花园、马来西亚的奢华庭园，但其本质是一样的，都是创造一种平和宁静的气氛。

参考文献

[1] 白居易. 白居易集笺校[M]. 朱金城,笺校. 上海:上海古籍出版社,1988.
[2] 白高来,白洪伟,白建彬. 千古白居易[M]. 沈阳:白山出版社,2012.
[3] 白居易. 白氏长庆集[M]. 长春:吉林出版集团,2005.
[4] 毕沅. 关中胜迹图志[M]. 张沛,校. 西安:三秦出版社,2004.
[5] 陈志华. 外国造园艺术[M]. 郑州:河南科学技术出版社,2001.
[6] 陈建国. 江州司马白居易[M]. 南昌:江西高校出版社,2014.
[7] 陈从周. 说园[M]. 济南:山东画报出版社,2002.
[8] 陈教斌. 中外园林史[M]. 北京:中国农业大学出版社,2018.
[9] 陈慧敏. 承德避暑山庄秀起堂复原设计研究[D]. 北京:北京林业大学,2020.
[10] 曹盼宫. 中外园林艺术研究[M]. 长春:吉林出版集团,2018.
[11] 蔡倩仪. 基于空间句法理论的顺德清晖园空间分析[D]. 广州:华南理工大学,2015.
[12] 董诰,等. 全唐文 · 卷八十九[M]. 上海:上海古籍出版社,1990.
[13] 邓娇. 江南园林四时之景营造研究[D]. 武汉:湖北美术学院,2020.
[14] 冈大路. 中国宫苑园林史考[M]. 常瀛生,译. 北京:农业出版社,1988.
[15] 费琼. 以植为绘—华清宫传统园林植物的山水意境表现研究[D]. 西安:西安建筑科技大学,2013.
[16] 傅熹年. 中国古代院落布置手法初探[J]. 文物,1999(3).
[17] 傅熹年. 中国古代建筑史 · 第二卷[M]. 北京:中国建筑工业出版社,2001.
[18] 郭风平,方建斌. 中外园林史[M]. 北京:中国建材工业出版社,2005.
[19] 郭奕瑶. 清乾隆时期圆明园写仿江南私家园林创作手法研究[D]. 北京:北京建筑大学,2020.
[20] 黄力藜. 东莞可园组群式竖向楼阁布局气候适应性分析[D]. 广州:华南理工大学,2017.
[21] 韩东娟. 论南宋山水画对明清私家园林营造的影响[D]. 武汉:武汉纺织大学,2020.
[22] 计成. 园冶注释[M]. 北京:中国建筑工业出版社,1988.
[23] 江海燕,刘钧. 中外园林赏析[M]. 重庆:重庆大学出版社,2013.
[24] 孔子. 论语[M]. 陈涛,编著. 昆明:云南人民出版社,2011.
[25] 李宗昱. 唐华清宫的营建与布局研究[D]. 西安:陕西师范大学,2011.
[26] 李浩. 唐代园林别业考论[M]. 修订版. 西安:西北大学出版社,1998.
[27] 李焘. 续资治通鉴长编(附拾补)[M]. 黄以周,等辑补. 上海:上海古籍出版社,1986.
[28] 李莉,周禧琳. 中外园林史[M]. 武汉:武汉理工大学出版社,2015.
[29] 李凯茜. 北京什刹海地区名人故居保护与利用研究[D]. 北京:北京建筑大学,2020.
[30] 刘庭风.《草堂记》与庐山草堂[J]. 广东园林,2000(2).
[31] 刘文静. 唐白居易"庐山草堂"营造研究[D]. 西安:西安建筑科技大学,2015.
[32] 刘睿静. 明清岭南庭园空间环境探究[D]. 呼和浩特:内蒙古农业大学,2019.
[33] 刘欣妍. 粤中四大名园植物造景文化研究[D]. 广州:华南理工大学,2018.
[34] 刘晓芳. 苏州留园史研究[D]. 苏州:苏州大学,2018.
[35] 郦芷若,朱建宁. 西方园林[M]. 郑州:河南科学技术出版社,2002.

[36] 林泰碧,陈兴. 中外园林史[M]. 成都:四川美术出版社,2012.
[37] 林墨飞,唐建. 中外园林史[M]. 重庆:重庆大学出版社,2020.
[38] 孟兆祯. 园衍[M]. 北京:中国建筑工业出版社,2012.
[39] 彭一刚. 中国古典园林分析[M]. 北京:中国建筑工业出版社. 1986.
[40] 史传远. 临潼县志[M]. 台北:成文出版社,1976.
[41] 沈括. 梦溪笔谈[M]. 沈文凡、张德恒,注评. 南京:凤凰出版社,2009.
[42] 司马迁. 史记[M]. 李翰文,主编. 北京:新世界出版社,2014.
[43] 孙佳丰. 从皇家御苑到城市公园[D]. 北京:中央民族大学,2020.
[44] 苏子宸. 漏窗设计中的审美情趣研究——以沧浪亭为例[D]. 沈阳:沈阳师范大学,2019.
[45] 汪菊渊. 中国古代园林史[M]. 北京:中国建筑工业出版社,2006.
[46] 吴彬,等纂. 中国地方志集成同治德化县志[M]. 南京:江苏古籍出版社,1996.
[47] 王平清. 东莞可园庭院布局夏季通风设计要素研究[D]. 广州:华南理工大学,2019.
[48] 王钰. 康熙朝避暑山庄三十六景园林意境与空间理法探析[D]. 北京:北京林业大学,2020.
[49] 谢思炜. 白居易集综论[M]. 北京:中国社会科学出版社,1997.
[50] 曹林娣,沈岚. 中国园林美学思想史:隋唐五代两宋辽金元卷[M]. 上海:同济大学出版社,2015.
[51] 杨鑫. 法国古典主义园林的兴衰. 人民周刊[J]. 2019(13).
[52] 杨鸿勋. 宫殿考古通论[M]. 北京:紫禁城出版社,2009.
[53] 杨鸿勋. 大明宫[M]. 北京:科学出版社,2013.
[54] 姚岚,张少伟. 中外园林史[M]. 北京:机械工业出版社,2019.
[55] 易军,吴立威. 中外园林简史[M]. 北京:机械工业出版社,2008.
[56] 叶蔚标. 佛山梁园原貌及修复初步研究[D]. 广州:华南理工大学,2013.
[57] 周维权. 中国古典园林史[M]. 3 版. 北京:清华大学出版社,2008.
[58] 周向频. 中外园林史[M]. 北京:中国建材工业出版社,2014.
[59] 张蕊. "引汤布池,传承启新":唐华清宫温汤景象意匠考析[C]//中国风景园林学会 2019 年会论文集(上册). 北京:中国建筑工业出版社,2019:6.
[60] 张祖刚. 世界园林发展概论——走向自然的世界园林史图说[M]. 北京:中国建筑工业出版社,2003.
[61] 张健. 中外园林通史[M]. 武汉:华中科技大学出版社,2016.
[62] 张冬冬. 清漪园布局及选景析要[D]. 北京:北京林业大学,2016.
[63] 赵湘军. 隋唐园林考察[D]. 长沙:湖南师范大学,2005.
[64] 赵燕,李永进. 中外园林简史[M]. 北京:中国水利水电出版社,2012.
[65] 赵书彬. 中外园林史[M]. 北京:机械工业出版社,2008.
[66] 朱育帆. 关于北宋皇家苑囿艮岳研究中若干问题的探讨[J]. 中国园林,2007(6).
[67] 针之谷钟吉. 西方造园变迁史——从伊甸园到天然公园[M]. 邹洪灿,译. 北京:中国建筑工业出版社,2004.
[68] 祝建华. 中外园林史. [M]. 2 版. 重庆:重庆大学出版社,2014.
[69] 古文观止[M]. 钟基,李先银,王身刚,译注. 北京:中华书局,2009.
[70] 朱建宁. 西方园林史——19 世纪之前[M]. 北京:中国林业出版社,2013.